国家社科基金年度项目（20BMZ054）优秀结项成果

重庆英才·创新创业领军人才计划资助

善政思想与治理创新

主编 郑万军

村落公共空间建设
与乡村文化振兴

——基于西南地区的考察

The Construction of

Village Public Spaces and the Revitalization

of Rural Culture

An Investigation Based on Southwest China

李 锋 郑万军 | 著

社会科学文献出版社

SOCIAL SCIENCES ACADEMIC PRESS(CHINA)

"善政思想与治理创新" 编委会

（按姓氏笔画排名）

顾　　问　　朱光磊　　周光辉　　徐　勇

主　　编　　郑万军

编　　委　　刘昌雄　　吴　江　　邹东升

　　　　　　宋玉波　　张邦辉　　陈　跃

　　　　　　周学馨　　周振超　　谢来位

总　序

　　汤之《盘铭》曰："苟日新，日日新，又日新。"历经四十余载的改革开放，中国迈入了新时代。实践是理论孕育、生发的沃土，伟大的实践需要理论的阐发与擘画。事实上，自近代以来中国学人就已积极投身创作迄今世界最为宏大的民族复兴史诗，尽管这一历史巨作时下方入佳境。民族复兴，大国崛起，既需勇于实践创新，又要及时进行理论建构，不断推进国家治理体系和治理能力现代化。有效回应时代需求，是每个学人的责任与荣耀。作为政治学和公共管理学的青年学者，应自觉融入中国梦的伟大实践，为国家治理的"中国智慧"尽绵薄之力。基于此，我们策划出版了"善政思想与治理创新"丛书。

　　"善政"是古往今来治国理政的不懈追求，亦是国家或政府优良的评判标准。自夏商国家初成以往，历代思想家和政治家为今人留下了丰富的思想遗产和治理经验。新时代推进国家治理现代化，不仅要充分发掘中华民族先贤智慧的滋养功能，还应秉持国际视野和全球胸怀，善于在不同思想和文化的激荡、交融、扬弃中讲好中国故事、发出中国声音、坚定中国道路，以善政之举谋善治之效。

　　"创新"是社会发展的永续动力。"明者因时而变，知者随事而制。"国家治理既要勇于革故鼎新，及时完善顶层设计，也应发挥地方在实践创新中第一行动集团的作用。地方治理创新为我国政治改革、社会变革和经济发展提供了丰富的试验样本，实现了单一制国家政体下地方差异化发展，推动了世界超大规模社会结构的整体性提升，为中国道路的合法性提供了有力支撑，具有"价值理性"和"工具理性"的双重意义。

本套丛书是诸位青年朋友学术兴趣的展现和已有学术成果的总结，也是对当下这场跨世纪社会变革的思考与回应，体现了青年学者应有的时代责任与担当。尽管小如苔花，但有前辈时贤的提携与编辑的支持，亦学牡丹开。时代在巨变，改革在继续，创新无止境。"维天之命，於穆不已。"我们将不忘初心，砥砺前行，以期对国家治理现代化研究和实践有所裨益。

谨序。

郑万军

2018 年初秋于重庆嘉陵江畔

目 录

CONTENTS

绪　论

　　村落公共空间是在历史中形成的、与村民生产生活息息相关的、大家共同享用的人际交往、商业贸易、祭祀礼拜、文化展演等场域，如街头院坝、宗祠家庙、神山神树、广场礼堂、文化展室等。其可以增进公共交往、承载集体记忆、传承传统文化、强化集体规则、增强共同体凝聚力，是实施新时代乡村文化振兴战略的重要载体。因多样的自然条件与人文环境，村落公共空间丰富多样且独具特色，但由于战乱、历次变革运动、自然损坏等原因，该空间也遭受了极大的破坏。与此同时，由于居住格局改变、信息技术运用等原因，村民也日益退回到私人生活空间。村落公共空间的衰退阻碍了乡村文脉传承，降低了文化活力，也阻碍了乡村文化振兴战略的实施。基于此，本书对村落公共空间建设与乡村文化振兴的关系进行研究，以助推中国式现代化道路上乡村文化的全面振兴。

一　研究背景

　　文化振兴既是乡村振兴的重要内容，也是其精神内核和永续动力。由于地理条件的多样性及区域经济社会发展的差异，不同地区的村落公共空间也呈现出不同特征。部分地区的村落相对完整地保留了乡村特色，聚落空间格局、建筑风格风貌、选址结构布局得到了较完整的延续，其蕴含的民俗习惯、风土人情、社会关系等文化基因也得到了传承。因此，保护村落公共空间成为各级政府关注的重点。然而不容忽视的是，在现代化转型过程中，在商业化、市场化和城镇化的浪潮下，部分村落公共空间的形式、结构和功能都遭受了不同程度的解构，导致了优秀传统文化遗失坍塌、凋零凋落等现象。乡村振兴是新时代的乡村整体战略，村落公共空间建设与乡村文化振兴也因此迎来了新机遇。

（一）村落公共空间的文化价值与保护

村落公共空间具有鲜明的地域特色和浓郁的民族风情，如建筑风格、结构布局、空间形态等方面都集中体现了地域及民族的社会特点与文化特色，它是中华优秀传统文化的重要载体和有机构成，因而被视为鲜活的历史文化遗产，具有十分重要的历史文化价值。文化与空间总是处于互构的过程中。中国乡村地区多样化的地理条件、自然环境和文化形态塑造了丰富多样且风格鲜明的村落公共空间，聚落形态、公共建筑、传统民居等既是乡村文化的生动写照，也是乡村生存智慧、民俗习惯、社会伦理、审美意识的直接体现，因此可以透过村落公共空间探析乡村文化的生成、演化与发展。就在地者而言，生长于斯的村民在日常生活空间中世代传承，把社会实践各个方面的要素和过程投射到空间场域中，从而创造出独特而有魅力的乡村地域文化。普通村民的空间营造虽然是基于生活的无意识行为，但他们却真实地创造出了具有独特韵味的乡村文化空间。

各级政府在制定文化保护和乡村发展政策的过程中，尤其重视保护乡村的历史建筑、传统格局和原有风貌。国务院1986年公布历史文化名城名单时，第一次提到了历史文化村镇的保护问题，并明确规定了保护标准、保护对象、价值核定等内容，提出了要对文物古迹比较集中，或能较完整地体现出某一历史时期传统风貌和民族地方特色的街区、建筑群、小镇、村落等予以保护。2005年，国务院发布的《关于加强文化遗产保护的通知》明确提出，古遗址、古墓葬、古建筑、石窟寺、代表性建筑等不可移动文物，以及在建筑式样、分布均匀或与环境景色结合方面具有突出价值的历史文化名城（街区、村镇），都属于物质文化遗产的范畴，应予以保护。2008 年，国务院颁布的《历史文化名城名镇名村保护条例》重点强调历史文化名村应具备如下特征：具有传统特色空间；历史建筑集中成片，保留着传统格局和历史风貌，历史上曾经作为政治、经济、文化、交通中心或者军事要地，能够集中反映本地区建筑的文化特色、民族特色等。该条例的出台标志着历史文化名村的空间保护被提升到法规层面，也体现了对乡村优秀传统文化保护认识的深化。

中国传统村落和少数民族特色村寨（后文简称"传统村落和特色村寨"）的评选和命名工作也起到了积极作用。2012 年，住房和城乡建设部、文化部和财政部开展了中国传统村落命名工作，联合出台《关于加强传统村落保护发展工作的指导意见》。入选中国传统村落名录的重要标准就是聚落空间格局、建筑风格风貌、选址结构布局延续了传统样式，且具有独特的民俗习惯、风土人情等传统文化因素，该项工作推动了村落公共空间与文化的保护。由于少数民族特色村寨公共空间具有鲜明的文化特征，国家民委与财政部早在 2009 年 9 月就联合下发了《关于做好少数民族特色村寨保护与发展试点工作的指导意见》，提出实施特色村寨保护与发展项目，重点任务之一就是保护村寨的建筑风格、建筑工艺以及与自然相和谐的乡村风貌，形成一批独具特色的民族建筑群落。2012 年，国家民委又编制了《少数民族特色村寨保护与发展规划纲要（2011—2015 年）》，再次强调村寨特色民居形式多样、风格各异，集中反映了一个民族的生存状态、审美情趣和文化特色，村寨建筑是一个民族文化的结晶。该纲要还强调应重点加强集中体现民族特色、地方特色的标志性公共建筑，如寨门、戏台、鼓楼、风雨桥、凉亭、民俗馆、文化广场、文化长廊等的建设。

传统村落和特色村寨的命名工作切实贯彻落实了党的十八大关于建设优秀传统文化传承体系、弘扬中华优秀传统文化的精神。以此项工作为抓手，各省份都制定了适应本地的相关文件，部分地区则开展了省市级传统村落和特色村寨的遴选和评定工作。在中央和地方政府的指导和推动下，各地基层政府也结合地方发展实际相继出台了配套政策，有力地推动了本区域村落特色空间的保护和建设。同时，部分村落或村寨以特色空间和文化为依托发展文旅融合产业，不仅助推了贫困地区顺利打赢脱贫攻坚战，也为新时代的乡村文化振兴奠定了坚实基础。

（二）村落公共空间的重构与文化风险

村落公共空间是一个地域及群体的生存状态、审美情趣及文化特色的直观体现。各级政府制定的传统村落和特色村寨保护发展政策，为村落公共空间的保护和建设以及文化的传承和发展提供了有力支撑。在乡村振兴战略推进过程中，许多地区都强调规划纲要的引领作用，要求因地制宜地编制保护性发展规划，最大限度地保留、延续村落原有建筑群落、结构风貌等特色，做到"一村一图、一村一样"，并制定和实施了"拯救老屋""古建筑亮化""民居改造"等工程，让每个村落都能彰显个性，最大限度地彰显村落公共空间的独有特色和文化韵味。

不容忽视的是，虽然各级政府实施的保护措施取得了很大成就，但村落公共空间仍受到各种解构力量的冲击，总体而言呈现出衰落之势。依据空间生产理论，空间是社会的产物，每一种生产方式及其亚变种都能生产出自身的空间，"每一种生产方式都要有其独特的空间，所以，从一种方式转变为另一种方式就必然要求有一种新的空间生产"①。在急剧变革的时代潮流中，即便是地理位置最为偏远的村落也或早或晚、或大或小地受到生产方式转变及社会转型的影响。尤其是在近现代以来的大变局和大变革过程中，时代的巨变更是在村落公共空间中留下了深深的烙印，村落公共空间的生产与再生产本身就是乡村生产关系和文化的生

① 亨利·列斐伏尔：《空间的生产》，刘怀玉等译，商务印书馆，2021，第71页。

产与再生产。依据历史线索可以对中国村落公共空间变迁的总体轮廓做出如下描述：从宗法社会神圣权力的剧场，到改革和革命的实验场，再到世俗日常生活的舞台。

在传统宗法社会中，村落公共空间是展示宗法权力的重要剧场，突出表现为宗祠、家庙、牌坊、寺院、风水林等空间的神圣化。这些神圣剧场在近现代以来以"革新"为主题的社会变革中逐渐解构，作为宗法社会神圣权力剧场的村落公共空间也逐渐演化为改革和革命的实验场。例如，近代史上的多次改革都在各地推进"废庙兴学"运动，将寺庙、宗祠等空间改造为新式学校，并提倡反迷信、反愚昧的科学和现代的"新生活"。1949 年以后，新中国成功完成了基层政权建设，基本瓦解了由宗法权力主导的传统社会结构，将乡村的寺庙、宗祠等建筑场所改造成展示革命文化的舞台。改革开放以后，唯物主义无神论已经成为人们的基本观念，政治运动日益退出人们的日常生活，村落公共空间也日益世俗化，成为村民世俗日常生活和大众娱乐的舞台，街道、广场、院坝等公共空间的重要性日益突出。在此过程中，村落公共空间的形态和功能虽然不断演变、演化，但最具特色的那部分仍在生活逻辑和政策保护下得以留存。

在 21 世纪的"百年未有之大变局"中，村落公共空间的解构与重构同样具有"历史加速度"，其受市场化、城镇化和全球化三种力量的冲击最为严重。市场化的力量使空间成为可以交换的商品。"在过去，人们购买或者租赁土地。而今天人们购买的是空间的容积。每一处可以交换的地方都可纳入商业交易的链条，涉及借给、需求和价格。"[①] 这种市场化的空间买卖会扩大人们的空间畛域，如部分村落将祠堂、村庙等公共建筑出租或承包给外来开发者，原来作为该空间主人的村民却成为局外人被阻隔在外。城镇化的力量具有直接摧毁传统公共空间的能量，其不仅会引发大拆大建

---

① 亨利·列斐伏尔：《空间的生产》，刘怀玉等译，商务印书馆，2021，第 496 页。

式的村落空间改造，还会以城镇的强大引力造成村落的空心化，村落公共空间则因萧条与衰落而成为"存在的无"。全球化具有强大的穿透力，各种远距离力量使村落从"地域化"情境中脱离出来，越来越受到"缺场"社会关系的影响和控制，此为吉登斯（A. Giddens）所说的现代化的"脱域"机制。[①] 如村民常利用信息技术退回私人空间中享受外来文化，也常大量使用"宝瓶杆""罗马柱"式的西式建筑元素，造成村落公共空间整体风貌的混乱。

空间的变化必然直接投射于文化之中。部分地区村落公共空间的混乱和衰落带来公共交往的弱化、群体意识的淡漠、文化认同的混乱、共同体价值的涣散等文化风险。近现代的各种力量打破了传统乡村地区相对封闭的空间，市场经济的契约规定也取代了血亲社会的血缘纽带，个体意识则消解着守望相助的共同体精神，规则的正当性往往会隐蔽传统美德的追求，人们越来越倾向于退回私人生活中寻求自我满足。在此情形下，乡村社会的文化生活普遍从公共走向私人、从公开走向私密、从民族特色走向普通大众，传统的生活方式和生活习惯逐渐消失，传统习俗与节庆活动也日益简化和淡化。公共空间的市场化和商业化使得在特色乡土文化的开发与利用过程中，存在明显的短期行为和较突出的破坏性开发现象，导致"伪文化"出现、文化自信度不足等问题，并成为乡村文化振兴的"软肋"。

总之，村落公共空间是乡村文化的物化构成，诸如聚落结构、传统民居、公共建筑等本身就是乡村文化的重要内容。同时，村落公共空间又是乡村文化的重要载体，诸多公共仪式和公共活动都要依托此空间开展。通过该空间内的交往与交流，村民之间会增进相互了解和信任，形成需要共同遵守的公共规则。村民在公共空间中的相互协作也有助于形成互惠观念，进而积累乡村社会资本、增强共同体凝聚力、增进文化自信自强。但村落公共空间也遭受了多种

---

① 安东尼·吉登斯：《现代性的后果》，田禾译，译林出版社，2011，第15~16页。

力量的冲击，面临破坏、空心化、日益萎缩等问题。村落公共空间的衰落阻碍了乡村的文脉传承，降低了乡村的文化活力，也阻碍了乡村文化振兴的实施。因此，对村落公共空间建设与文化振兴进行研究，对于推动乡村振兴战略的全面实施具有积极意义。

（三）村落公共空间建设与文化振兴

2018 年，中共中央、国务院印发《关于实施乡村振兴战略的意见》，指出要保护好传统村落和民族村寨，推动民族文化、民间文化的传承与发展。中共中央、国务院印发的《乡村振兴战略规划（2018—2022 年）》重点提出，要"切实保护村庄的传统选址、格局、风貌以及自然和田园景观等整体空间形态与环境，全面保护文物古迹、历史建筑、传统民居等传统建筑"[①]。2020 年，《中共中央关于制定国民经济和社会发展第十四个五年规划和二〇三五年远景目标的建议》也明确提出，要统筹县域城镇和村庄规划建设，保护传统村落和乡村风貌。在顶层设计的引导和支持下，村落公共空间建设与文化振兴也迎来了新机遇。依据中央顶层设计的安排，各地都提出了要保护、发展与振兴传统村落和特色村寨，部分地区还专门制定了具体的指导意见或方案计划。西南地区村落公共空间建设与文化振兴相关政策如表 0-1 所示。

表 0-1　西南地区村落公共空间建设与文化振兴相关政策

省市	出台文件（发布时间）	相关政策要点
贵州	《贵州省传统村落保护和发展条例》（2017 年 8 月）	保持传统格局、历史风貌和空间尺度；对传统建筑、古路桥涵垣、古井古塘、古树名木、非物质文化遗产保护传承相关场所等保护对象实行挂牌保护；传统建筑、古路桥涵垣、古井古塘等建（构）筑物的维护修缮，应当遵循修旧如旧的原则
	《贵州省传统村落高质量发展五年行动计划（2021—2025 年）》（2021 年 8 月）	支持鼓励所有传统村落定期开展传统文化习俗传承活动；在传统建筑前庭后院和公共空间打造具有乡土气息的"三园"；采取生态化、艺术化、田园化方式重点整治传统街巷空间

---

① 《乡村振兴战略规划（2018—2022 年）》，人民出版社，2018，第 22 页。

续表

省市	出台文件（发布时间）	相关政策要点
贵州	《贵州省"十四五"民族特色村寨保护与发展规划》（2021年12月）	保持历史悠久村庄完整性、真实性和延续性，全面完成民族特色村寨古营盘、茶马古道（古驿道）、古桥涵、古寨墙、古寨门、粮仓群、古戏台、古牌楼、官厅、古井、鼓楼、风雨桥、珍稀古树等历史文化遗迹保护范围全覆盖，增强村落的文化特色和吸引力；建立村落文化室；完善村民文化活动广场；修缮村庄的古建筑和特色民居
四川	《四川省人民政府办公厅关于加强古镇古村落古民居保护工作的意见》（2019年6月）	延续和恢复古镇古村落古民居原有格局和风貌特征；将文化的传承、展示与特色塑造融入古镇古村落古民居保护利用全过程；加快修缮有价值的古民居，加强对古镇古村落整体风貌的管控和恢复，逐步恢复乡村农耕风貌与乡土气息
	《四川省传统村落保护条例》（2020年11月）	鼓励合理开发利用传统村落内的历史文化资源，在不破坏基本建筑结构的前提下，可以将传统建筑作为村史馆、博物馆、传习所、社区书屋、文化站等场所，设立文化创意产业、传统技艺体验等基地，开展民俗文化活动，传承中华优秀传统文化
	《四川省国民经济和社会发展第十四个五年规划和二〇三五年远景目标纲要》（2021年2月）	完善村镇规划，优化村庄布局，规范指引农村建筑风貌；突出乡土文化和地域民族特色，因地制宜推进川西民居、巴山新居、乌蒙新村及少数民族特色村寨、民族团结进步示范村建设
云南	《云南省人民政府办公厅关于加强传统村落保护发展的指导意见》（2020年5月）	以传统村落中的公共空间节点、传统建筑和新建民居为重点，对历史文化、民族文化等进行深入提炼整理，加强传统元素应用，确保建筑风格与村落风貌协调融合、相得益彰；对传统村落内的文物古迹、历史建筑、传统民居等传统建筑和古路桥涵垣、古井塘树藤等重要历史环境要素进行普查建档和挂牌保护
	《云南省国民经济和社会发展第十四个五年规划和二〇三五年远景目标纲要》（2021年2月）	保护好村落，加大传统村落保护投入力度，推进历史文化名镇（村）、古村落、民族特色村寨、民族文化生态旅游村、生态文化村建设，深入挖掘乡村特色文化符号，盘活传统村落资源，走特色化、差异化发展道路
	《云南省推进乡村建设行动实施方案》（2022年7月）	积极争取国家"百县千乡万村"乡村振兴示范创建，衔接推进云南省乡村振兴"百千万"工程建设；实施民族团结进步"十县百乡千村万户"示范引领建设工程

省市	出台文件（发布时间）	相关政策要点
重庆	《重庆市历史文化名城名镇名村保护条例》（2018 年 7 月）	历史文化名镇、名村、街区，传统风貌区和历史建筑保护规划应当与已批准的控制性详细规划、镇规划、乡规划或者村规划衔接。保持保护范围内建（构）筑物的传统格局、历史风貌、空间尺度和历史环境要素的完整性
	《重庆市国民经济和社会发展第十四个五年规划和二〇三五年远景目标纲要》（2021 年 2 月）	合理确定村庄布局分类，注重保护传统村落和乡村风貌，分类推进村庄发展；编制完善村庄规划，优化生产生活生态空间布局
	《重庆市关于在城乡规划建设中加强历史文化保护传承的实施意见》（2022 年 7 月）	统筹保护利用传承，做到空间全覆盖、要素全囊括；整体保护其传统格局、历史风貌、空间尺度等，传承巴渝场镇空间布局方式；推进有机更新和环境提升，增大历史文化名城、名镇、名村（传统村落）、街区和历史地段的公共开放空间

就实践层面而言，在传统村落和特色村寨保护发展项目的实施过程中，各级政府部门都投入了大量财力、人力和物力，保护了一批特色鲜明、文化味道浓郁的民居和公共建筑，取得了较为丰硕的成果。但在以振兴为主题的新时代，与取得成就相伴的是乡村文化振兴还面临着诸多挑战。乡村振兴作为新时代的国家战略，要推动产业、人才、文化、生态、组织的协同发展，势必会在乡村推动一场全面性和系统性的变革。与此过程相伴的是大量嵌入性力量涌入乡村地区，其在推动村落公共空间建设与文化振兴的同时，也可能打破村落相对稳定的社会结构和文化环境，使其陷入市场化、城镇化和全球化的新一轮冲击中。特别是对于以"传统"和"文化"为特色的乡村地区而言，以"现代"为导向的乡村振兴战略可能会加速其"脱域"的过程，改变其内生主导的空间生产和再生产路径。尤其是当嵌入性力量未能与村落的内生发展路径有效融合时，它可能会对村落公共空间造成某种"建设性破坏"。加之乡村振兴作为国家重点推进的战略，地方的空间改造与空间建设也容易出现冒进运动，带来传承断裂、认同挑战、价值悬浮、道德失序等文化风险。总之，村落公共空间建设

与乡村文化振兴具有自身的特殊性：一方面承担着传承传统文化和乡土文化记忆的功能，另一方面又要积极融入现代化的时代潮流和历史进程。如何实现两者的协调演进和有效融合，还需要理论层面的深度探讨和实践层面的稳步推进。

二 研究综述

关于空间与文化之间的关系，一直是政治学、社会学、人类学等学科关注的重点问题。尤其是随着社会科学研究领域"空间转向"理论的成熟，学者们将其大量应用到社会关系和社会文化的分析中，在理论层面提出了文化空间、传习场域、空间正义等概念，在实践层面则提出了空间保护、更新和利用等对策建议。本节以村落公共空间与乡村文化之间的关系为视角，从四个方面对既有研究进行梳理。

（一）文化研究空间视角的理论溯源

空间既是日常生活中人们经常使用的通俗概念，也是人文社会科学领域经常讨论的学术概念。但是，尽管空间概念被普遍地使用，但它"还是一团乱麻，充斥着各种悖论而无法相互协调"[①]。长期以来，空间都被理解为一个抽象物：没有内容的容器。直到 20 世纪中期，芝加哥学派的帕克（R. Park）、沃思（L. Wirth）等学者，开始重点关注空间的社会性。至 70 年代，列斐伏尔（H. Lefebvre，也译作勒菲弗）、哈维（D. Harveyd）、福柯（M. Foucault）等学者不再把空间看作一个简单的形式概念，而是在本体论和认识论层面关注空间的社会功能，从而形成了社会科学研究领域的"空间转向"潮流，也为文化研究提供了一个新的研究视角和范式。1974 年，列斐伏尔出版的学术专著《空间的生产》，提出了空间生产理论，将空间作为一个社会本体的概念，"就其在生产中的地位而言，同时作为一个生产者，空间

---

① 亨利·列斐伏尔：《空间的生产》，刘怀玉等译，商务印书馆，2021，法文第三版前言，第 18 页。

（或好或坏地被组织起来）成为生产关系与生产力之间关系的一个组成部分"①。空间生产理论突破了传统的空间"二元论"，构建了空间"三元辩证法"的理论，即空间是指空间的实践（spatial practice）、空间的表征（representations of space）和表征性的空间（spaces of representation）的三位一体。列斐伏尔强调空间在物质领域、精神领域和社会领域的统一，"是一连串和一系列运转过程的结果，不能将其归结为某个简单的物的秩次"②。换言之，"我们所关注的是逻辑—认识论的空间、社会实践的空间以及被可感知的现象占据的空间"③。列斐伏尔指出"空间既不是乡村也不是都市所产生的，而是两者之间新发生的空间性关系的一个产物"④。此后，空间生产理论受到各国学者的广泛关注，成为20世纪后半期开始"空间转向"的拐点。

　　在列斐伏尔空间生产理论的基础上，哈维结合马克思的资本批判理论，阐释了逻辑实证主义下空间生产的运行机制、主要手段、严重后果、最终出路。哈维重点关注的是"空间正义"问题，并对"二战"以后资本主义引发的空间不平等，如郊区化、种族隔绝、城市衰败等问题进行了建设性的批判。哈维的社会空间哲学构想始终贯穿这一立场：建构一种对空间、地方和环境的批判的唯物主义理解，并且将这种理解作为文化和社会理论的彻底基础。⑤对于社会生活实践而言，列斐伏尔和哈维实质上关注的是同一个问题，"如果没有生产一个合适的空间，'改变生活''改造社会'等说法就没有任何意义"⑥。基于空间正义的理念，

---

① 亨利·列斐伏尔：《空间的生产》，刘怀玉等译，商务印书馆，2021，法文第三版前言，第 22 页。
② 亨利·列斐伏尔：《空间的生产》，刘怀玉等译，商务印书馆，2021，第 110 页。
③ 亨利·列斐伏尔：《空间的生产》，刘怀玉等译，商务印书馆，2021，第 18 页。
④ 亨利·列斐伏尔：《空间的生产》，刘怀玉等译，商务印书馆，2021，第 118 页。
⑤ 戴维·哈维：《正义、自然和差异地理学》，胡大平译，上海人民出版社，2010，第 52 页。
⑥ H. Lefebvre, *State*, *Space*, *World* (Minneapolis: University of Minnesota Press, 2009), p. 186.

哈维反对资本主义在全世界范围内强势的空间再造，并主张在文明多样性前提下进行地方性空间创造。"地方"是一个具有空间含义的概念，但其更强调一种基于文化差异性的存在。与资本再造形成的同质化空间不同，地方作为存在的场所，其环境更具有文化特色。它是集体记忆的地点、张扬地方个性的场景、凝聚共同体精神的场域。哈维还从都市体验的角度对空间问题进行了解读，认为必须通过理解空间来理解文化，主张空间具有人类文化的烙印。例如，后现代主义艺术馆的空间表达更注重个性，其抗拒现代主义空间的那种规则和整齐，这表达了从崇敬权力和制度向追求自由的文化转向。也正是因为更多地从文化层面关注空间问题，哈维的研究实际上也从实证地理学转向了人文地理学。

人文地理学是在反思实证地理学的基础上发展起来的学科，是"研究人类活动的空间构成以及人类和环境关系的学问"[①]。地理学是在地质学的基础上衍生的，原本致力于对山脉、海洋、资源等进行实证描述。人文地理学则转向了"关注存在于地方和空间之中的人，关注被人类干预而改观的地貌，关注复杂的空间联系"[②]。也就是说人文地理学不是对现实物质环境的直接描述和分析，"而是一种'社会构建'。换言之，虽然某些经验、信念以及价值体系的特点是人类共有的，但这些也会因时因不同立场而异，并带来对世界的不同诠释"[③]。随着人文地理学的发展，其关注的问题也扩展到身份、消费、性别、权力空间等领域，研究问题也得到很大程度的扩展。福柯虽然没有明确提出以空间为自己

① P. Knox, S. Marston, *Human Geography: Places and Regions in Global Context* (Saddle River, NJ: Prentice Hall, 2004), p. 2.

② 彼得·丹尼尔斯、迈克尔·布莱德萧、丹尼斯·萧、詹姆斯·希达维编著《人文地理学导论：21世纪的议题》，邹劲风、顾露雯译，南京大学出版社，2014，第5页。

③ 彼得·丹尼尔斯、迈克尔·布莱德萧、丹尼斯·萧、詹姆斯·希达维编著《人文地理学导论：21世纪的议题》，邹劲风、顾露雯译，南京大学出版社，2014，第4页。

学说的核心概念，但是他的研究者仍将其视为"空间转向"的旗手之一，甚至是地理学人文主义转向的重要推动者。① 实际上，从福柯的研究中也可以清晰地看出他批判地理学的旨趣，"空间思想隐含于他对现代身体或者说现代主体性的研究之中，空间是他进行研究的一个重要视角和维度"②。福柯从空间建构入手对传统权力话语进行批判，构建起了"空间—知识—权力"三位一体的理论，也为社会文化的研究提供了新的研究视角与方法。

　　虽然人们习惯上将文化地理学从人文主义地理学中分离出来，然而，"无论是作为分支，还是作为研究范式，它的研究对象是地理事物中包含的文化，或文化中的空间安置。由于文化与人密切相关，因此文化地理学者的研究对象主要是人，尤其是人的想法。相对于地理信息系统中的经纬度、自然地理学研究的自然实体，文化地理学研究的人之思想更具有'人性'，或者说更具有'温度'"③。著名人文地理学者段义孚（Yi-fu Tuan）言明，"我专注于社会与地方研究……专注于个体的研究——个人主义其实就是人文主义的产物"④。与列斐伏尔更注重空间的本体论构建不同，人文主义地理学虽然不再着重研究地形、地貌等自然现象，但其更着重于使用地理学一贯的经验视角和经验方法，把研究重点置于人直接经验的生活世界和环境的社会建构中，发现了人类在地理生态中的定位以及环境与文化的本质关系，因此产生了与空间相对应的"地方"概念。在段义孚看来，空间和地方都是生活世界的基本组成部分，但是"地方意味着安全，空间意味着自由。我们都希望既有安全，又有自由。没有什么地方能够与家相提并论。什么是家？它是老宅、老邻居、故乡或祖国。

① 杰里米·克莱普顿、斯图亚特·埃尔顿编著《空间、知识与权力：福柯与地理学》，莫伟民、周轩宇译，商务印书馆，2021，第1~6页。
② 郑震：《空间：一个社会学概念》，《社会学研究》2010年第5期。
③ 周尚意：《触景生情：文化地理学人笔记》，商务印书馆，2019，第1页。
④ 段义孚：《人文主义地理学——对于意义的个体追寻》，宋秀葵、陈金凤、张盼盼译，上海译文出版社，2020，第2~3页。

地理学家研究地方。规划师喜欢唤起'地方感'"①。地方研究立足于人的经验世界，以达到阐释某个地方之意义的目标。从文化人类学的视角看，地方研究也就是从文化持有者的内部世界去探索一个地方或区域的意义。

无论是"空间转向"领域的本体论与认识论构建，还是人文地理学关注地方的文化差异与生命意义，最终都会引发实践和应用层面的反应，城市规划则集中体现出了这种追求文化意义的空间再造。现代资本主义创造出了大量同质化的无地方空间，如麦当劳、迪士尼、沃尔玛、宜家等，并在经济全球化的过程中将其复制到世界各地。但是从"空间转向"的视角来看，"地方自身所拥有的秩序都应当来自人类自身的重要经验，而不是从武断的抽象概念中得来，比如，规划图纸。也就是说，自觉且本真的地方建造并不是如同编程一般的过程"②。规划领域关注地方性建造的著名学者是雅各布斯（J. Jacobs）。《美国大城市的死与生》开篇就言明："此书是对当下城市规划和重建理论的抨击……抨击的是那些统治现代城市规划和重建改造正统理论的原则和目的。"③ 在雅各布斯看来，美国的城市建造充满了规划师一厢情愿的理解，充满了在机械的指导下搭建起来的毫无意义的建筑。"那些奢华的住宅区域试图用无处不在的庸俗来冲淡它们的乏味。而那些文化中心竟无力支持一家好的书店。市政中心除了那些游手好闲者以外无人光顾，他们除了那儿无处可去。商业中心只是那些标准化的郊区连锁店的翻版，毫无生气可言……这不是城市的改建，这是对城市的洗劫。"④ 从根本上说，城市是属于人的城

① 段义孚：《空间与地方：经验的视角》，王志标译，中国人民大学出版社，2017，第1页。
② 爱德华·雷尔夫：《地方与无地方》，刘苏、相欣奕译，商务印书馆，2021，第221页。
③ 简·雅各布斯：《美国大城市的死与生》，金衡山译，译林出版社，2022，第1~2页。
④ 简·雅各布斯：《美国大城市的死与生》，金衡山译，译林出版社，2022，第2页。

市，而不是属于规划师的城市。因此，要保持城市空间的生命力就要基于人本主义的理念，尊重地方文化的多样性。从本体论层面的空间生产到规划层面的空间建造，空间都超越了物质环境与空洞容器的层面，具有社会文化的意义。

（二）村落公共空间的社会功能

公共空间是村民生活、交往、互动、娱乐等的空间，村民在此举行礼俗仪式、休闲娱乐、节日聚会、集体议事等活动。从发生学上来看，聚落空间是"按照一定关系组成的、共同体居住生活得以实现的空间，是人类居住生活的物质实体"[1]。村落公共空间自产生伊始就发挥着多重社会功能："村落公共空间既是乡村文化的有机构成和重要载体，也是村落集体生活和人际互动的实践场域，具有赓续文化传统、承载文化生活、增进社群认同、凝聚道德共识等社会功能。"[2] 从最基本形态上看，公共空间是供村民公共生活、互动交流的集中场所和日常社会生活公共使用的室外空间的总称，如打谷场、戏台、祠堂等，"这些空间是村民日常活动的场所，村民的生活行为、传统民俗文化活动均在此进行"[3]。以日常生活功能为基础，公共空间还可以作为乡村的初级交换单位、乡村公共文化的复兴场域，以及乡村权力文化网络的空间载体。匡立波和夏国锋就认为，"它不仅仅是一个村民娱乐的文化共同体，更是国家权力沟通乡土社会的新渠道，是新时期权力文化网络的新结点"[4]。

从社会层面看，"乡村公共空间与社区认同、社会秩序、社

---

① 周星：《黄河中上游新石器时代的住宅形式与聚落形态》，载《中国考古学研究论集》编委会编《中国考古学研究论集——纪念夏鼐先生考古五十周年》，三秦出版社，1987，第136页。

② 李锋：《乡村文化振兴应发挥村落公共空间的文化功能》，《社会科学报》2022年7月7日，第3版。

③ 庞娟：《城镇化进程中乡土记忆与村落公共空间建构——以广西壮族村落为例》，《贵州民族研究》2016年第7期。

④ 匡立波、夏国锋：《公共空间重构与乡村秩序整合——对湘北云村小卖铺辐射圈的考察》，《中共浙江省委党校学报》2016年第6期。

会融合关系密切，是形成公共舆论、促进公共参与、培育公共精神的重要载体，具有消除分歧、缓解紧张、达成共识、互惠合作、文化融合的社会功能"①。公共交往又是上述社会功能的基础，"村庄公共空间不仅能够促进村民之间有效勾连，而且能够建构村民与村庄之间的内在联络机制"②。学者普遍认为，在中国传统乡村社会中，村落公共空间为村民的交往提供了开放性的平台，也建构起了村民之间相对固定的社会关联形式和人际交往结构方式。"村落公共空间作为村庄社会有机体内以特定空间形式相对固定的社会关联形式和人际交往结构方式，其形式固然会因村庄社会关联的多元以及人际交往活动内容的相异而呈现出多样性。"③ 与此观点相类似，吴毅也认为公共空间实质就是公共交往："村庄是一个社会有机体，在这个有机体内部存在着各种形式的社会关联，也存在着人际交往的结构方式，当这些社会关联和结构方式具有某种公共性并以特定空间形式相对固定的时候，它就构成了一个社会学意义上的村落公共空间。"④ 人类学的微观案例研究为此类观点提供了支撑。以侗寨的公共空间为例，其为"村民的公共生活提供了可能，而公共生活的需要又促进了公共空间的营造，公共空间内频繁的集体众议有助于激励大家营建和维护公共空间，这样一种空间文化体现出侗民族的生活智慧"⑤。

从文化层面来看，村落公共空间既是传统文化生发和传承的重要基础和有效载体，也是村民在集体活动中形成的文化生活场

① 张良：《乡村公共空间的衰败与重建——兼论乡村社会整合》，《学习与实践》2013 年第 10 期。
② 郭明：《乡村振兴视野下村庄公共空间的萎缩及解释——基于 F 村与 H 村的双案例分析》，《中央民族大学学报》（哲学社会科学版）2019 年第 6 期。
③ 曹海林：《乡村社会变迁中的村落公共空间——以苏北窑村为例考察村庄秩序重构的一项经验研究》，《中国农村观察》2005 年第 6 期。
④ 吴毅：《公共空间》，《浙江学刊》2002 年第 2 期。
⑤ 徐赣丽：《侗寨的公共空间与村民的公共生活》，《中央民族大学学报》（哲学社会科学版）2013 年第 6 期。

域。① 一项关于黔东南苗族聚落仪式与公共空间的研究表明，公共空间是文化的产物，也是文化的传承场所，具有最原始的文化传承功能。村落中的公共空间顺应地形、布局灵活，空间上形成一定的序列结构，与仪式活动的进程密切相关，具有重要的文化象征意义。② 同样，在侗族村落中，鼓楼是族姓的象征，也是民族意识的标志。"传统侗寨中同一族姓的住户多围绕本宗族共建的鼓楼而挨家挨户密集分布，抱团精神强，以血缘为纽带的宗族文化特色明显，故其居住空间以宗族抱团聚集，日常活动也围绕同一宗族的公共空间进行。"③ 由此可见，村落公共空间营造成为集体记忆得以建立的社会机制，满足了"现在中心观"的社会团结需要。集体记忆对于社会与个体的功能，就在于重建集体意识的"社区之神"以及寻求族群身份认同的个体心理需求。④ 与此同时，村落公共空间培育着族群内在的集体意识和审美习惯，传承着族群的文化记忆。"对于一个特定地域内的村落，每个村民个体记忆的参照是相对固定的，如村落的自然环境、房屋建筑、民俗活动，甚至乡音等，都能唤起人们相应的记忆，这些参照就成为保存和传递乡土记忆的载体。"⑤ 可见，公共空间承载着族群完备的集体记忆，在凝聚起民族共同体精神的同时，也表达了乡村社会历史意义的文化内涵。

在现代化的经济发展与社会变革中，村落公共空间的社会功能在不断变化。一方面，市场经济和旅游发展带来了乡村社会关

---

① 方菲、李旺：《乡村传统型公共文化空间的良性再生产——以湖北恩施州咸丰县严家祠堂为例》，《中南民族大学学报》（人文社会科学版）2023 年第 4 期。
② 周政旭、孙甜、钱云：《贵州黔东南苗族聚落仪式与公共空间研究》，《贵州民族研究》2020 年第 1 期。
③ 徐赣丽：《空间生产与民族文化的内在逻辑——以侗寨聚落为例》，《广西民族大学学报》（哲学社会科学版）2015 年第 4 期。
④ 苏发祥、王玥玮：《论藏传佛教寺院与村落的互惠共生关系——以西藏南木林县艾玛乡牛寺与牛村为例》，《社会学评论》2014 年第 5 期。
⑤ 庞娟：《城镇化进程中乡土记忆与村落公共空间建构——以广西壮族村落为例》，《贵州民族研究》2016 年第 7 期。

系的激烈变革。"在市场经济作用下，旅游地民族会主动或被动地迎合旅游者需要，使自己的文化习俗发生演化变迁，进而带来复杂的民族地区社会文化演进效应。"① 此时，村落公共空间是接待外村集体访客和展现村落形象的地方，是代表村落共同体的重要标志性符号。一项关于"碉乡"遗产旅游地居民地方认同的研究发现，碉楼成为世界文化遗产，激发了当地人的自豪感，也被认同为地方的象征。② 然而，虽然碉楼的重新发现延续了历史，唤醒了记忆，"但以遗产运动与遗产旅游作为动力延续的历史是被割裂的历史……地方的叙事在其中被部分湮灭，且地方'记忆'也常融入外界的想象。遗产旅游之下的历史，甚至超越记忆而融入想象"③。另一方面，村落公共空间也形塑着一个群体的亚文化，承载并传承着丰富多样的民族传统文化，并成为其突出表征。④ 在旅游发展中，公共空间逐渐开始突破群体的界限，其共享特征更为明显。在这种背景下，"社区的生活空间已经与生产空间发生了极大的融合。社区的生活空间逐渐向着多功能方向转变，既承载着本地人的生产与生活功能，也承载着游客的游憩休闲功能，还包括部分外地人的生产经营功能"⑤。因此，我们更应尊重在地者的文化选择和权利，探寻"私文化"与公共性的衔接点。⑥

（三）乡村变迁与公共空间重构

村落公共空间不仅是物理空间，更是村民构想、创造和构建

---

① 王汉祥、王美萃、赵海东：《民族与旅游：一个历史性发展悖论?》，《内蒙古社会科学》（汉文版）2017 年第 4 期。

② 孙九霞、周一：《遗产旅游地居民的地方认同——"碉乡"符号、记忆与空间》，《地理研究》2015 年第 12 期。

③ 孙九霞、周一：《遗产旅游地居民的地方认同——"碉乡"符号、记忆与空间》，《地理研究》2015 年第 12 期。

④ 徐赣丽：《空间生产与民族文化的内在逻辑——以侗寨聚落为例》，《广西民族大学学报》（哲学社会科学版）2015 年第 4 期。

⑤ 孙九霞、张士琴：《民族旅游社区的社会空间生产研究——以海南三亚回族旅游社区为例》《民族研究》2015 年第 2 期。

⑥ 蒋星梅、张先清：《公共文化与族群边界：直苴彝族赛装节的族性表达》，《中央民族大学学报》（哲学社会科学版）2016 年第 2 期。

的文化空间，既是可感知、可测量的具体化的经验空间，也是村民意愿和习惯的现实表征，并体现着自身的价值。① 就物理空间层面而言，公共空间由公共建筑、街巷空间、节点空间等元素构成。就抽象空间层面而言，公共空间可以表现为庙会、社戏、娱神表演等公共生活与制度化活动。以民间信仰活动为例，村落生活世界的外与内、四周的神灵与村内的人民，通过仪式化的空间序列连接起来，继而影响村民对村落空间的认知，固化成为民族文化的重要组成部分。② 当前，随着全球化、市场化和城镇化的推进，村落中无论物理空间还是抽象空间都经历着重构的过程。在物理空间层面，现代广场、文化礼堂、居民议事厅、游客中心、村史博物馆等现代公共空间逐渐增多，此类空间"以集体参与的公共活动为载体，以平等、多元、自由、包容等为核心理念，以实现公共利益为价值追求"，进一步凸显了乡村公共空间的公共性。③ 在抽象空间层面，乡村知识精英及地方政府通过有选择的行为重构了地方社群的传统仪式与节日空间。④ 此外，在文旅融合发展过程中，注重以文化持有者为中心的"旅游—生活"空间的营造和建设，是乡村空间生产模式类型发展的共同趋向。⑤ 居旅互动型公共空间营造也使村落公共空间得到扩展。

学术界还研究了公共空间发展演变的内在动力机制，普遍认为权力、资本和文化共同影响了空间的选择、布局和形态。⑥ 随

① 保罗·诺克斯、史蒂文·平齐：《城市社会地理学导论》，柴彦威等译，商务印书馆，2005，第 59 页。
② 周政旭、孙甜、钱云：《贵州黔东南苗族聚落仪式与公共空间研究》，《贵州民族研究》2020 年第 1 期。
③ 张诚、刘祖云：《乡村公共空间的公共性困境及其重塑》，《华中农业大学学报》（社会科学版）2019 年第 2 期。
④ 黄彩文、子志月：《历史记忆、祖源叙事与文化重构：永胜彝族他留人的族群认同》，《西南民族大学学报》（人文社科版）2017 年第 3 期。
⑤ 桂榕：《重建"旅游—生活空间"：文化旅游背景下民族文化遗产可持续保护利用研究》，《思想战线》2015 年第 1 期。
⑥ 张诚：《权力、资本与生活：乡村公共空间生产的三重逻辑》，《华中农业大学学报》（社会科学版）2024 年第 1 期。

着个体的流动，多元文化要素也会在身体空间与社会空间中发生作用，使空间得以生产并形成一定的秩序和结构。① 在乡村振兴的背景下，村落公共空间再生产的主体更为多元，如政府、公司、村民与游客作为村落开发场域重要的四个利益主体，分别形成了政府和村民、公司和政府、村民和游客、政府和游客、村民和村民等多组利益主体，这些利益主体形成的诸多关系及其博弈状况是影响空间变迁的关键性因素。② 苏静和孙九霞以黔东南岜沙社区为例，研究了民族旅游社区空间想象建构及空间生产。结果显示，"建构空间与真实空间之间存在脱离，这会改变岜沙社区空间生产的规则，进而会改变其空间变迁的路径；政府主管部门主导多元主体集体建构了岜沙社区的空间"③。可见，在主客共享空间"想象建构"的模式下，空间生产的规则和路径得以改变。在多种动力机制的影响下，村落的空间结构进一步开放，形成了"固本扩边"的发展模式。李忠斌等在研究特色小镇空间扩展时就主张，"以特色村寨为'本'，以邻近村寨为'边'，'本'与'边'共同构成民族特色小镇的整体"④。实际上，这种发展模式要求以乡土原生态文化为根本和开发利用的起点，通过一系列建设活动达到乡村文化空间保护和利用的目的。

现有研究还重点关注了乡村建设和旅游开发过程中资本下乡对空间生产的影响，认为此过程中的乡村空间生产逐渐类似于商品生产。各种形式的社会过程和外来干预，不断重塑着乡村空间形态。有研究认为，乡村空间商品化是建立在乡村土地利用、聚落转型、要素重构的基础之上的，其核心特征表现为乡村各种要

---

① 杨淇、杨筑慧：《民族交往交流交融中的空间生产研究——基于 YWCH 个人生命史的考察》，《北方民族大学学报》2022 年第 5 期。

② 李天翼：《民族村寨旅游开发场域利益主体关系及其博弈探析》，《贵州师范学院学报》2015 年第 7 期。

③ 苏静、孙九霞：《民族旅游社区空间想象建构及空间生产——以黔东南岜沙社区为例》，《旅游科学》2018 年第 2 期。

④ 李忠斌、李军、文晓国：《固本扩边：少数民族特色村寨建设的理论探讨》，《民族研究》2016 年第 1 期。

素在内外因素的驱动作用下，逐渐由"领域性""私有化"向"市场化""公有化"转换。① 虽然部分传统村落或特色村寨由于相对封闭，受外界影响较小，得以保留独特的空间景观和地域性文化传统，而这种保留的传统又构成独特的旅游吸引力，② 但无论如何，在经济理性逐渐替代共同体意识的社会文化下，资本嵌入是改变乡村空间生产和再生产的重要力量。以旅游资本为例，旅游所涉及的舞台化与原真性、旅游场景生产、符号消费、文化体验、文化遗产的保护与开发利用等问题，都与空间生产息息相关。③ 一项关于河北野三坡旅游区苟各庄村的案例研究表明，"因旅游业导入村落正经历着加速的空间重构过程。在此过程中，传统乡村生产生活空间逐步减少，生活—生产和生态—生产复合新型功能空间逐步增加，具体表现为生产空间由村外向村内转型发展，生活空间由分散到集聚的立体扩展，生态空间由斑块分割向整体利用的全面扩展"④。在文旅融合的产业发展浪潮中，许多村落都致力于建设旅游目的地，村落公共空间生产受旅游的影响也会不断增大。

（四）村落公共空间衰落的影响

近代以来，村落公共空间遭受了各种力量的冲击，逐渐趋于衰落。其原因既有年久失修损毁、坍塌的自然损坏，也有火灾、地震等意外事件的偶然破坏。大量传统民居和公共建筑遭到破坏或损毁，传统的聚落空间结构正经历着迅速的变化，传统聚落也

---

① 张萌婷、王勇、李广斌：《后生产主义背景下旅游型乡村公共空间转换机制研究》，《农业经济》2020年第5期。
② 孙九霞、苏静：《旅游影响下传统社区空间变迁的理论探讨：基于空间生产理论的反思》，《旅游学刊》，2014年第5期。
③ 桂榕、吕宛青：《民族文化旅游空间生产刍论》，《人文地理》2013年第3期。
④ 席建超、王首琨、张瑞英：《旅游乡村聚落"生产-生活-生态"空间重构与优化——河北野三坡旅游区苟各庄村的案例实证》，《自然资源学报》2016年第3期。

以惊人的速度遭受破坏甚至消失。① 然而，导致村落公共空间衰落风险的更重要的是社会变迁，随着现代性在全球范围内的增强和漫溢，流动性、市场化和城镇化都在解构着传统乡村社会的公共空间结构。由于受到现代性的冲击，"不少地方的传统节日、民族语言等文化形式逐渐消失，信仰祭祀、文化生活等公共空间逐渐萎缩使得集体记忆衰退，传统文化的根基不断被侵蚀，村落共同体面临被解体的命运"②。吴忠军等认为，乡村文化变迁对于公共空间具有致命的解构力，"虽然一座座外形看似古色古香的'古镇''古村'在中国大地上拔地而起，实则文化内涵单一、文化灵魂缺失、经济效益低下、空间布局错乱"③。还有研究认为，虽然各地都在加强对古村落的保护，但在实践中却常常因缺乏规划指导，导致古村落的保护在一定程度上存在盲目性和无序性，其后果是"民间信仰、村落文化、乡规民约等精神性和意义性的传统社会形态受到冲击和削弱，趋于同质化、去地方化"④。

在现在的乡村社会中，一方面，商业化和城镇化都加剧了乡村劳动力的流动，大量年轻人为追求更高的生活质量选择外出打工、买房定居，愿意居住在村落中的人越来越少。⑤ 人口空心化使村落中大量房屋空置，许多有文化价值的建筑由于长期得不到照料逐渐破败，居住空间日趋衰落。⑥ 另一方面，虽然部分具有历史价值的传统民居，如祠堂、大院等被列为文物，但这些建

①　段超、洪毅、孙炜：《少数民族古村镇保护与发展的文化场域建构》，《中南民族大学学报》（人文社会科学版）2016 年第 6 期。

②　庞娟：《城镇化进程中乡土记忆与村落公共空间建构——以广西壮族村落为例》，《贵州民族研究》2016 年第 7 期。

③　吴忠军、代猛、吴思睿：《少数民族村寨文化变迁与空间重构——基于平等侗寨旅游特色小镇规划设计研究》，《广西民族研究》2017 年第 3 期。

④　翟羽佳、周常春、车震宇：《城镇化背景下古村落空间生产研究——以昆明市化成村为例》，《昆明理工大学学报》（社会科学版）2017 年第 4 期。

⑤　郑万军、王文彬：《基于人力资本视角的农村人口空心化治理》，《农村经济》2015 年第 12 期。

⑥　丁智才、陈意：《文化原乡与传统民居的保护传承——基于福建蔡氏传统民居的考察》，《广西民族研究》2020 年第 4 期。

筑大都常年大门紧闭，成为与村民日常生活隔离的展示物。"那些基本没有人居住、缺少基本人气的传统村落和特色村寨，即使把它们精心地圈起来予以保护，也无非只是一个个没有生机的'博物馆'而已，最终难逃人去楼空的衰败厄运。"① 部分地区还改变了传统公共建筑的功能，如将传统民居改造为村史馆、文化礼堂等，在某种程度上实现了保护与利用相统一的目标。但是，这类空间由于承担着某种公共职能，常常会存在一些比较严格的管理规定，出现活力不足的尴尬局面。② 刘志伟认为，对于这些村落公共空间而言，"由于抽离了本地的生活场景、生活经验和历史语境，变成一种没有传统的'传统文化'符号。这样一种保存和展示、体验方式，令保存下来的乡村，从整体格局、空间和景观，到具体的内容和特性，都失去了本地传统乡村的灵魂和特质"③。

　　乡村旅游开发深刻地影响着村落公共空间的生产与再生产。董宝玲等以贵州肇兴侗寨为例，对民族村寨的旅游空间再生产进行了研究，认为旅游重构着村落的空间形态与功能，"旅游活动发生于肇兴侗寨物理的空间，经交往、实践形成新的空间社会现象和新的空间社会关系，以规划、约束管制、景观符号形式随权力主体的变化而产生物理空间的形变；以冲突、抵抗、躲避、协商、妥协、让渡等形式再现与再构社会关系空间"④。与此同时，旅游总是伴随着商业化冲击着村落公共空间的生产，例如许多传统民居逐渐从原本的私人空间演变为营利的商业空间，部分村民

---

① 宋才发：《民族地区新型城镇化建设进程中传统村落保护的法治思考》，《湖北民族学院学报》（哲学社会科学版）2015 年第 5 期。
② 李锋：《农村公共文化产品供给侧改革与效能提升》，《农村经济》2018 年第 9 期。
③ 刘志伟：《传统乡村应守护什么"传统"——从广东番禺沙湾古镇保护开发的遗憾谈起》，《旅游学刊》2017 年第 2 期。
④ 董宝玲、白凯、陈永红：《多元权力主体实践下民族村寨的旅游空间再生产——以贵州肇兴侗寨为例》，《热带地理》2022 年第 1 期。

将自己的住房以出租或自营的方式进行餐饮、民宿等商业化经营。① 祠堂、戏台等传统公共建筑转化为商业性展示空间，存在村落历史文物化的潜在风险。有些研究认为，旅游发展也让村民们更加相信以旅游为载体的经济生产属于日常选择行为，村落神圣仪式空间也逐渐娱乐化，沦为旅游消费的文化符号。② 这些传统场所和生活方式被披上"文化"的外衣进行生产后的确吸引了大量的游客，但是这些原本属于村民自然而然表达自身情感的场所"也就相应地变成了吸引公众的消费场所，并作为文化商品进入了商业领域，融入消费空间的生产过程中"③。旅游开发还会导致村落空间生产者与消费者、生产力与生产关系的重置，使村落人文环境变得更加复杂，出现了空间原住居民缺位、空间景观符号化、空间倾向资本化等问题。④

还有研究认为，为了满足游客的文化想象甚至猎奇心理，村落中神圣空间中的仪式活动也会出现角色转换、结构反转，甚至对村落正常社会规章制度进行颠覆的戏剧化表演。⑤ 受到商业利益的驱使，外来投资者常常不会扎根本地脉络进行文化挖掘，反而会将商业流水线上的"乡土文化""传统文化"模式进行简单复刻，使村落聚居空间按照资本的意图进行想象再生产。⑥ 空间的"想象构建"经常会忽视村民作为文化传承者的角色，也可能会引起村民的不满和抵抗。这可以表现为具有反抗性的表征空间，

① 陈宇、车震宇：《旅游影响下乡村空间演变研究——以肇兴侗寨为例》，《城市建筑》2022 年第 9 期。
② D. Maccannell, *The Tourist: A New Theory of the Leisure Class* (New York: Schocken Books, 1976), pp. 56-67.
③ 左静、袁犁：《基于"空间生产"视角的古城镇再生模式探析——以丽江古城为例》《安徽建筑》，2012 年第 2 期。
④ 明庆忠、段超：《基于空间生产理论的古镇旅游景观空间重构》，《云南师范大学学报》（哲学社会科学版）2014 年第 1 期。
⑤ 郭文、杨桂华：《民族旅游村寨仪式实践演变中神圣空间的生产——对翁丁佤寨村民日常生活的观察》，《旅游学刊》2018 年第 5 期。
⑥ 苏静、孙九霞：《民族旅游社区空间想象建构及空间生产——以黔东南岜沙社区为例》，《旅游科学》2018 年第 2 期。

在日常生活中具体形式有嵌入、抵制、进攻性抵制、反噬、再生等。[1] 这些问题都对新时代的乡村文化振兴提出了挑战。

通过梳理、分析既有文献可以发现，对于乡村文化与公共空间的关系，政治学、社会学及人类学领域皆多有关注，且观点独到、成果较多。显然，学界已经关注到了公共空间建设之于乡村文化保护和发展的意义，且对于诸多相关问题的探讨都较为全面且深入。尤其在以下三个方面成果显著：一是对宗祠、鼓楼、庙会等微观个案进行了细致研究，积累了村落公共空间研究的田野资料；二是从空间视角关注了乡村传统文化保护的主题，促进了中华优秀传统文化的保护和利用；三是既有研究更加注重定性与定量研究方法的结合。然而，随着乡村振兴战略步伐的不断加快，高质量推进乡村文化振兴成为时代趋势，优秀乡村文化保护与发展也有了新的任务，同时也面临着新的挑战。因此，以新时代乡村文化振兴战略为指导，对村落公共空间建设进行专题研究尤为重要。基于此，本书以村落公共空间建设助推乡村文化振兴为导向，在公共空间建设与文化振兴耦合逻辑分析的基础上，以西南地区村落公共空间为例，重点调查其现状与功能，同时分析乡村振兴中村落公共空间衰落的文化风险，进而提出村落公共空间建设助推乡村文化振兴的方案及建议。

三　思路框架

（一）核心概念

1. 空间

空间是人们日常生活中习以为常的概念，人们将其视为生活世界的组成部分，首先倾向于从直接的经验感受对其进行界定：它是可以包围人和物的存在环境，直观表现为街道、广场、房屋

---

[1] 孙九霞、周一：《日常生活视野中的旅游社区空间再生产研究——基于列斐伏尔与德塞图的理论视角》，《地理学报》2014 年第 10 期。

及自然界等，人们可以通过视觉、触觉、听觉等进行感知，在长、宽、高三个维度进行度量，在上、下、左、右、前、后几个维度进行指向，它是可以装载、填充以及盛纳的物质性的存在。实际上，人们的空间认知是基于自我感官体验以及现代性知识认同。段义孚从经验视角对人们的空间感知进行了分析，认为人类会根据自己的身体或者与其他人接触获得的经验来组织空间，"空间被人类根据自己的身体结构区分为前后轴和左右轴。垂直-水平、上下、前后、左右是人们推断的身体在空间中的位置和坐标"①。在知识层面，由于受到笛卡尔几何学以及牛顿绝对空间观的影响，人们也会将空间想象成一个"容器"，其具有广延性、无限性、三维性等几何学特征。从空间哲学上来讲，几何学理解容易导出空间具有先验性特征的判断，而"容器"观则将空间视为消极被动及空洞无物的存在。列斐伏尔继承发展了马克思的空间观，建立了三位一体的空间理论，即空间实践（感知）、空间表征（构想）、表征性的空间（亲历），将空间的物质性、社会性和实践性结合为一体。② 列斐伏尔尤其强调空间的社会性，空间在社会关系的生产和再生产中发挥着主导作用。"（空间）是辩证的产品生产者、经济与社会关系的支撑物。它发挥着再生产的作用……它是那些在'现场'实践中实现社会关系的一部分。"③从根本上说，列斐伏尔所讨论的空间实质上就是社会空间，这也是本书使用空间概念的核心指向。本书从经验层面关注乡村物理实体空间，对于民居、公共建筑、聚落形态等具体物质空间的分析，最终都要指向空间生产中的社会关系和社会实践，并揭示其对乡村社会文化产生的影响。

---

① 段义孚：《空间与地方：经验的视角》，王志标译，中国人民大学出版社，2017，第 28 页。
② 亨利·列斐伏尔：《空间的生产》，刘怀玉等译，商务印书馆，2021，第 58~59 页。
③ 亨利·列斐伏尔：《空间的生产》，刘怀玉等译，商务印书馆，2021，法文第三版前言，第 22~23 页。

2. 公共空间

"公共"一词本来就有与"私人"相对应的含义，其词源"pubes"或"maturity"在希腊语中表示一个人在身体上、情感上或智力上已经成熟，有能力从只关心自我的利益发展到超越自我去理解他人的利益。只有这样的人才能够理解自我与他人之间的关系，超越私人利益且关心共同体的生活。① 从这个层面上讲，公共空间就是"公有的""共同的""公众的"的空间，为某一社群所共享而不为私人所独占。按照哈贝马斯（J. Habermas）的说法，"私人领域和公共领域的界限直接从家里延伸。私人的个体从他们隐秘的住房跨出，进入沙龙的公共领域"②，即所谓"人们走出家门，就进入了公共空间"。公共空间是一种与私人空间相对应的空间形式，但是很多时候两者的界限并不那么明显。如一个人的居家空间同时可以作为经营场所，私人的居住空间与顾客的消费空间可能只是一个布帘之隔，主人和家属进进出出，私人生活暴露在客人面前。相反，在一个公共餐厅中，虽然整个空间是开放性的公共场所，但餐桌和"包房"却是为私人所用的隐私空间，"一旦坐在桌子旁，这个人便只面对他自己的世界"③。但是与私人空间相比，开放性仍是公共空间的最基本特征。私人空间是一个只向自我开放的封闭环境，不请自来的访客可能并不受欢迎或被视为入侵者。公共空间则不同，它是一个不限于经济社会条件和身份背景，任何人都有权利进入的场域。这里可以向所有人开放，并且几乎没有隐私可言。从物理形式上看，公共空间可能是没有设置边界或边界开放的室外领域，也可能是由建筑物封闭起来但对外开放的室内场所。有研究者把空间划分为三种

① 乔治·弗雷德里克森：《公共行政的精神》，张成福等译，中国人民大学出版社，2003，第18页。

② J. Habermas, *The Structural Transformation of the Public Sphere: An Inquiry into a Category of Bourgeois' Society* (Cambridge: The MIT Press, 1979), p. 35.

③ 王笛：《茶馆——成都的公共生活和微观世界，1900~1950》，社会科学文献出版社，2010，第427~430页。

类型：一是真正开放的地方，如路旁、公园等；二是私人所有，如企业财产、私人住房等；三是介于"公"与"私"之间的、可称为"半公共"的地方，它"由私人拥有但为公众服务，像商店、剧场、理发店等"①。这些地方给人提供了一个从私人领域到公共领域的场所，而且许多这样的"半公共"空间都具有聚集人群、传播文化的功能。街头院坝、宗祠家庙、神山神树、广场礼堂、文化展室等都是村落公共空间的具体形式，承担着人际交往、商业贸易、祭祀礼拜、文化传承等功能，并作为载体承载村落的制度化组织和制度化活动，这些也正是本书所要考察的主要对象。

3. 地方与无地方

在人文地理学领域，地方（place）是与空间（space）相对应的概念。段义孚从经验的视角看待空间与地方，认为空间是开放、无限和同质的抽象存在，地方则是固定、熟悉和稳定的具体区位，如老宅、邻居、故乡或祖国。也可以说，"空间具有抽象性和几何学的内涵，而地方则与特殊性和有质感的密集度产生共鸣"②。实际上空间与地方可以互相定义，"最初无差异的空间会变成我们逐渐熟识且赋予其价值的地方。……在（空间生产）运动中的每一个暂停都使区位可能被转换为地方"③。人们会以自身为参照逐渐建立并拓展地方的框架，可能从幼童时的一个摇篮到幼年时的一个街角，再扩散到故乡与祖国，形成一个更大范围的地方。地方是一个人熟悉和热爱之地，人们会在对地方的独特体验中形成"恋地情结"。对此，段义孚进一步解释道："更为持久和难以表达的情感则是对某个地方的依恋，因为那个地方是他的

---

① 王笛：《街头文化——成都公共空间、下层民众与地方政治（1870—1930）》，李德英、谢继华、邓丽译，商务印书馆，2012，第19页。

② W. J. T. 米切尔：《空间、地方及风景》，载《风景与权力》，杨丽、万信琼译，译林出版社，2014，再版序言第3页。

③ 段义孚：《空间与地方：经验的视角》，王志标译，中国人民大学出版社，2017，第4页。

家园和记忆储藏之地，也是生计的来源。"① 这种依恋感表明地方不仅仅是一个地点、位置或区域，更是一个自然与文化要素的综合体。"一个地方不仅是指何物在何方（where of something），它还是一个地点，加上占据该地点的所有事物，它被视为一个综合的且充满了意义的现象。"② 就地域与文化的综合体及其独特性而言，传统村落和特色村寨（至少在传统上）具有明显的地方色彩。与"地方"相对应的是"无地方"，其根本特征是空间的同质化、标准化和非本真性。无地方性是由相似的景观所构成的，世界上丰富多彩的地方正在迅速地被无意义的建筑样式、千篇一律的混乱所替代，"其背后所隐藏的态度则是想要把人与地方全都均一化地对待"③。在无地方的情境中，人缺乏对地方深度象征意义的关注，也对地方的认同缺乏体会，这会逐渐破坏掉人在一个地方所具有的扎根感。无地方性是当前世界正在经历的普遍变化，同样也在挑战着中国乡村社会的地方性。

4. 景观与风景

景观与风景都可以翻译成英语中的"landscape"一词，其共同性在于都被视为地方现实特征的美学框架，都可以给人们带来感官和精神上的愉悦感，并体现人们的审美意趣，满足人们的审美需要，包括自然、实践和人文等要素。"landscape 是地球表面上的一部分空间。它在一定程度上是永恒的空间，有着独特的地理或文化方面的特征，并且是由一群人共享的空间。"④ 但是在汉语的语境中，两个概念各有侧重：景观更加强调人的加工、改造和修饰，而风景则更加侧重自然风光、景物和景色。景观可以说

---

① 段义孚：《恋地情结》，志丞、刘苏译，商务印书馆，2018，第 136 页。
② 爱德华·雷尔夫：《地方与无地方》，刘苏、相欣奕译，商务印书馆，2021，第 5 页。
③ 爱德华·雷尔夫：《地方与无地方》，刘苏、相欣奕译，商务印书馆，2021，第 127 页。
④ 约翰·布林克霍夫·杰克逊：《发现乡土景观》，俞孔坚等译，商务印书馆，2016，第 12 页。

是一种人造的空间，"不是环境中的某种自然要素，而是一种综合的空间，一个叠加在地表上的、人造的空间系统。其功能和演化不是遵循自然法则，而是服务于一个人类群体"①。也正是由于景观由人创造或改造，它是特定时代文化实践的结果，"作为文化中介具有双重的作用：它把文化和社会建构自然化，把一个人为的世界再现成似乎是既定的、必然的"②。日常用语中的风景更加含有自然的意味，但文化地理学研究却极力揭示其蕴含的文化意义。学者们常对"风景画"（英语中 landscape 一词的本原词意即指风景画）进行分析，分析艺术家怎样对自然的风景进行取舍和表现，"它的目的是挖掘言语、叙述和历史的元素，呈现一个旨在表现超验意识的意象"③。后现代主义则转向一种符号学和阐释学的研究，"自然的景物，比如树木、石头、水、动物，以及栖居地，都可以被看成宗教、心理，或者政治比喻中的符号；典型的结构和形态都可以同各种类属和叙述类型联系起来，比如牧歌、田园、异域、崇高"④。因此，无论是景观还是风景都需要人的加工才能呈现在意识和实践中，并且都会对人的心理、行为、价值和观念产生微妙的影响。这类概念对于解析当前乡村振兴中的风景呈现和景观再造具有借鉴意义。

5. 文化与文化振兴

文化是一个高度抽象的概念，关于文化的解释亦众说纷纭。最早为文化下定义的泰勒（E. Tylor）已经意识到文化是一个复杂的综合体，他在《原始文化：神话、哲学、宗教、语言、艺术和习俗发展之研究》一书中就认为，文化包括知识、信仰、艺术、

① 约翰·布林克霍夫·杰克逊：《发现乡土景观》，俞孔坚等译，商务印书馆，2016，第 17 页。
② W. J. T. 米切尔编《风景与权力》，杨丽、万信琼译，译林出版社，2014，第 2 页。
③ W. J. T. 米切尔编《风景与权力》，杨丽、万信琼译，译林出版社，2014，第 1 页。
④ W. J. T. 米切尔编《风景与权力》，杨丽、万信琼译，译林出版社，2014，第 1 页。

伦理道德、法律、风俗，也包括社会成员通过学习而获得的任何其他能力和习惯。[①] 虽然泰勒对文化的界定已经相当宽泛，但仍被限定在精神信仰、知识能力和行为习惯层面，后来的文化研究依然不断丰富和拓展这一概念的内涵和外延。英国人类学家马林诺夫斯基（K. Malinowski）从功能主义角度出发，把文化分为经济、教育、政治、法律秩序、知识、巫术、宗教、艺术娱乐八个方面，并强调了与精神文化相对应的物质文化。在我国的广义文化说中，文化的含义甚至被扩展为"人类社会历史实践过程中所创造的物质财富和精神财富的总和"[②]。这种广义的界定使文化的内涵与外延都显得过于庞杂、包罗万象，难以在现实管理实践中进行具体操作。本书主要基于乡村文化振兴战略来解读文化的概念。乡村文化振兴作为国家的乡村战略更多是一个政策概念，因此有相对明确的内容指向。党的十九大把乡风文明作为乡村振兴总体要求之一，又把文化振兴作为乡村五个振兴之一。2018 年 9 月，中共中央、国务院印发的《乡村振兴战略规划（2018—2022 年）》从加强农村思想道德建设、弘扬中华优秀传统文化、丰富乡村文化生活三个方面总结了文化振兴的内容。本书中文化的内容大致与此对应，具体而言，主要包括主流意识形态、大众娱乐文化、物质和非物质遗产、传统观念和惯习、地方性知识、思维观念和意识、伦理道德规范等。

（二）研究对象

本书以村落公共空间为研究对象，研究如何通过村落公共空间建设促进乡村文化振兴，探寻村落公共空间建设助推乡村文化振兴的现实路径。中国乡村地域广阔、形态多样、差异较大，本书选择西南地区作为重点研究的样本主要是基于以下几个原因：一是"西南"是一个区域性的概念，区域内相对频繁的交往造就

---

① 爱德华·泰勒：《原始文化：神话、哲学、宗教、语言、艺术和习俗发展之研究》，连树声译，广西师范大学出版社，2005，第 1 页。

② 《辞海》（1979 年版缩印本），上海辞书出版社，1980，第 1553 页。

了文化的相对一致性，有利于作为一个整体样本进行研究；二是西南地区地形多样、民族众多，不同地域和民族之间的文化差异性也相对较大，而这种多样性、独特性和差异性正是乡村文化的魅力所在；三是西南地区经济社会发展程度也有较大差别，既有大都市圈内城镇化程度较高的乡村地区，也有地处高原、山地和丘陵等相对封闭的地理环境中较完整地保留了原生态文化的村落与村寨，因此可以从中提取到更丰富的研究样本；四是西南地区是中国传统村落和特色村寨最集中的地区，对该地区进行深入研究可以更好地了解乡村文化的传统形态及其变迁过程。因此，本书以西南地区为重点，尽量结合不同地域和民族的特色文化来选取样本村落，如地域特色鲜明的川渝传统民居、公共建筑相对完整的黔东南侗寨、以碉楼和官寨为代表的川西羌寨、居旅互动的千户苗寨和丽江古城、迅速变迁的渝东南土家族村落等。一方面尽可能突出村落公共空间的多样性及其文化特色，另一方面则要通过比较不同样本做出村落公共空间建设与乡村文化振兴关系的通则式解释。①

本书更多选取了传统村落和特色村寨进行研究。传统村落是较好地保留了历史沿革，聚落空间格局、建筑风格风貌、选址结构布局延续了传统样式，具有独特的民俗习惯、风土人情等传统文化因素，拥有物质形态和非物质形态的传统文化遗产，但至今仍为人民服务的村落。住房和城乡建设部、文化和旅游部、国家文物局、财政部等牵头制定了中国传统村落名录，至今已经命名6 批共 8155 个中国传统村落。特色村寨是指少数民族人口相对集中，具有完备的生产生活功能，房屋建筑与生活环境具有明显民族文化特点的自然村或行政村。由国家民委和财政部牵头制定中国少数民族特色村寨名录，自 2009 年至今已经命名 3 批共 1652 个中国少数民族特色村寨。近些年，西南地区部分省市也陆续制

———————

① 在严格意义上，乡村地区的基本单元有村落、村庄、村寨之分，然而现实中这几个单元之间的界限通常并不明显，故本书除非在特指的情况下分别使用几个概念，一般情况下则以"村落"概称。

定了本区域的名录。传统村落和特色村寨是农耕文明不可再生的文化遗产，也是传承优秀民族文化的有效载体，亦是唤醒乡愁记忆、维系民族认同的纽带，具有重要的历史文化价值，可以作为本地区乡村发展和振兴的重要资源。西南地区作为传统村落和特色村寨的主要集中留存地，特殊的自然地理环境使众多历史悠久的村落较好地保持了原貌，加之独特的民族文化风情和生活习惯，可以更鲜明地体现出该区域的文化风格和韵味。与此同时，本书也没有忽略那些普通的村落，此类村落公共空间见证了时代变迁，也更具有时代的特征并能反映出时代的问题，尤其是在与入选名录村落的比较中可以发现问题。表 0-2 为重点样本村落基本情况。

表 0-2　重点样本村落基本情况

村名	所属地	主要民族	入选批次
安宁村	重庆市涪陵区	汉族	第一批中国传统村落
鸿雁村	重庆市武隆区	汉族	第四批中国传统村落
青云街	重庆市石柱土家族 自治县	汉族、土家族	第三批中国少数 民族特色村寨
长岭村	重庆市秀山土家族苗族 自治县	土家族	第一批中国少数 民族特色村寨
柳溪村	重庆市酉阳土家族苗族 自治县	土家族	第一批中国传统村落
松岩村	重庆市酉阳土家族苗族 自治县	苗族、土家族	第三批中国传统村落
鹿鸣村	四川省彭州市	汉族	第五批中国传统村落
龙鹤村	贵州省安顺市	汉族	第三批中国传统村落
秋阳村	贵州省黔东南苗族侗族 自治州雷山县	苗族	第二批中国传统村落
松柏村	贵州省黔东南苗族侗族 自治州台江县	侗族	第二批中国少数 民族特色村寨
青山村	贵州省遵义市务川仡佬族 苗族自治县	仡佬族	第四批中国传统村落
云雀村	云南省西双版纳傣族 自治州景洪市	傣族	第二批中国传统村落

注：本书中涉及的人名、地名均已做匿名化处理。

公共空间是本书研究的核心对象。从物理形式上看，公共空间可能是没有设置边界或边界开放的室外领域，也可能是由建筑物封闭起来但对外开放的室内场所。开放性室外空间既包括一般性公共空间，如道路、广场、绿地等，也包括富有乡土与地域特色的公共空间，如院坝、风雨桥、神山、神树、水井、戏台等。此类公共空间是非竞争性和非排他性的社区公共产品，没有进出的限制，并由村落居民平等地分享。室内公共空间既有一般性的空间，如礼堂、农家书屋、展览馆、文化服务站和便民服务站等，也有具有乡土与地域特色的空间，如宗祠、村庙、鼓楼、碉楼等。这些场域虽然在物理形式上都表现为由建筑物封闭起来的场所，但它们一般并不设置进出限制，并向村社所有成员或特定群体平等免费地开放。除此之外，乡村振兴中各地都大力推动文旅融合产业的发展，各种旅游要素广泛嵌入乡村各种类型的公共空间之中，也生成了游客接待中心、文化展演场、商业街等新型居旅互动空间。本书重点关注村落中这些具体的公共空间，并通过对该空间形式、类型、结构及功能的分析，揭示其中所蕴含的社会文化意义。

依据村落公共空间承担的主要功能，可以将其划分为以下几种类型。①传统公共空间，是指保留了传统风格样式和结构格局的公共空间，承载着一个区域或民族的文化神韵和历史文化信息，能够突出反映一个群体的生活情趣和审美观念的空间。这个空间既是文化的产物，也是文化的传承场所，培育着特定群体内在的集体意识和共同体精神，传承着该群体的集体记忆。主要包括传统民居、古寨墙、古寨门、古牌楼、鼓楼等。②日常生活空间，是人们作息、交往、娱乐、交换的场域，人们通过参与日常娱乐、集体行动、人情往来、商业交换等活动，形成相互关联的生活性公共空间。主要包括街头、广场、院坝、市场、庙会、店铺、戏台等。③礼俗仪式空间，是人们表达文化观念与参与文化实践的空间，村民基于地方组织、风俗习惯和传统文化，在此空间内从事象征性或表演性的自觉自为活动，如祭祖、娱神、祈福、避祸等。主要包括祠堂、神庙、风水林、坟地、神山、神树等。④服务与政治空间。该空间主要提供公共服务与承载政治生活。公共服务是指以政府为主体的公共部门为满足公共需求，向社会成员提供的共同享有、平等享受的产品和服务的总称。乡村中的道路、广场、农家书屋等都是政府提供的公共产品。村落公共服务空间最典型的形式是便民服务厅，其以窗口化的方式开展公共服务。政治生活空间是指与正式权力相关联的空间以及表达主流意识形态的空间，政府、村自治组织和村民在此空间内互动，完成对村落公共事务的治理，国家的主流意识形态也常常以符号化的形式通过此空间表达。典型形态如村民议事厅、村委会、纠纷调解平台、革命纪念馆等。综上，村落公共空间的基本类型见表0-3。

表 0-3　村落公共空间的基本类型

类别	传统公共空间	日常生活空间	礼俗仪式空间	服务与政治空间
典型形态	古街巷、古寨墙、牌坊、鼓楼、宗祠、庙宇等	街头、院坝、广场、步道、廊亭、茶馆、集市等	宗祠、庙宇、神山、神树、风水林、婚丧仪式场所等	便民服务厅、文化站、村民议事厅、革命纪念馆等
代表样例	松柏村鼓楼 柳溪村摆手堂 青云街古盐道	长岭村院坝 岩翠村廊亭 青泉坪广场	朵瑶村风平佛寺 长岭村家庭神龛 安宁村土庙	便民服务站 青泉坪革命纪念馆 松岩村村史馆

必须说明的是，任何一种类型的公共空间都不可能只具有单一功能，尤其是乡村地区公共空间的多样性特征，使得公共空间功能的复合性特别明显。例如，街头是最活跃的日常生活空间，同时也是大众的文化娱乐空间，即使村中建起了舒适的文化活动站以及各类空间舒适区，村民们还是喜欢在街头打牌、下棋、跳广场舞。在某些时刻空间的功能也会发生转变，如政府"送文化下乡"开展文艺演出或放映露天电影时，街头又成为供给公共服务的场域。摆手堂是土家族村寨最具文化特色的公共建筑，村民

在此跳摆手舞曾是日常生活的一部分，兼具娱人与娱神的双重功能。当前，部分村寨摆手堂由政府或旅投公司修建，兼具文化娱乐空间、公共服务空间和居旅互动空间的功能。可见，有的公共空间可能兼具生活、娱乐、仪式、居旅互动等多重功能，并且其承担的主要功能在某些时刻会发生转变。此外，在乡村文旅融合发展的过程中，部分乡村地区还出现了居旅互动空间，如景点、游客中心、展演厅等。作为村民的"在地者"与作为游客的"他者"，在此空间内交往、交流、交换甚至发生冲突，其本质是旅游对乡村公共空间的嵌入与融合。因此，上述类型划分更多是基于学术上清晰和简化的需要，以便能够更加有效地阐明村落公共空间形式和功能的多样化。

（三）基本思路

中国村落公共空间丰富多样且独具特色，是乡村文化的物质载体和有机构成。传统的聚落形态、公共建筑、特色民居等独特的文化符号，承载着乡村的集体记忆和乡愁思念，是传承优秀传统乡土文化的宝贵资源。与此同时，村落公共空间影响并塑造着村民的思维观念和行动交往。长期交往塑造出稳定的社会关联结构和人际交往方式，可以增进共同体内部的理解、信赖和互惠，形成乡村公认的价值观和共同的精神纽带，达成共同遵守的集体行动规则和伦理道德规范。总之，公共空间发挥着传序、整合、约束、规范等文化功能，可以促进乡村社会形成淳朴民风和文明乡风，提高乡村社会文明程度，焕发乡村文明新气象，是推进新时代乡村文化振兴战略的重要治理工具。基于此，本书以西南地区为例，以村落公共空间建设助推文化振兴为研究导向，在村落公共空间建设与文化振兴耦合逻辑分析及二者互构历史梳理的基础上，综合运用多点民族志、历史分析、个案比较等方法，重点调查西南地区村落公共空间现状与功能，检视乡村振兴背景下村落公共空间建设的文化风险，最后提出助推文化振兴的村落公共空间结构与功能优化方案及政策支持建议。

社会科学领域的"空间转向"为文化研究提供了新的切入点，也为本书提供了理论借鉴和分析工具。20世纪70年代，在列斐伏尔、哈维、福柯、吉登斯等学者的带动下，空间概念和空间问题成为西方社会科学研究的主流议题。在以这些学者为代表的空间理论体系中，空间已经不再是像康德（I. Kant）和笛卡尔（R. Descartes）所理解的那样是一种先验形式或空洞容器，而是生产力、生产关系、社会关系、知识体系等生产与再生产的载体或自身。尤其是列斐伏尔构建了一个从空间元哲学到历史哲学、政治哲学的空间生产理论，通过将空间概念社会本体论化回应传统的客观环境论和主观空间论。他强调，当代社会已经由空间中事物的生产转向空间本身的生产，生产关系的生产和再生产"无法不在它占据的所有先在的空间中留下痕迹，也无法不在新的空间的生产上留下痕迹"[①]。从社会意义上来看，空间的形成与变迁是不同生产关系互相博弈的结果，不同的社会生产关系结构下会有不同结果的空间生产，与此同时，空间生产也揭示、支持或解构着既定的生产关系与社会关系。本书在空间哲学方面认同并接受上述理念与观点，不把空间视作一种先在形式或空洞容器，而将其置于生产关系、社会关系以及权力和文化关系中进行理解。在这种观念之下，本书将村落公共空间理解为社会变迁的结果，是深烙在乡村的文化表征与文化实践，同时与乡村振兴中的社会变迁形成互构关系。

然而在运用此类空间理论时还必须清晰地意识到，中国许多独特的空间问题很难在西方理论框架之中得到全部解释，对于传统村落与特色村寨的空间研究尤其不能脱离地域社会的真实性。列斐伏尔作为西方马克思主义的代表人物，其空间理论更多是针对资本化时期城市空间异化的批判，尤其强调了资本试图消除空间所具有的异己力量，以及资本侵袭下的空间非正义暴力。福柯

---

① 亨利·列斐伏尔：《空间的生产》，刘怀玉等译，商务印书馆，2021，第481页。

在其"空间—权力"的理论框架中，同样强调了空间作为权力工具的后现代特征，"空间既是富有成效的，也是消极的……是为实现控制和对个人的监视所进行的战斗的要害"①。我国乡村振兴遵循的是中国式现代化道路，显然不能使用资本主义生产关系的模式分析乡村空间生产和再生产，村落公共空间也无法对应列斐伏尔所说的历史空间、抽象空间和差异空间，以及福柯所说的作为"权力之网格"的空间。尤其对于西南地区传统村落与特色村寨而言，其独特性正是因为其与传统密切相关，其空间生产也更多表现出自然演进的特征，即使在嵌入性力量密集进入乡村社会的背景下，也应更多考虑传统习俗、地方性知识和伦理道德规范等因素的综合影响。因此，本书不是简单地套用根植于西方的诸多空间理论，尤其不是用这些理论剪裁中国村落公共空间的独特性与多样性，而是基于中国推动乡村振兴的整体性特征和战略性考量，探索公共空间与乡村文化的互构规律，以将"学问做在中国大地上"的态度对相关理论做出调适。就此而言，西方马克思主义的空间生产理论一方面为本书提供了分析视角，另一方面也对乡村振兴中权力和资本下乡可能造成的空间侵袭风险提出了警告。

如果说后现代理论是从哲学层面通过实体空间解析社会关系，人文地理学则是从经验层面分析空间与文化之间的直接关联。在段义孚看来，人文地理学就是基于人文主义的地理学，它关注人类对地方的态度和价值观，以及共同体或个人的价值和意义如何在地方中得以形成。② 实质上，这种地理学并不过多地关注地形、地貌等自然现象，或是人与自然之间的物质和能量的关系，而是以人为核心研究人与地理环境之间的关系，把研究重点"置于人直接经验的生活世界和环境的社会建构，强调人性、人情、意义、价值和目的，关注人的终极命运，进而发现人类在现

---

① 杰里米·克莱普顿、斯图亚特·埃尔顿编著《空间、知识与权力：福柯与地理学》，莫伟民、周轩宇译，商务印书馆，2021，导言第2页。

② 段义孚：《人文主义地理学——对于意义的个体追寻》，宋秀葵、陈金凤、张盼盼译，上海译文出版社，2020，第2~3页。

实环境中的定位以及人类与环境的本质关系"①。在此理念下，人文地理学者大量讨论的"人—地"关系主题都具有文化意义，如环境带来的社会潜意识或流行观念，基于地方自然和环境产生的恋地情结，地方性空间的解构及无地方性空间漫溢的社会后果，乡土景观的美学意义及其文化影响，等等。②村落公共空间首先是村民生活的客观环境，对于这种环境如何在经验层面影响村民的观念、认知和惯习，乡村振兴的环境改变又是如何对其进行削弱和消解（抑或巩固和强化），人文地理学的理论和观点提供了某种程度的解释。

综合而言，本书所指的"公共空间建设"并非规划学层面的研究，而是将空间哲学与现实经验相结合做出的一种综合阐释、分析与建议，旨在通过对西南地区公共空间与文化互构关系的研究，揭示村落公共空间的文化及社会功能，为村落公共空间建设与乡村文化振兴的良性互动提供理论支撑。与此同时，还要结合对村落公共空间形态、结构、功能的经验分析，提出优化村落公共空间结构和功能的对策建议，以此激发村落公共空间的文化活力，从而重拾集体记忆留住"乡愁"、增进公共交往保持村落"温度"、重塑共同体精神促进文明乡风、促进文旅融合展示文化魅力，进而加强乡村的文化自觉、文化自信和乡风文明，助推乡村文化振兴的全面落实。

（四）研究方法

本书除采用文献分析、问卷调查、深度访谈等基本方法外，重点运用了个案分析和案例比较的研究方法。通过对选取的典型村落进行深度分析及细致比较，揭示公共空间演变与文化变迁之

---

① 段义孚：《人文主义地理学——对于意义的个体追寻》，宋秀葵、陈金凤、张盼盼译，上海译文出版社，2020，第252页。

② 段义孚：《无边的恐惧》，徐文宁译，北京大学出版社，2011；段义孚：《恋地情结》，志丞、刘苏译，商务印书馆，2018；爱德华·雷尔夫：《地方与无地方》，刘苏、相欣奕译，商务印书馆，2021；约翰·布林克霍夫·杰克逊：《发现乡土景观》，俞孔坚等译，商务印书馆，2016。

间的互构关系，分析村落公共空间建设与乡村文化振兴耦合的内在逻辑。基于西南地区地域的多样性和文化的多元性，笔者选择了不同地域和民族的村落进行多点研究，在复杂、流动、多元的视角下比较不同田野点的特征性要素。同时，本书还注重定性分析与定量分析相结合，尤其参考中国传统村落和特色村寨的大数据信息系统，运用多种统计和分析工具对西南地区村落公共空间进行调查研究。

本书使用的文献资料主要集中在以下三个方面。一是政策性文件。自乡村振兴战略实施以来，从中央到地方都密集出台了相关指导意见或实施方案，且传统村落和特色村寨作为应依法予以保护的对象得到了更多政策支持，通过这些文件可以分析政策对村落公共空间变化产生的影响，把握村落公共空间变迁的整体脉络。本书主要在互联网、调研地的政府部门、村"两委"等处，收集和整理了相关的文件、报告、年鉴等资料。二是村落资料。本书主要收集了两个方面的相关村落资料。一方面是官方文献、方志和文人著作等出自社会精英之手的资料，其基本能够代表该阶层对村落文化的态度和意见。笔者在调研过程中专访数位乡土文化专家，多为退休的小学校长、文化站长等，他们对身处的村落进行了详尽的文化记录，具有很重要的参考价值。使用此类资料要注意精英的文化过滤问题，即该群体常会带有剔除"落后""陋习""不文明"的文化改良倾向，"或对民众不屑一顾，或语焉不详，或记录扭曲的信息"①。因此要尽量从中还原真实的乡村生活和大众文化。另一方面是图画、雕刻、族谱、契约、文书、传说、戏文等民间资料，从中可以观察到乡村的日常生活和大众文化，也常常可以发现村落公共空间真实的历史形态。例如，从传统村落和特色村寨保留下来的各种雕刻中可以看出当时村民的生活、习俗、向往和禁忌，分析不同地域、民族和时代的文化特

---

① 王笛：《走进中国城市内部：从社会的最底层看历史》，清华大学出版社，2013，第63页。

点。文化地理学素有通过风景画分析社会文化的方法，这种方法倾向于用符号和阐释学的方式将风景画解码，"比如树木、石头、水、动物，以及栖居地，都可以被看成宗教、心理，或者政治比喻中的符号；典型的结构和形态都可以同各种类属和叙述类型联系起来，比如牧歌、田园、异域、崇高"①。对于村落公共空间中留下的雕刻或图案，同样可以做出与之类似的分析。三是学界研究。资料获取主要依靠广泛收集西南地区村落保护与发展相关的学术论著、期刊论文、学位论文、会议论文、报纸文章等，为本书提供基本的理论与数据支撑。

在实证研究方面本书主要采用了访谈、问卷和观察等方法，并于2019~2023年对抽样村落进行了多次集中调研。

访谈对象主要包括三类群体。一是"在地者"，主要是村落中的普通村民。作为公共空间亲历者也是大众文化的践行者，他们最有权利发表对于自身空间和文化的看法。二是"他者"，既有在抽样村落发展产业和经营生意的投资者，又有来抽样村落旅游观光的来自四面八方的游客。"他者"的目光更能够体现传统与现代间的多重关系，也有利于研究者观察"在地者"与"他者"的文化认同或分歧。三是"管理者"，主要包括村"两委"干部、政策下派的第一书记和驻村干部，以及村落所在县市的民宗委、文广局及乡镇干部等工作人员。他们是乡村文化振兴的组织者、协调者和直接实施者，他们对乡村文化振兴过程中出现的各种现象的观点和评论对于本书具有重要意义。

集中调研期间还进行了问卷调查，调查对象主要是抽样村落的村民。研究者克服了村落空心化、语言沟通困难和疫情影响等阻碍因素，共计调查了356人，回收有效问卷350份，有效回收率为98.31%。调查结束后，运用SPSS软件对数据进行描述性统计分析。经计算，男性调查对象为190人，占比54.29%；女性

---

①　W. J. T. 米切尔编《风景与权力》，杨丽、万信琼译，译林出版社，2014，第1页。

调查对象为 160 人，占比 45.71%（见表 0-4）。民族情况分布如下：汉族 127 人，占比 36.29%；苗族 102 人，占比 29.14%；土家族 54 人，占比 15.43%；仡佬族 20 人，占比 5.71%；傣族 20 人，占比 5.71%；哈尼族 18 人，占比 5.14%；其他民族 9 人，占比 2.57%（调查样本民族分布情况详见图 0-1）。

表 0-4　调研对象的基本情况

单位：人，%

基本情况		数量	占比
总计		350	100.00
性别	男	190	54.29
	女	160	45.71
文化程度	初中及以下	255	72.86
	高中（中专或技校）	57	16.29
	大专	25	7.14
	本科及以上	13	3.71

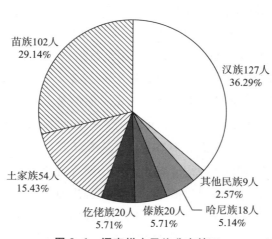

图 0-1　调查样本民族分布情况

在观察方面，研究者同时使用了参与和非参与两种观察方法。在多数时候研究者都作为非参与观察者，试图进行客观、中立和冷静的判断，同时以"他者"身份进行文化反思。虽然部分学者批评非参与式观察不够深入，看到的多是一些表面或偶然的社会现象。但是对于本书的公共空间主题而言，这种方法便于看到村民在公共场所和公众活动中的日常表现。在部分村落，研究者甚至还获得了安装在街头、文化站等地的摄像头拍下的影像资料，从而得以分析不同空间内的人员数量、访问频次以及事件特征等要素，这种观察在很大程度上比对文化站等工作人员的访谈更为客观有效。研究者同样尽量寻找参与观察的机会，而且是非正式安排的参与观察，为此经常需要与陌生的村民进行"搭讪"。西南地区村民多热情好客，这些"搭讪"也因此带来了真正参与的机会，如研究者参加了贵州雷山县秋阳村的满月酒、云南弥勒市可邑村的祭火节、重庆秀山土家族苗族自治县长岭村的婚礼仪式等。这些亲身体验都加深了笔者对村落公共空间的理解，积累了本书最真实和宝贵的资料。

（五）研究框架

本书以乡村文化振兴的政策目标为导向，借鉴空间生产理论、文化地理学和空间政治学等相关知识，在分析公共空间建设与文化振兴耦合关系的基础上，调查西南地区村落公共空间的社会文化功能，剖析乡村振兴中村落公共空间解构的文化风险，并提出村落公共空间建设助推乡村文化振兴的基本路径。

公共空间建设与乡村文化振兴关系的理论分析是本书的研究基础。自 20 世纪后半叶以来，众多学者不再把空间看作一个简单的地理学概念，而是在本体论和认识论上强调空间维度对于时间维度的优先性，形成了社会科学研究领域的"空间转向"潮流，并逐渐成为一种自觉的研究范式和跨学科共识。在这种转向的视角下，空间不仅是历史、文化和社会关系生产和再生产的场所，而且其本身也是一个动态的、个体与社会互动的产物，也可以说是历史、文化和社会关系的产物，甚至可以说是历史、文化和社会关系生产的本身。与此同时，空间是权力运行的重要载体，权力通过空间来发挥作用，空间的塑造也因此遵循着权力的逻辑,空间常被规划为实现治理目标的工具,这也为从空间视角研究乡村振兴战略提供了理论支撑。文化振兴是新时代的乡村现代化战略,其要求挖掘优秀传统农耕文化蕴含的思想观念和道德规范,加强农村思想道德建设和公共文化建设,培育文明乡风、良好家风、淳朴民风,提高乡村社会文明程度,焕发乡村文明新气象。以此为目标,本书从传统文化赓续的载体、凝聚共同体精神的纽带、道德秩序生成的场域、主流文化传播的阵地四个方面,研究村落公共空间建设如何助推乡村文化振兴。

传统公共空间具有赓续乡村文化血脉的功能。西南地区因独特的地理条件和文化环境保留了多种形式的传统公共空间,如传统民居、古街道、古寨墙、古牌楼、鼓楼、碉楼等。这些空间形态及其建筑元素是乡村传统文化的物化表现和传承场域,也培育着村民的集体意识和共同体精神,传承着族群的集体记忆和文化基因,是赓续乡村优秀传统文化的有效载体。可以从以下几个方面进行理解。一是在时间中理解空间。人类对于空间的理解会随着时间的推移而变化,也会在相同的物理时间中经历不同的文化时间。二是在空间中留住时间。镌刻在空间中的这些历史呈现出的是传统文化,是历经时间流逝我们依然可以看到和欣赏的存在。三是时空联结中的传统。传统是时间的凝结,时间镌刻在空间之上,也将传统延续到了当下。传统公共空间是乡村社会地方感的主要来源,村民基于地方感产生的恋地情结生成了对传统的感情,其也常常被"在地者"视为家园的象征,为村落集体记忆提供了可供想象的文化符号。从现实方面来看,西南地区村落公共空间也面临着衰落的风险,主要包括:现代性冲击下"无地方"的增长、社会变革中传统公共空间的衰落、建设性破坏与破坏性建设的风险。

日常生活空间具有凝聚村落共同体精神的纽带功能。日常生活空间是公共空间的基本形态,也是人们公共生活的基本场域,承载着日常娱乐、集体行动、人情往来、商业交换等活动,村民基于此空间形成团结意识和共同体精神。从凝聚共同体精神方面来看，西南地区乡村日常生活空间具有很强的开放与共享特征，其为村民的社会交往和人际互动提供了舞台，增加了他们之间相互了解和形成共识的机会。虽然近些年西南地区乡村流动性不断提升，乡村熟人社会也面临着解构的风险，但日常生活空间的场景再造始终是一种与之抵消的力量。从积累社会资本方面来看，村民在熟悉场域中长期互动交往，形成了出入相友、疾病相助的互助模式和互惠网络，积累了以信任、规则和联结为核心的社会资本。其所内含的个人美德、道德法则和伦理规则等共同体特质，对于建设文明乡风、良好家风、淳朴民风具有重要意义。与此同时，西南部分乡村地区的日常生活空间也有萎缩之势。人口空心化、居住格局改变和娱乐方式改变，使更多村民退回私人生活空间或网络虚拟空间，这在一定程度上削弱了村落的公共交往，日常生活中的合作互惠和集体行动也都在减少，甚至呈现出个体化、原子化、离散化的迹象，对乡村振兴中的乡风文明建设提出了挑战。

礼俗仪式空间具有维护乡村道德秩序的功能。西南地区的民间信仰和人生礼仪非常丰富，人们在人神交流、祭祀追思、祈求佑护和仪式交往中，不但安顿了精神和心灵，而且通过社会互动生成合作的惯例和习俗，又借助神圣仪式力量内化为共同遵循的道德秩序。首先，民间信仰需要仪式来体现与支撑。人们通过仪式空间内的仪式典礼，展示对祖先、神鬼、圣贤等非凡力量的想象，并在崇敬和膜拜中生成忠诚感和敬畏感，进而内化为规范和约束自身的道德力量，为群体的有序生活提供了稳定支撑。其次，乡村社会的民间信仰空间承载着敬畏和信念，也是家国观念植入乡村的重要空间载体。再次，人生礼仪和节日庆典为村民提供了交往互动的平台，推动社群内部的交换、互惠与协作。仪式中的狂欢也安顿了村民的精神和心灵，在社会控制中起到"安全阀"作用的同时也促进了人际关系再生产和社会团结。最后，随着现代性在西南地区的扩张，乡村越发呈现出"无地方"的色彩，具有地方特色的宗祠、村庙等仪式空间迅速缩小，村落仪式空间也正在迅速收缩。

服务与政治空间具有传播主流文化的功能。服务与政治空间是提供公共文化服务和承载政治生活的空间，典型形态为村"两委"、便民服务站、村民议事厅和革命纪念馆等。在空间政治学视角下，空间是权力运行的重要载体，权力通过塑造空间来发挥作用，空间的塑造也因此遵循着权力的逻辑。公共文化服务一方面满足了村民对美好文化生活的追求，另一方面将国家倡导的主流文化下沉到基层。就此方面而言，公共文化服务空间也具有政治属性。政治生活空间是指与正式权力相关联的空间，政府、村"两委"和村民在此空间内互动，完成对乡村公共事务的治理。空间内的文化符号表达着国家意志，国家也通过该空间实现文化治理，该空间也因此具有了文化属性。在现实层面，随着乡村振兴战略推进过程中资源的下沉，村级层面也基本形成了完善的服务与政治空间，在推动村落公共事务治理合规化的同时，也推动了主流文化和意识形态的社会化。然而，服务与政治空间建设过程中也暴露了部分问题：一方面，乡村中虽然增建了大量公共文化服务设施，但服务供给效能低下的问题同样不容忽视；另一方面，政治空间虽然得到了规范化建设，但科层化倾向却可能使乡村治理失去活力。这两方面都可能导致主流价值的乡村文化传播仅仅停留于空中横幅和墙上标语，面临"悬浮化"的风险。

公共空间既是乡村文化的有机构成和重要载体，也是乡村集体生活和人际互动的实践场域，具有赓续文化传统、承载文化生活、增进社群认同、凝聚道德共识等社会功能，因而乡村文化振兴应充分发挥村落公共空间的应有功能。依据乡村文化振兴的目标和内容，深入挖掘优秀传统农耕文化蕴含的思想观念和道德规范，加强农村思想道德建设和公共文化建设，培育文明乡风、良好家风、淳朴民风，提高乡村社会文明程度，焕发乡村文明新气象。应在实践中彰显传统公共空间特色、增强日常生活空间活力、活化礼俗仪式空间功能、筑牢主流文化空间阵地，以此助推乡村文化振兴的落地落实。

第一章 公共空间建设与乡村文化
振兴的耦合

空间是权力运行的载体和权力获得合法性的场域，常被精心地设计和规划为实现治理目标的工具。公共空间是乡村文化的有机构成和重要载体，物化表现为街头、院坝、宗祠、礼堂等开放场域，能够赓续文化传统、增进公共交往、增强社群认同、凝聚道德共识、生成公共规则，发挥着传序、整合、约束、规范等社会功能，进而塑造出文明乡风和淳朴民风，焕发乡村文明新气象，提升乡村文化自觉和自信，是推进新时代乡村文化振兴战略的重要工具。

第一节 理论解析：空间转向的研究视角

社会研究领域的"空间转向"为文化分析提供了一个新视角，也为研究新时代的乡村文化振兴战略提供了理论参考。"空间转向"的意义不仅仅在于空间主题在文化研究、社会学、政治学、人类学等领域中快速增长，更在于这种思潮将空间概念社会本体论化，从而超越了传统的客观环境论和主观空间论，成为解释政治、社会、文化的一种独特理论和路径。以此来审视乡村社会，公共空间生产深刻嵌入乡村的生产关系之中，甚至这种生产本身就是乡村政治、文化和社会关系的生产，因此也为解析村落公共空间与乡村文化振兴的互构关系提供了理论参考。

一　文化研究视角的空间转向

自 20 世纪后半叶以来，众多学者不再把空间看作一个简单的地理学概念，而是在本体论和认识论上强调空间维度对于时间维度的优先性，形成了社会科学研究领域的"空间转向"潮流，并逐渐成为一种自觉的研究范式和跨学科共识。这"不仅深刻地改变了地理学、城市规划和建筑学等'空间科学'，而且成为人文社会科学研究的通货"①。这场"空间转向"的思想浪潮由两组理论和气质迥异的旗手引领，即以列斐伏尔和哈维等人为代表的新左派和以福柯、德里达（J. Derrida）等人为代表的现代解构主义者。前者关注生产关系的生产与再生产以及空间正义等时代性主题，着力构建从空间元理论、现实批判到新型政治学诉求的空间思想体系。后者则将视角集中于现代空间中的"权力—知识"与身体和主体性的关系，以及这一关系对于资本主义社会的生产和统治所具有的意义。这两组思想家之所以被视为"空间转向"的旗手，是因为他们在两个根本问题上具有相同的倾向，即空间相对于时间的优先性以及空间作为社会本体的实在性。

"空间转向"可基于时间与空间的优先关系展开讨论。在相当长的时间内，欧洲中心主义现代性的历史叙事都主张时间相对于空间的优先性，这种叙事将空间的差异性和多元性扁平化为一个静态平面，社会发展的道路也被归结为资本逻辑宰制的单向度模式。在哲学层面上，时间的优先性以海德格尔（M. Heidegger）的观点最为明显，他基于对传统存在论的批判而表现出对时间的偏爱。对于海德格尔而言，存在的意义即时间性，时间性构成了存在的原始的统一状态。"这种澄明着的将来、曾在和当前的相互达到本身就是前空间的。所以它能够安置空间，也就是说它给

---

① 胡大平：《哲学与"空间转向"——通往地方生产的知识》，《哲学研究》2018年第 10 期。

出空间。"① 也正是这些时空观念为"空间转向"提供了思想来源和批判对象。福柯直言，在时间优先的观念中，"空间被当作僵死的、刻板的、非辩证的和静止的东西。相反，时间却是丰富的、多产的、有生命力的、辩证的"②。也正是空间维度在社会研究中的长期缺失，使得研究者将空间作为社会关系之外的独立存在，或是社会关系与社会运行过程中的独立容器，空间因不具有能动性而被消解在时间之中。"空间转向"则是一种对以时间绝对优先性为基调的现代性及其知识支撑体系进行反思的理论动向，其主旨首先表现为一种空间优先于时间的空间化思维方式，这就要求把空间作为能动要素引入社会分析之中。

虽然"空间转向"式的研究由列斐伏尔、福柯等人完成，但在此之前已经有思想家或多或少地使用空间维度进行了社会分析。涂尔干（E. Durkheim）敏锐地意识到空间不仅是人类活动的物质环境，其会因社会活动而被注入人类情感、赋予不同意义。他为此举例说道："既然单一文明中的所有人都以同样的方式来表现空间，那么显而易见的是，这种划分形式（左右、上下、南北之分）及其所依据的情感价值也必然是同样普遍的，这在很大程度上意味着，它们起源于社会。"③ 与涂尔干仍倾向于将空间理解为客观的物质环境不同，齐美尔（G. Simmel）认为空间正是在社会交往过程中被赋予了意义，并通过对空间划界的解释向空间社会学迈出了关键一步。在齐美尔的分析中，界线不是一个具有社会学后果的空间事实，而是空间性地形成它自身的一个社会学的事实。齐美尔对于空间划界的分析具有重要的理论意义，"这

---

① 马丁·海德格尔：《面向思的事情》，陈小文、孙周兴译，商务印书馆，1999，第17页。

② M. Foucault, "Questions on Geography," in C. Gordon (ed.), *Power/ Knowledge: Selected Interviews and Other Writings* 1972–1977 (London: Vintage, 1980), pp. 63–77；爱德华·W. 苏贾：《后现代地理学——重申批判社会理论中的空间》，王文斌译，商务印书馆，2004，第15页。

③ 爱弥尔·涂尔干：《宗教生活的基本形式》，渠东、汲喆译，上海人民出版社，1999，第12页。

就意味着界线所体现的具有社会学意义的空间形态不能够还原为单纯的物理环境的效用,它本身就具有一种独特的社会空间性"①。接下来能够在本体论和认识论层面讨论社会空间的则是列斐伏尔和福柯。

列斐伏尔同时批判了社会空间的客观环境论和主观空间论。他反对柏拉图和亚里士多德将空间视为本身不具有任何意义的客观容器的观念,也不赞成康德在《纯粹理性批判》中提出的时间和空间都是先天直观形式的观点,而是基于马克思的生产关系理论探讨社会空间的客观实在性。他说道:"我力图阐明的是这样一种社会空间,它既不是由物的集合或(感性)数据的累积所构成,也不是由像塞满东西的袋子那样的包装物所构成;它也不能被还原为一种强加在现象、事物、物质实体之上的'形式'。"②他进一步说明,不能把空间构想为某种消极被动的东西或空洞无物的存在,也不能将它看成和其他产品一样,只能被交换、消费和分配。"(空间)介入生产活动本身:对生产、运输、原料与能源流,以及产品的分配网络进行组织。就其在生产中的地位而言,同时作为一个生产者,空间(或好或坏地被组织起来)成为生产关系与生产力之间关系的一个组成部分。它是辩证的产品生产者、经济与社会关系的支撑物。它发挥着再生产的作用,即在生产资料的再生产、扩大的再生产中发挥着作用。它是那些在'现场'实践中实现的社会关系的一部分。"③如此,列斐伏尔做出了(社会)空间是社会产物的论断,它产生于有目的的社会实践,空间和空间组织在表现各种社会关系的同时,反过来又会作用于这些关系。与列斐伏尔不同,福柯从未构建一套系统的空间哲学或理论,但空间的确是他进行研究的一个重要视角和维度。

---

① 郑震:《空间:一个社会学的概念》,《社会学研究》2010 年第 5 期。
② 亨利·列斐伏尔:《空间的生产》,刘怀玉等译,商务印书馆,2021,第 42 页。
③ 亨利·列斐伏尔:《空间的生产》,刘怀玉等译,商务印书馆,2021,法文第三版前言,第 22~23 页。

"空间是最让人着迷的隐喻。"① 福柯强调空间是一切公共生活形式的基础，也是一切权力运作的基础，并构建起了空间、知识、权力的三位一体理论。

综上，"空间转向"的重构使得空间具有了社会本体论意义，此类研究也深刻地改变了地理学、社会学和文化研究等领域的面貌。地理学研究的迅速变化代表了这场转向带来的典型影响。该时期的地理学研究不再只关注地形、地貌等自然地理，而是开始从人文主义和人本关系角度思考空间和自然问题，由此兴起了文化地理学研究。20世纪80年代，以哈维为代表的马克思主义地理学家又开始关注空间正义问题，"主张地理学从理论到实践都应从政治、经济和文化背景加以考察，把人文地理学研究引向了对阶级、财产关系、资本积累等深层机制的关注上"②。此后，以社会问题和文化问题为导向的地理学研究日益兴盛，如新文化地理学就认为，"具体的空间形态总与特定价值、符号、意义相对应，于是文化地理学以特有的空间思维揭示价值空间形态，讨论符号意义的空间再现"③。随着这一转向的推进，空间规划领域也越来越重视文化和社会分析，如沙朗·佐京（S. Zukin）在《城市文化》一书中就深入挖掘了空间维度的文化意义，强调文化是调节和控制城市的有效手段，因此要在文化与空间之间建立起一种互相依赖的紧密联系。④

总之，20世纪下半叶以来的"空间转向"催生了现代空间理论。在这里空间不再是空洞的物质和纯粹的形式，而是根植于特定的社会关系和制度结构中。它不仅是历史、文化和社会关系

---

① 米歇尔·福柯：《空间的语言》，载杰里米·克莱普顿、斯图亚特·埃尔顿编著《空间、知识与权力：福柯与地理学》，莫伟民、周轩宇译，商务印书馆，2021，第200页。

② 姜楠：《空间研究的"文化转向"与文化研究的"空间转向"》，《社会科学家》2008年第8期。

③ 唐晓峰：《文化转向与地理学》，《读书》2005年第6期。

④ S. Zukin, *The Culture of Cities*（Oxford：Blackwell，1994）；麦克尔·迪尔：《后现代都市状况》，李小科等译，上海教育出版社，2004，第239~240页。

生产和再生产的场所，本身也是一个动态的、个体与社会互动的产物，也可以说是历史、文化和社会关系的产物，甚至可以说是历史、文化和社会关系生产的本身。历史文化和社会关系可以通过空间反映出来。苏贾（E. W. Soja）引用列斐弗尔的话说道："唯有它们的存在具有空间性才会如此；它们将自己投射于空间，它们在生产空间的同时将自己铭刻于空间。否则，它们就会永远处于'纯粹的'抽象，也就是说，始终处于表征，从而也就始终处于意识形态，或借用不同的话来表达，就是始终处于空话、废话、玩弄辞藻。"① 这里再次强调的是，社会生产不仅仅是"空间中的生产"，更是一种"空间的生产"，其意味着空间并非一个空洞的、中立的存在，而是与社会关系重组及历史文化变迁紧密联系在一起。也正因如此，我们可以透过村落公共空间解析乡村的社会与文化，并通过村落公共空间建设推动乡村的文化振兴。

二　作为"治理工具"的空间

20 世纪后半叶以来的"空间转向"是一个系统的理论思潮，"既包括元理论层次的历史叙事问题，又包括各种对当代社会历史发展动态进行分析的中层理论（如资本积累、城市化、社会运动等）以及旨在实现更好生活追求的新型政治学"②。无论是列斐伏尔对空间社会本体论的构建，还是福柯关于空间—知识—权力三者关系的隐喻阐释，都不是为了在学术和语言层面玩弄辞藻，而是基于空间会受到政治和意识形态加工与塑造的现实关切。回溯背景可知，"二战"之后西方世界的科技革命和管理科学推动社会加快发展，经济全球化和政治格局重组也深刻地改变了社会和世界面貌。而这些改变又往往通过重组空间实现，深深地烙印

---

① 爱德华·W. 苏贾：《后现代地理学——重申批判社会理论中的空间》，王文斌译，商务印书馆，2004，第 194 页；亨利·列斐伏尔：《空间的生产》，刘怀玉等译，商务印书馆，2021，第 189 页。

② 胡大平：《地理学想象力和空间生产的知识——空间转向之理论和政治意味》，《天津社会科学》2014 年第 4 期。

在空间生产和再生产之上。例如，有些国家虽然在法律层面实现了种族平等，但又利用空间区隔造成事实上的隔离，延续了种族间的不平等。与此相类似，资本与权力不断结合，在城市中创造中心空间，与之相伴的则可能是边缘地区的衰败不振。

列斐伏尔认为存在一种空间政治学。"在我看来，资本主义中的社会关系，也就是剥削和统治的关系，是通过整个空间并在整个空间中，通过工具性的空间并在工具性的空间中得到维持的。"①他直言空间是政治性的、战略性的，"（空间）已经被政治化了，因为它被纳入了各种有意识的或者无意识的战略中"②。由此可见，空间生产不是自然性的，而是各种利益角逐的政治过程，"空间是带有意图和目的地被生产出来，是一个产品，空间生产就如任何商品生产一样，它是被策略性和政治性地生产出来的"③。空间本身就是政治，其在权力场域中有目的地被生产出来，权力则通过空间实现自己的统治和支配，"统治阶级把空间当成一种工具来使用……让空间服从权力，控制空间"④。另一位新空间理论代表学者哈维也认为，"（空间）在某些方面比时间更为复杂——它拥有作为关键属性的方向、场域、开关、模式和体积，以及距离"⑤，对空间的主导反映权力按照自己的意图控制空间的组织和生产，以此获得对他人或组织的更大权力。掌握社会权力源泉的办法就是控制空间与空间生产，由此可以掌握资本循环的各个要素和阶段，所以说空间是政治统治和斗争的重要议题。

治理术是福柯地理学的核心问题，该问题围绕空间与权力的

---

① 亨利·勒菲弗：《空间与政治》（第二版），李春译，上海人民出版社，2008，第 136 页。
② 亨利·勒菲弗：《空间与政治》（第二版），李春译，上海人民出版社，2008，第 52 页。
③ 汪民安：《身体、空间与后现代性》，江苏人民出版社，2006，第 101~102 页。
④ 亨利·勒菲弗：《空间与政治》（第二版），李春译，上海人民出版社，2008，第 7 页。
⑤ D. Harvey, *The Condition of Post Modernity: An Enquiry into the Origins of Cultural Change* (Hoboken: Wiley Online Library, 1991), p. 32.

关系展开。福柯以明确的空间视角来铺陈权力的叙事，认为空间是权力运作的重要场所及媒介，也是权力实践的重要机制，权力只有通过空间安排才能发挥其支配的作用，这种观念充分体现在他对医院、监狱、军营和精神病院等纪律空间的"空间—权力"技术分析上。这些场所都要通过空间分配的艺术来实现规训，"经由个体化，把身体置于一个允许分类和合并的被个体化的空间之中"①。这种权力技术包含对个体的稳定持久的监视、随时一目了然的检查，从而审视、衡量、评估和命令空间中的个体。例如，医院要建立一个可以控制的空间环境、只能睡下一个人的病床、带有观察口的病房门等，从而可以使病人完全进入医疗系统运转中。监狱系统的这种"空间—权力"技术更为直接，它通过"全景敞视主义"的空间重构，使得其中的犯人产生无时无刻不处于监督之下的感觉。正是通过这些对空间的再组织，"一种全然不同的实体，一种全然不同的权力物理学，一种全然不同的干预人体的方式出现了"②。由此我们又一次看到，空间是权力战略不可或缺的重要工具，空间组织和分配实则就是权力战略的实施。

　　"空间本身就是政治"蕴含的另一层意思是，空间并不是被政治或意识形态随意扭曲和操纵的客体，其一旦被塑造出来就获得了自身的主体性，影响权力的运行和再生产。对此可以用英国前首相丘吉尔（W. L. S. Churchill）一句简单明了的话概括："我们塑造了建筑，建筑也在塑造我们。"他在针对英国议会大楼是否应采用开阔半圆形空间的辩论中，坚持沿用原来的长方形，声称这种结构会给人一种"拥挤和紧迫的感觉"，更能彰显国会作为民主制度象征而存在的空间价值。③ 显然，丘吉尔说明了建筑空

①　米歇尔·福柯：《空间的语言》，载杰里米·克莱普顿、斯图亚特·埃尔顿编著《空间、知识与权力：福柯与地理学》，莫伟民、周轩宇译，商务印书馆，2021，第180页。
②　米歇尔·福柯：《规训与惩罚》，刘北成、杨远婴译，生活·读书·新知三联书店，2012，第130页。
③　R. R. Jamesed, *Winston S. Churchill: His Complete Speeches* 1897-1963（*7 Volumes*）（New York: Chelsea House Press, 1974), pp. 68-71.

间不仅是被权力塑造的客体，它也可以作为主体来塑造人们的政治观念。从更广泛的层面而言，空间是政治现象、文化现象和心理现象的化身，空间的生产和再生产也必然会塑造人们的思维观念和行动交往，能动地参与社会关系和社会文化，与其互为因果、相互解释、相互建构。西尔（D. A. Silver）和克拉克（T. N. Clark）用场景理论诠释空间的形塑功能，他们强调人们可以基于打造的场景来协调自身行为，因为场景可以深刻地影响人的行为和观念。"这些场景影响着我们的决策，包括在哪里工作、在哪里做生意、在哪里找到某个政治活动组织、在哪里生活、支持哪种政治立场，以及更多类似的决策。"[1] 在戈夫曼（E. Goffman）的符号互动理论中，空间则是一个充满了各式各样符号的剧场，它对人的行动提出了特定的情境定义，情境的参与者要做出"适宜"的行为，融入现场的精神或气氛，不能成为多余的人或格格不入者。[2] 总之，在空间政治学视角下，空间是权力运行的重要载体，权力通过空间来发挥作用，空间的塑造也因此遵循着权力的逻辑，空间常被规划为实现治理目标的工具，这也为从空间视角研究乡村振兴战略提供了理论支撑。

三　空间转向与村落公共空间

现代空间理论为村落公共空间建设提供了参考，也为乡村文化振兴研究提供了一个新视角。公共空间本身就是乡村政治、社会和文化的结果，而空间生产的结果又会深刻定义乡村的文化特征和社会关系。因此实施乡村文化振兴应用好空间这个治理工具，推动空间建设与文化振兴的良性互构。在这里需要再次说明的是，根植于西方的现代空间理论只具有参考意义，而不应被简单地照搬和套用。例如，列斐伏尔的空间生产理论揭示了现代社

---

① 丹尼尔·亚伦·西尔、特里·尼科尔斯·克拉克：《场景：空间品质如何塑造社会生活》，祁述裕、吴军等译，社会科学文献出版社，2019，第1页。

② 欧文·戈夫曼：《公共场所的行为：聚会的社会组织》，何道宽译，北京大学出版社，2017，第13页。

会中空间的社会本体论意义，但本书无意于在本体论层面讨论乡村的空间关系，也不会像列斐伏尔那样以生产关系为核心谈论社会空间，而是在更广泛的社会关系意义上围绕"文化振兴"的时代命题谈论社会空间问题。乡村文化振兴以乡风文明为核心要旨，实际上是将文化的范畴向社会层面进行延伸，即除精神和价值层面的要求之外，同时也强调准则和规范等社会层面的要求。空间的社会本体论的意义就在于，它提出了任何社会行动都是依赖具体场所的空间性行动，并以不同的方式参与了社会空间的构造。在分析的意义上，这就意味着"行动总是或多或少地以场所为定向，正是各种行动的空间性到场建构起了场所的情境性特征或场所的空间结构（也就是场所的社会结构）"[①]。具体而言，我们可以通过对乡村社会的空间分析，理解其中人与人、人与事物和人与群体之间的关系，这些关系也是乡村文化振兴所要调适的重点内容。

从现实指向来看，现代空间理论（尤其空间生产理论）重点关注的对象是现代社会的城市空间问题，即对现代性带来的城市空间问题进行反思与批判，因此无论是列斐伏尔还是福柯的观点都表现出后现代主义的色彩。这些问题是以西方模式为主导的现代化发展到后半程才会遇到的，是在"自反性现代化"[②] 阶段所遭遇的困

[①]　郑震：《空间：一个社会学概念》，《社会学研究》2010 年第 5 期。

[②]　"自反性现代化"是吉登斯分析后现代问题时提出的概念，是关于西方现代化产生后果的自省性反思，即工业化发展到一定程度后对现代制度的自我反思。"我们正在进入这样一个阶段，在其中现代性的后果比从前任何一个时期都更加剧烈化、更加普遍化。"（安东尼·吉登斯：《现代性的后果》，田禾译，译林出版社，2011，第 3 页。）用贝克的话说则是，简单现代化和自反性现代化之间的区分就是，以传统为对象的现代化和以工业社会为对象的现代化（乌尔里希·贝克：《风险社会：新的现代性之路》，张文杰、何博闻译，译林出版社，2018，第 4 页。）对此他还解释道："如果说简单（或正统）现代化归根到（结）底意味着由工业社会形态对传统社会形态首先进行抽离，接着进行重新嵌合，那么自反性现代化意味着由另一种现代性对工业形态首先进行抽离，接着进行重新嵌合。"（乌尔里希·贝克：《再造政治：自反性现代化理论初探》，载乌尔里希·贝克、安东尼·吉登斯、斯科特·拉什《自反性现代化：现代社会秩序中的政治、传统与美学》，赵文书译，商务印书馆，2014，第 5 页。）

境。中国乡村当下所面对的显然不是后工业时代的问题，尤其是西南地区传统村落和特色村寨的独特性恰好体现在其传统性上，但这并不意味着不能应用后现代的城市空间理论对其进行分析。一方面，在经济全球化的大背景下，一些普遍性的问题已经弥散到世界各个角落。例如，西南地区许多乡村地区保留了较强的传统底色，但在无地方性扩张日益迅速的现代化背景下，村落空间同质化现象日益严重。实际上，随着市场化的推进和流动性的增强，以及现代多元文化冲击带来的文化冲突，现代性问题已经穿透了地理和区位曾给乡村地区设置的保护罩。吉登斯所言的现代化的三大动力机制（时间和空间的分离、脱域机制的发展和知识的反思性运用），可以在中国乡村地区的任何角落找到痕迹，并发挥着越来越大的影响作用。另一方面，乡村振兴是一场以现代化为目标的变革运动，必然会增强乡村的流动性和扩大嵌入性力量的影响。尤其是资本下乡和对接外部市场的双重冲击，势必会极大程度地重构乡村的生产关系和社会关系，与之相伴的也必然是村落空间生产的重构。因此，在乡村振兴的时代背景下，中国乡村社会虽然不是处于自反性现代化的历史阶段，但不得不直接面对现代空间理论所提出的某些问题。

实际上，从改革开放到新农村建设再到乡村振兴，市场和权力的两重力量已经使村落公共空间逐渐偏离自然演进的路径，而空间生产的特征越来越明显。列斐伏尔创立的"空间三元论"将空间生产划分为三个层面，即空间实践、空间表象与表征性空间，分别对应着感知、构想和亲历的空间。空间实践是每个社会构成所特有的生产、再生产过程及具体场景和空间体系，具体表现为日常生活实践的各种社会活动和社会关系；空间表象是由规划师、工程师、城市学家、政府等规划者的知识或意识形态支配的概念性空间，表达了空间的主流秩序话语；表征性空间是对空间的直接体验，是居住者与使用者在场所中"生活"出来的社会关系，表现为形形色色的象征体系，也为艺术创作提供了无穷的能量。①"空间三元论"阐释了空间生产的运作机制及实践体系，对于分析乡村振兴背景下乡村的空间生产具有借鉴意义。乡村振兴对于村落空间生产的影响首先体现在空间表象方面，大量规划性力量开始进行环境改造、旅游开发、产业发展等，"社区居民、附近居民、政府与组织、旅游者、外来从业人员等都会进入这一空间，并企图以自身的方式去分割、使用空间"②。这种影响又势必会传导至空间实践与表征性空间层面，直观表现为村落空间形态及相伴的社会关系被改变，进而改变村民日常生活的空间感，甚至会诱发村民关于空间争夺的日常反抗。这提示研究者应注意在乡村振兴过程中，使多主体、多力量、多资源参与到村落的空间生产之中，必须解决好三个层面协调互动的系统性问题。

第二节　政策解读：文化振兴的现实观照

文化振兴是新时代乡村振兴战略的重要内容，也是一场政策推动下的文化全方位革新，因此，对其进行研究必须基于对相关政策的解读。一方面要梳理顶层设计和地方实践方面的政策性文件，厘清乡村文化振兴的政策走向和现实要求，为研究提供政策依据和政策支撑。另一方面要对文化振兴政策做出学理性分析，将政策要求转化为可以分析的学术话语，以便更好地基于学术研究促进政策优化。

一　乡村文化振兴的政策梳理

在新时代实施的乡村振兴战略中，文化振兴被列为五大振兴之一，并被赋予精神内核和永续动力的地位。与生活水平、人居环境、产业发展等显性程度较高不同，文化属于"三农"中基础

---

① 亨利·列斐伏尔：《空间的生产》，刘怀玉等译，商务印书馆，2021，第 51 页。
② 孙九霞、周一：《日常生活视野中的旅游社区空间再生产研究——基于列斐伏尔与德塞图的理论视角》，《地理学报》2014 年第 10 期。

的隐性问题。尤其是在 GDP 指标导向下的发展时期，文化建设不容易在地方层面引起重视，往往会成为乡村发展的短板。也正是因为文化问题经常会被地方忽视，所以顶层设计层面不断提倡和鼓励乡村文化建设，这点在"中央一号文件"中体现得较为明显。该文件在我国的治理体系中起着重要作用，也是党和政府实现高效运转的成功经验。"第一，它处置的是政治生活中的重要议题；第二，它为政府行政确立了基本的指导路线或方针。"[①]"中央一号文件"作为中央政府解决"三农"问题的纲领性文件，"反映了中央对'三农'问题的高度重视，也成为顶层设计的风向标"[②]，因此也经常被用作研究"三农"问题的主要政策文本。

　　本书通过梳理 20 年间的"中央一号文件"发现，只有三个文件中没有出现"文化"这一关键词，但有五个文件安排了专门章节论述文化议题，另外还有文件专门论述了精神文明、思想道德、公共文化服务等主题。从趋势上看，20 世纪 80 年代的"中央一号文件"述及文化问题的相对较少，而自 90 年代初党中央提出"中国特色社会主义文化"后，关于文化的政策表述开始逐年增多。尤其是进入 21 世纪以来，中央提出党要始终代表中国先进文化的前进方向，把文化发展提高到了党的建设的战略高度，之后文化建设始终是党和国家一体化布局的重要环节。从发展阶段来看，2005 年的社会主义新农村建设具有里程碑意义，因为这是对农村的经济、政治、文化和社会进行统筹的建设，文化建设在农村建设中的地位也在很大程度上得到提高。此前，农村文化工作的总体思路是由精神文明建设统领文化建设，"强调文化的道德教化功能、提高农民的思想道德素质和加强精神文明建

①　景跃进：《中国的"文件政治"》，载北京大学国家发展研究院编《公意的边界》，上海人民出版社，2013，第 137 页。

②　刘彦武：《乡村文化振兴的顶层设计：政策演变及展望——基于"中央一号文件"的研究》，《科学社会主义》2018 年第 3 期。

设工作，侧重对意识形态和思想道德的要求"①。政策重点在于用社会主义道德引领农村社会风尚，在农村养成好习惯、形成好风气。自社会主义新农村建设以来，党和政府的农村文化工作更加突出主体性特征，强调农村文化的自觉和自信。农村文化建设则已经不满足于"文化下乡"的点式服务，而是强调要加强农村公共文化服务体系建设，通过标准化、均等化和社会化的公共文化服务建设，保障广大农村群众的基本文化权益。

新时代以来，随着党和国家文化建设经验的积累，以及农村经济和社会的发展变化，顶层设计中关于农村文化建设的部署也更加全面和具体，内容包括弘扬优秀传统文化、焕发乡风文明、统筹城乡文化发展、发展乡村特色文化产业等各个方面。农村文化建设也不再过度集中于政治与意识形态领域，而是与产业、市场等经济环节相适应和对接，特色文化产业、农村文化消费也被提上了重要地位。顶层设计强调既要推动社会主义核心价值观落地广大乡村地区，也要提供更丰富的文化产品和文化服务，还要以农村优秀传统文化回归增强文化自信。这一时期，国家的农村文化建设逐渐改变自上而下的文化改造模式，更加注重乡土文化的内生性，以及文化对乡村建设的内在支撑功能。

党的十九大报告提出乡村振兴战略，把乡风文明与产业兴旺、生态宜居、治理有效、生活富裕并列为乡村振兴的总体要求。2018 年 1 月，《中共中央 国务院关于实施乡村振兴战略的意见》提出繁荣兴盛农村文化、焕发乡风文明新气象的振兴要求。该意见指出，"乡村振兴，乡风文明是保障。必须坚持物质文明和精神文明一起抓，提升农民精神风貌，培育文明乡风、良好家风、淳朴民风，不断提高乡村社会文明程度"②；同时提出四个方

---

① 刘彦武：《乡村文化振兴的顶层设计：政策演变及展望——基于"中央一号文件"的研究》，《科学社会主义》2018 年第 3 期。

② 《中共中央 国务院关于实施乡村振兴战略的意见》，《人民日报》2018 年 2 月 4 日，第 1 版。

面的具体要求：加强农村思想道德建设、传承发展提升农村优秀传统文化、加强农村公共文化建设、开展移风易俗行动。2018 年9 月，中共中央、国务院印发的《乡村振兴战略规划（2018—2022 年）》明确了乡村振兴的五大主题内容与路径：产业振兴、人才振兴、文化振兴、生态振兴和组织振兴。该规划明确提出，"坚持以社会主义核心价值观为引领，以传承发展中华优秀传统文化为核心，以乡村公共文化服务体系建设为载体，培育文明乡风、良好家风、淳朴民风，推动乡村文化振兴，建设邻里守望、诚信重礼、勤俭节约的文明乡村"。以此为原则又从三大方面提出文化振兴的内容和路径：加强农村思想道德建设（践行社会主义核心价值观、巩固农村思想文化阵地、倡导诚信道德规范），弘扬中华优秀传统文化（保护利用乡村传统文化、重塑乡村文化生态、发展乡村特色文化产业），丰富乡村文化生活（健全公共文化服务体系、增加公共文化产品和服务供给、广泛开展群众文化活动）。① 乡村文化振兴战略正式全面开启。

二　乡村振兴中的文化复合体

乡村文化振兴的指导思想和政策设计涉及多个方面，体现出对乡村文化内容、结构和发展路径的科学把握，具有整体性和系统性。当前学界对乡村文化振兴战略进行了大量的政策解读，但解读过于关注某一角度而呈现零碎化和碎片化的缺陷。实际上，只有从乡村文化自身的视角出发，才能完整、系统地理解乡村文化振兴的指导思想和政策设计。基于国家的一致性和乡村的差异性，可以把乡村文化理解为包含四个层次的文化复合体。

第一个层次为扩展到整个社会的主流意识形态和价值观念，以精神文明建设的方式把国家倡导的政治观念、指导思想、核心价值、道德规范传播到乡村社会，促进乡村社会成员在认知、情感和评价等方面内化主流文化。实际上，任何一个国家和政党都

① 《乡村振兴战略规划（2018—2022 年）》，人民出版社，2018，第 60~65 页。

要推动主流政治文化的社会化，提高社会成员对国家和民族的认同感和忠诚感。韩国政府在 20 世纪 70 年代就发动了一场新村运动，其目的在于改变乡村经济衰败的局面，同时消灭村民精神和文化上的"贫困"，培养村民"勤劳、自立、合作"的精神。新中国成立以后，国家也一直致力于清除旧有文化的社会影响，开展了一场以塑造新人为目的的"新德治"运动，"在保留儒家修身的同时，通过'新民'来强化公德、强调群体和集体主义"①。在乡村文化振兴战略中，党和政府也始终强调坚持以社会主义核心价值观为引领，把践行社会主义核心价值观、巩固农村思想文化阵地放在首位，从而完成主流价值观和意识形态的传递。

第二个层次为一般性村民大众文化，主要包括文体、休闲和娱乐等活动以及各类文化产品。改革开放最初 20 余年，民生问题主要表现为物质产品匮乏威胁到人民群众的基本生活，以及由此引发了一系列社会问题，因此，民生需求主要是维持和改善生活的基本生活物资和民生服务。随着我国经济总量跃升为世界第二，人们生活状况已经得到明显改善，社会建设从"温饱"型转变为全面建成"小康"，经济和社会建设质量不断提升。随着经济发展水平的提高和社会生活的改善，社会成员的民生需求不断提升：一方面，希望享有更高水平的物质生活，增强看得见、摸得着的"获得感"；另一方面，对"物"的享用在民生需求中的比例日趋下降，"'经济即民生'的传统思维方式被具有时代音符的'幸福民生'替代"②。农村居民日益追求精神文化、社会认同等高层次民生需求。然而相对于城市地区，广大乡村地区文化生活领域发展不平衡不充分的矛盾十分突出，城乡二元化的局面仍未根本改变，部分落后乡村地区仍处于文化产品和服务短缺的困难境地。乡村文化生活匮乏会导致村民精神生活失去目的，为

---

① 应星：《论当代中国的新德治》，载《村庄审判史中的道德与政治：1951~1976 年中国西南一个山村的故事》，知识产权出版社，2009，第 157 页。

② 王青平、范炜烽：《从合法性认同到正当性保障：基层政府民生为本理念的变迁之向》，《领导科学》2016 年第 2 期。

赌博、迷信等落后文化的滋生留下空间，而且文化资源分配不均也会引发村民的相对剥夺感，村民还会因无法真正共享改革开放成果而降低获得感。因此要丰富村民的大众文化活动，并实现基本公共文化服务均等化。

第三个层次为地方知识与文化符号，其表现出更强的地域性和差异性特征。差异化的地方知识与传统紧密相连。中国古老的农耕文明孕育出了乡村优秀传统文化，塑造了中华文化的"根"与"源"，积淀着最具中国特色的神韵、智慧和气度，演化为乡村社会无法割舍的精神命脉和精神家园。然而，近现代以来西方主导的现代化模式有摧毁传统的趋势，特别是常把乡村传统遗留视为"混乱与不规则"而需要改良的对象，倾向于认为"所有人类继承的习惯和实践都不是基于科学推理，都需要重新考察和设计"[1]。例如，在清末民初的社会改良运动中，蜀地的茶馆、庙会等被视为落后的生活方式被加以限制，并代之以新的娱乐活动和文化生活方式，如咖啡馆、展览会和公园等。但是，这种极端化的彻底改造却诱发了社会风险："改造过程中，民众所能享有的公共经济和文化资源缩小了，新的权威对公共空间的控制使民众的生计日益艰难。民众不得不组织起来，为自己的利益而进行反抗。"[2] 显然，文化改造如果脱离了地方知识，不仅可能因偏离民众的需求而失败，而且可能因改变了本地的文化结构而诱发系统性风险。

第四个层次为非正式权力文化网络，其对乡村社会的自我规范和整合起到了重要作用。文化与权力密切相关，地方性特色文化中孕育着特定的价值判断、伦理规范和行动逻辑，构成了乡村中实际影响权力运行和资源配置的权力文化网络。杜赞奇（P. Duara）和王笛都讲述了国家政权远离基层社会时期，文化网络的自生力

---

[1]　詹姆斯.C.斯科特：《国家的视角——那些试图改善人类状况的项目是如何失败的》（修订版），王晓毅译，社会科学文献出版社，2012，第114、117页。

[2]　王笛：《街头文化——成都公共空间、下层民众与地方政治（1870—1930）》，李德英、谢继华、邓丽译，商务印书馆，2012，第26页。

量及其产生的影响。杜赞奇认为，在 19 世纪末 20 世纪初国家政权大规模进入农村基层之前，中国乡村主要由"保护型经纪"依赖文化网络进行治理。乡村自生文化网络包括一系列扎根于村社组织中、为组织成员所认同的象征和规范，形成了诸如庇护人与被庇护者、亲戚朋友间的相互关系，赋予了参加组织的众人所承认并受其约束的是非标准，激发了人们的社会责任感、荣誉感。这种内生的文化网络使社区内的居民有能力自己组织起来，地方社会可以不依赖外在力量的干涉实现自我发展。① 因此，乡村文化振兴战略既要借助传统地方文化网络进行社会整合，又必须对民间信仰、宗族意识、地方意识进行规范，培育与国家治理相融的乡风、家风和民风，以此达到强化社会整合、提高政治认同的效果。

三 文化复合体的双重维度解析

在大众传媒和宣传领域，乡村文化一般被解读为农耕文化。农耕文化无疑是乡村的典型特征，但作为国家整体文化下的一种亚文化类型，乡村文化是一套地方性与国家性、独特性与一致性相结合的体系。乡村作为现代民族国家的一部分，必然体现着民族共同体的整体性特征，与主流文化保持一致性与统一性。与此同时，乡村社会又体现出明显的地方性特征，具有多样性和差异性的特点。因此，必须从国家和乡土两个层面清楚地辨析这种统一性和差异性，即从国家层面要求的"公共性"与乡村层面保持的"地方性"来理解乡村文化复合体。也就是说，划分乡村文化结构的标准是"公共性"与"地方性"的显性化程度。在地方性中，越接近下一个层次，地方知识的显性化程度越高、影响也越大，而整体文化中的统一性和公共性则与之相反。乡村文化复合体的层次见图 1-1。

---

① 杜赞奇：《文化、权力与国家：1900—1942 年的华北农村》，王福明译，江苏人民出版社，2010，第 9~10 页。

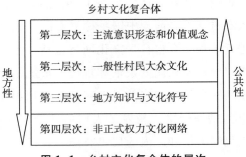

图 1-1　乡村文化复合体的层次

　　主流意识形态和价值观念代表着主流文化，发挥着政治认同、稳定社会、凝聚思想和整合力量等重要作用。如果它遭到破坏，就会瓦解国民的文化认同，诱发社会成员的主体性迷失，造成国家治理的整体性危机。该层次文化具有强烈的一致性特征，只有国家才具有构建及诠释它的权力，任何群体都不能对其进行差异化改造。只有保证主流意识形态和价值观念的这种统一性，才能确保政治的稳定和社会的内聚力。也正因如此，该层面文化的社会化始终都是首要的文化建设任务，即坚持以社会主义核心价值观为引领，这种引领作用在乡村文化振兴中表现为自上而下的宣传和落实。与该层面相比，一般性村民大众文化具有同质化的倾向，但同时仍保持一定差异性和地方性特征。党的十九大报告坚定地提出："永远把人民对美好生活的向往作为奋斗目标。"[①]解决广大乡村地区文化领域发展不平衡不充分问题的主要路径是健全公共文化服务体系、增加公共文化产品和服务供给、广泛开展群众文化活动，不断满足生存型社会向发展型社会跨越后乡村居民的文化民生需求，不断满足人民群众对美好生活的追求。随着基本公共文化服务均等化和文化娱乐社会化，许多具有普遍性的文化活动在乡村迅速普及。

---

① 习近平：《决胜全面建成小康社会 夺取新时代中国特色社会主义伟大胜利——在中国共产党第十九次全国代表大会上的报告》，《人民日报》2017 年 10 月 19 日，第 1 版。

　　与前两个层次的文化发挥着普遍的社会功能不同，地方知识与文化符号只有在特定区域才能被理解并发挥功能，例如区域内独有的神话传说、象征符号和习俗仪式等。如格尔茨（C. Geertz）描写的巴厘岛的"斗鸡游戏"那样，巴厘岛是一个具有自成意义的世界，离开这个"自成的世界"我们无法理解这个社区，同样，离开了这个社区我们也无法理解这些文化符号。① 中国传统乡村是一个地域差异性巨大的社会，在家国礼法统一规则之下，形成了诸多习俗、仪式、禁忌等特色文化，也积累了大量促进本地和谐有序发展的地方性知识。可以说，千百年来，乡村社会中衍生出了一套伦理道德社会化的实现形式，优秀传统文化通过家风家训、仪式礼仪、祭祀追思、乡规民约等文化形式和符号，潜移默化地影响着乡村社会中人的价值观念和行为方式。这些在西南地区传统村落和特色村寨中表现得尤为明显，如哈尼族的祭火节、彝族的驱火妖、黔中地区的跳花场，都体现着各民族和各地区独特的文化符号和意义世界。地方非正式权力文化网络则完全发挥着地方性功能，如村落内的互助体系、规约系统等，只对本区域内的群体发挥作用。

　　乡村文化复合体的四个层次不能各自独立，其功能会彼此影响。思想主旋律和主流价值观只有借助地方情感基础、融入地方文化，才能做到简明易懂、生动形象，进而转化为人民的情感认同和行为习惯。相反，脱离乡村实际的理论说教和单向输灌，可能会破坏既有文化网络和文化生态，诱发乡村社会的抵触意识和文化自卑。与此同时，地方非正式权力网络既可能与国家正式权力相容，也可能会消解国家正式权力的影响。例如，孔飞力（P. A. Kuhn）就认为，传统乡村社会中绅权的扩张、绅权与

---

① 格尔茨通过对巴厘岛"斗鸡游戏"中文化符号的分析，揭示了游戏在巴厘岛人的世界中发挥的社会功能，分析了巴厘岛人的基本气质及其社会结构特征。参见克利福德·格尔茨《深层游戏：关于巴厘鸟斗鸡的记述》，载克利福德·格尔茨《文化的解释》，韩莉译，译林出版社，2014，第484~534页。

地方自治的结合，构成了传统社会致命的离心力。① 可以看出，乡村文化的复合性要求乡村文化振兴更具系统性，对于国家倡导的文化系统不能自上而下地简单灌输，而必须将公共性与地方知识内嵌为统一的整体。一方面要体现主流文化普适的内容、统一的标准、一致的价值和社会的共识；另一方面要尊重、吸纳和保留与国家体系相融的多样性地方知识，这对于乡村文化振兴尤为重要。

第三节　多维耦合：公共空间与文化振兴

"空间转向"理论将空间作为社会关系生产及再生产的场所，以及权力运行的载体与权力获得合法性的场域，因此也可以被设计成实现治理目标的工具。文化振兴是新时代的乡村现代化战略，其要求挖掘优秀传统农耕文化蕴含的思想观念和道德规范，加强农村思想道德建设和公共文化建设，培育文明乡风、良好家风、淳朴民风，提高乡村社会文明程度，焕发乡村文明新气象。以此为目标，公共空间建设应在以下几个方面与乡村文化振兴相耦合。

一　传统文化赓续的载体

公共空间作为乡村文化的有机构成，是乡村优秀文化传承的重要内容和载体。公共空间是村民共同生产生活的场域，是互动、惯习和仪式的实践剧场。公共空间自聚落生活之始就开始了生产，并能动地参与到社会关系和文化构建之中，与其互为因果、相互建构、相互解释，在不同地域的自然和社会环境下，演化出了丰富多样且极具文化辨识度的空间形态，如华北地区的大院、闽粤地区的土楼、黔东南地区的鼓楼、藏彝走廊的碉楼、滇

---

① 孔飞力：《中华帝国晚期的叛乱及其敌人》，谢亮生、杨品泉、谢思炜译，中国社会科学出版社，1990，第221~230页。

西地区的塔群等。这些韵味独特的空间形态既是文化意义的空间投射，又是文化意义的自我表达，以及想象、象征和隐喻的文化集合，因此也是乡村传统文化的天然传习所。依据空间生产理论，空间虽然表现为物质可感知的实体，但更重要的是它是一种想象、虚构、象征、表征的文化性存在，一种由惯习、场域、仪式和权力构成的精神空间，是空间实践、空间表征与表征性空间的统一体。只有空间实践才是人们所感知的，而其余二者分别是被构建和被赋予象征意义的空间。① 所谓"表征"，是指运用物象、形象、语言等符号系统来实现某种意义的象征或表达某种文化的实践方式。② 物理空间与社会空间和文化空间是一个"表象—表征"的连续体。对此，结构人类学代表克洛德·莱维-斯特劳斯（C. Levi-Strauss）也主张，聚落、居住地或营地的社会结构与空间结构存在明显的关系，一个社会的制度可以通过作为客体的空间与外在符号表征的投射关系来进行研究。③ 这种空间投射出的文化具有客观存在的依托，并在历史的长河中逐渐沉淀为集体记忆和精神家园，发挥着赓续乡村文脉、史脉和血脉的功能。

二　凝聚共同体精神的纽带

公共空间是乡村公共生活的载体，为村民的社会交往提供了平台，为保持乡村熟人社会特征奠定了基础。在相当长的一段时间内，中国传统乡村都是一个相对封闭的空间，村民在固定时空内多方面频繁互动从而形成了熟人社会，相互之间因为熟悉所以能够对彼此的行为产生预期，并由此建立起彼此的亲密感、信任感和依赖感。如费孝通先生所言，"乡村社会的信用并不是对契

---

① 亨利·列斐伏尔：《空间的生产》，刘怀玉等译，商务印书馆，2021，第51~53页。

② 谢纳：《空间生产与文化表征——空间转向视阈中的文学研究》，中国人民大学出版社，2010，第62页。

③ 克洛德·莱维-斯特劳斯：《结构人类学》，谢维扬、俞宣孟译，上海译文出版社，1995，第315~316页。

约的重视，而是发生于对一种行为的规矩熟悉到不假思索时的可靠性"①。乡土社会从熟悉中得到信任，并逐渐形成基于共同行为准则的互惠处事模式，包括劳动互换、礼物互赠、困难互助、灾病互济等。互惠空间中的村民"以合作回应合作""以惩罚应对背叛"。在"面对面"的公共生活空间中，更容易形成对越轨行为的道德舆论氛围。当某位成员背叛共同遵守的互惠模式时，他会遭到来自其他社会成员的道德压力与集体制裁。与此同时，公共空间也是留住乡愁、激活记忆、凝聚共识的重要平台，是唤醒村民共同体精神的重要资源。文化记忆理论认为，空间不仅是群体交流的场所，而且是身份与认同的象征以及回忆的线索。扬·阿斯曼（J. Assmann）因此说："房屋之于家庭就像村落山谷之于那里的农民，它们是回忆的空间框架，即使当它们或者说尤其是当它们不在场时，便会被当作'故乡'在回忆里扎根。"② 公共空间为村民提供了一个具有文化意境的交往场域，这种文化同根性也会将他们拉入同一个共同体家园之中。

三　道德秩序生成的场域

乡风文明是乡村文化振兴的重要目标和内容，政策性文件对此规定了诸多的目标、内容和要求，包括培育文明乡风、良好家风、淳朴民风，建设邻里守望、诚信重礼、勤俭节约的文明乡村，倡导移风易俗，弘扬文明新风尚等。总体而言，乡风文明的核心价值是追求乡村社会的和谐与秩序，通过道德伦理和法规律令的约束，重构被现代社会瓦解的乡村美德和规范。公共空间是村民交往、娱乐、举行仪式、议事等的实践场域，"通过该场域内的不断接触和经常沟通，人们可以交换意见、习得知识、形成惯习、完成教化，塑造出稳定的人际关系和社会关联，进而形成

---

① 费孝通：《乡土中国》，人民出版社，2008，第 7 页。
② 扬·阿斯曼：《文化记忆：早期高级文化中的文字、回忆和政治身份》，金寿福、黄晓晨译，北京大学出版社，2015，第 31 页。

价值秩序、合作惯例和行动规则等非制度性地方规范"①。例如，西南地区的礼俗仪式和人生礼仪非常丰富，人们在人神交流、祭祀追思、祈求佑护和仪式交往中，展示对神圣、祖先、圣贤等非凡力量的想象，并在崇敬和膜拜中生成忠诚感和敬畏感。此类仪式互动不但安顿了村民的精神和心灵，而且能够转化为规范和约束村民的道德力量。乡村社会不仅可以通过社会互动生成合作的惯例和习俗，也可以借助神圣仪式将此类惯例和习俗内化为村民共同遵循的道德准则，为群体的秩序生活提供稳定支撑。在此情境下，乡村社会逐渐形成"约定俗成"的非制度地方性规范，其所包含的权利与义务构成了村民的基本行动框架，不仅可以使分散的个体行动产生合作的效果，而且还会起到凝聚人心、教化群众和淳化民风的作用。

四 主流文化传播的阵地

空间治理是国家治理的重要工具。依据空间政治学理论，空间是权力自我表达的重要工具，权力通过塑造空间实现引导和规训，又通过营造象征和隐喻实现政治社会化，推动主流政治文化的社会学习和传播，塑造社会成员的政治认知、情感与态度。在生活空间层面，营造舒适、便捷的公共文化空间，能够激活更丰富的公共文化生活，吸引村民从"牌桌""酒桌"走向文化舞台，抑制乡村不良生活习惯。对宗祠、村庙、墓地等传统仪式空间的改造，也会推动移风易俗运动，促成乡村形成国家提倡的生活文明新风尚。在政治空间层面，村委会、议事厅等正式政治场域，搭建起了国家治理与乡村治理之间的桥梁，重建国家在乡村的文化权力空间，使村民在获得民主训练的同时习得主流政治话语，化解网络时代多种价值观念对乡村文化的冲击。在戈夫曼的符号互动理论中，前台是指"表演中以一般的和固定的方式有规律地

---

① 李锋：《乡村文化振兴应发挥村落公共空间的文化功能》，《社会科学报》2022
年7月7日，第3版。

为观察者定义情境的那一部分，是表演期间有意无意使用的、标准的表达性装备"①。在空间剧场中，参与者或观众对国旗、国徽、标语等前台装置符号的感知，使其从物理空间进入意象空间，最终被聚集到一种更为广泛、稳固与集体性的象征空间中。在象征性空间层面，国旗、国徽、标语等前台装置又营造了国家权力与乡村文化互动的公共空间剧场，使政治文化符号融入集体的日常感知，形成更为广泛而稳固的政治社会化途径，下沉主流价值观念，并增强国家认同。

---

① 欧文·戈夫曼：《日常生活中的自我呈现》，冯钢译，北京大学出版社，2008，第19页。

第二章　传统公共空间与乡村文化的赓续

传统公共空间是指保留了传统风格样式、结构格局及建筑元素的公共空间，它是乡村生产、生活、人际和环境之间长期互动的结果，承载着一个民族的地域文化神韵和历史文化信息，能够突出反映一个民族的生活情趣、宗族礼制、宗教信仰和审美观念。① 西南地区具有独特的地理条件和文化环境，因而也保留了多种形式的传统公共空间，如传统民居、古街道、古寨墙、古牌楼、鼓楼、碉楼等。这些空间形态及其建筑元素是乡村传统文化的物化表现和传承场域，也培育着村民的集体意识和共同体精神，传承着族群的集体记忆和文化基因，是赓续乡村优秀传统文化的有效载体。

第一节　在时空的连续中理解文化传统

"传统"是一个与时间相关的概念，体现着时间长河流变中人类及其生活的延续。虽然通俗意义上人们将时间理解为流逝的线性过程，但历史人类学却倾向于揭示过去与现在的"共时性"，

---

① 传统公共空间并非按照功能标准划分的空间形态，而是特指其保留了传统的风格样式、结构格局或建筑元素，能够突出体现一个地域或民族的文化独特性。无论是传统村落还是特色村寨都要求空间格局和传统建筑仍为人民服务，因此，传统公共空间至今仍承担着生产、生活、娱乐、仪式等功能，是一种多功能的空间集合体，在后文对生活、仪式、服务等功能性空间的讨论中仍会不断对其进行回溯。本书之所以将传统公共空间作为一种单独类别进行讨论，是因为此类空间集中体现了中国乡村的社会特点与文化特色。它是不可再生的传统乡土文化资源，也对乡村文化振兴具有重要意义。

把历时性时间作为影响人类文化和社会的一个维度。人类学家萨斯林（M. Sahlins）提到，"历史乃是依据事物的意义图式并以文化的方式安排的，在不同的社会中，其情形千差万别。但也可以倒过来说：文化的图式也是以历史的方式进行安排的"①。也就是说，既要研究过去的历史如何用来解释现在，也要研究过去如何在现在被创造出来。随着"空间转向"研究范式的日益成熟，人类学和历史学开始使用空间过程诠释时间历史，"不同空间或区域的历史过程会尽可能地揭示出历史演变的多样性和复杂性，并给出多样而复杂的历史解释"②，即在空间与时间的相互关系中理解和辨析历史与传统。

一　在时间中理解空间

时空关系根植于社会结构与文化背景之中，是特定时期和场域下人类活动的集合，也常被视作时代或文化的结构特质。即使在"空间转向"的理论视角下，时间也是参与空间生产与再生产的能动要素。列斐伏尔承认，空间的历史始于被社会实践改变的自然的空间—时间节奏，其无论以何种方式都不应远离时间的历史。"时间与空间是不可分离的：空间隐含着时间，反之亦然。"③在以空间为社会本体的理论体系中，他强调"需要对那个空间进行研究，通过那个空间才能理解古代城市自身，理解古代城市的起源与形式，以及它自身特殊的时间或诸时间（日常生活的节奏）"④。因此，即使以空间作为社会之本体，也不能脱离时间维度对其做出解释。某一特殊空间的历史实际上是空间与时间相互作用的产物，每种时间又都是特定自然环境与社会场域的结果，

---

① 马歇尔·萨林斯：《历史之岛》，蓝达居等译，上海人民出版社，2003，第3页。

② 赵世瑜：《在空间中理解时间——从区域社会史到历史人类学》，北京大学出版社，2017，第12页。

③ 亨利·列斐伏尔：《空间的生产》，刘怀玉等译，商务印书馆，2021，第172页。

④ 亨利·列斐伏尔：《空间的生产》，刘怀玉等译，商务印书馆，2021，第48页。

并在相对封闭的社会空间中独立运行，时间与空间的组织方式即社会体系的内在秩序。

学术界一般认为，传统社会中的时间与空间具有高度的重合性，既表现为古代人习惯将时间与空间相互定义，也表现为区域性空间与地方性时间相对应，"时间在前资本主义时代总是带有地方性的，没有整个地区或国家的统一时间，更不用说国际性时间"①。从经验层面上看，这种高度重合首先源自人们通过身体感知来定义空间和时间。从人文地理学角度来看，"我们之所以有空间感是因为我们能够移动，而我们之所以有时间感则是因为我们像生物体一样会经历反复出现的紧张感和放松感"②。早期人类从身体的位移和紧张周期中定义了时间和空间。如今我们在一些较为传统的乡村地区询问去某处的距离时，仍可能得到"一顿饭时间""一会儿""半天"等回答。这说明村民依然习惯于将步长作为一个时间单位，即人们感受到了在走路中的费力和放松的生物周期。一百步意味着我们熟知的一百单位的生物节律，空间距离也就被转化为时间节律。在传统的社会中这种相互定义具有现实的生活意义，"用英里或者公里回答是没有太大作用的，因为人们不能很快地将这些距离单位转变为时间、精力和所需要的资源。相比之下，回答'它需要三天的车程'可以更加直接地告诉我们需要带多少钱——保持活力所需要的钱"③。诚如吉登斯所言，"在前现代时期，对多数人以及对日常生活中绝大多数的平常活动来讲，时间和空间基本上仍通过具体位置来联结"④。在许多相对封闭的乡村地区，这种时间与空间相互定义的方式目前仍

① 黄应贵：《时间、历史与记忆》，《广西民族学院学报》（哲学社会科学版）2002年第3期。
② 段义孚：《空间与地方：经验的视角》，王志标译，中国人民大学出版社，2017，第96页。
③ 段义孚：《空间与地方：经验的视角》，王志标译，中国人民大学出版社，2017，第106页。
④ 安东尼·吉登斯：《现代性与自我认同：晚期现代中的自我与社会》，夏璐译，中国人民大学出版社，2016，第16页。

具有实用性，以时间度量空间依然是村民的日常生活表达方式。

传统社会中时空重合的观念来源于自然空间与自然时间的联结。诚如列斐伏尔所言，"在自然中，时间是在空间中得到理解的——它处于空间的核心地带：每天的小时、季节、太阳从地平线上冉冉升起，月亮与星星在天空中的位置、天气的冷暖、每个自然存在物的寿命，等等。……时间于是被镌刻在空间之中，而自然的空间无非是自然时间的热情奔放与神秘的脚本"①。这种通过感知自然界变化来定义时间的方式，代表着传统社会周而复始的生活节奏和时间秩序。传统社会的时间节律与秩序生成于特定的空间范围内，与当地的动植物生命节奏和自然节奏基本对应。②

传统乡村社会中存在许多相对封闭的社会单元，各单元也有着自己相对独立的时间秩序，这种秩序与各自空间结构紧密联系，并遵从着当地的自然环境与农时节律。云南独龙族旧时的物候历，就是通过观察自然界里的植物萌芽和生长的状态来确定时间。例如，根据野草萌芽、抽叶、开花、结籽、枯萎等状态，确定季节或节令。佤族某些村落同样也曾使用物候历的方法确定闰月。他们将在南康河固定地点能看到鱼的二月称为"怪月"，而下一个月才称为二月，"怪月"即闰月。时至今日，西南地区某些村落仍有围绕农事的时间安排，如贵州黎平、从江一带的《十二月歌》：

> 一月我们把柴砍，二月扛锄头挖好地，三月挑粪呀嘛育秧苗，四月赶牛把田耙，五月插秧忙又忙，六月弯腰把秧薅，七月快刀把草割，八月稻熟赶紧把禾折，九月谷香满粮仓，十月闲来乐着吃，十一月吃好休息好力气大，十二月我

---

① 亨利·列斐伏尔：《空间的生产》，刘怀玉等译，商务印书馆，2021，第140页。

② 王铭铭：《人类学是什么》，北京大学出版社，2016，第104页。

们大开荒。①

这种对于时间秩序和节律的把握实际上就是把时空与空间紧密地联系在了一起。

对于生活在传统保留得较好的社会中的人们来说，在有限空间中体验循环时间构成了其生活的全部。这种时空结构往往水平空间有限，但这种有限却往往刺激了对开阔的垂直空间的想象构建。"一个强调垂直轴的世界模式常常符合循环的时间概念。一种文化的历法中如果有循环往复的节气，则很可能孕育出一种垂直分层的宇宙观。"② 西南地区某些民族的创世纪故事和垂直宇宙观就反映出这种文化。苗族传说中就有关于创世纪的空间叙事。在苗族先民的原始宇宙观中，天地万物产生以前，宇宙是一个似云雾的混沌存在。苗族古歌里描述：

> 现在的天高得很，古时天地紧相连，天紧紧黏着地，地紧紧连着天，塞不进一只手，钻不进一只耗子。……叫来了往尼，请来了莎相，踩地成平底，立天像斗笠，踩地给我们住，立天让大家生活。③

但此时宇宙空间还不稳定，天地经常会上下移动，并不适合人类生活。于是先民从遥远的地方运金运银，历经千辛万苦炼成了十二根金银柱，用来撑在天地之间，这样一个天上、地下、人中的垂直宇宙就形成了。这个垂直的空间十分牢固，它不会发生任何变化，因此四季的节律结构不会出现任何差错。先民在这种稳定的时空结构中获得了安全感和存在感，也逐渐塑造出了特定

---

① 转引自栗文清《侗族节日与村落社会秩序建构：以贵州黎平黄岗侗寨"喊天节"为中心的研究》，民族出版社，2015，第 92 页。

② 段义孚：《恋地情结》，志丞、刘苏译，商务印书馆，2018，第 195 页。

③ 苗文化的地域差别比较大，神圣和英雄体系也多有差别。不同神话传说中的创世纪英雄亦有不同，还有"剖帕挥斧辟开天地"等说。

的文化心理和文化结构，演化为传统文化的稳定基因。

人类对于空间的理解会随着时间的推移而变化，也会在相同的物理时间中经历不同的"文化时间"。一方面，随着人类改造自然的能力越来越强以及审美观念的逐渐变化，人们对环境的态度也在发生改变。"在时间的长河中，欧洲人对大山的看法就曾经包括：神居住的地方、大地上丑陋的赘生物、宏伟的大自然、美丽的风景、健康和旅游的圣地。"① 中国许多乡村地区都曾相信山神的存在，如云南红河县尊阿姆山为"米最"（山大王），认为他是能够操纵谷物丰收和人畜安危的权威之神。扁担山是贵州布依族信仰的圣地神山，留下了"三月三"祭山神的传统活动，即一种以村落为单位的祭祀山神仪式。山岳也是各地方在传统社会中的主要祭拜对象之一，其中包含以崇拜、恐惧和逃避为核心的宗教意味。当前在以文旅融合为主的产业发展下，部分村落虽然仍在某种程度上延续着山神祭拜的传统，但同时也受游客影响慢慢接受以观赏的心态看待周边环境。另一方面，时间也在重塑空间，"文化时间"体现在"空间过程"之中。"时间不止拥有一种书写体系，由时间所创生的空间，从来都是现实性的与共时性的，且它从来都将自己呈现为某个瞬间；它的各个组成部分，通过由时间所生产出来的空间内部的纽带与关系，而结为一体。"② 云南红河州建水县回新纳楼司署建于清光绪末年，其功能也随着历史发展和社会变迁发生了巨大变化。回新纳楼司署建设伊始作为土司治所象征着土司权力，具有权力空间的典型特点。新中国成立以后它被改造为村公所、学校等，"这时它的空间功能已发生了实用功能转向"③。自 1983 年回新纳楼司署被列为省级重点文物，它的文化空间属性越发凸显。时至今日，回新纳楼司署因

---

① 段义孚：《恋地情结》，志丞、刘苏译，商务印书馆，2018，第 369 页。

② 亨利·列斐伏尔：《空间的生产》，刘怀玉等译，商务印书馆，2021，第 161 页。

③ 马永清、朱盼玲：《"时间—空间—社会"视角下回新纳楼司署空间功能的现代转型》，《广西民族研究》2020 年第 6 期。

其文化历史与空间特色，仍是红河地区彝族文化和传统的象征性公共建筑。在该纳楼司署空间形式的延续与功能的变迁中，可以看到传统文化的延续与变迁。

二　在空间中留住时间

空间既是历史投射的对象，也是历史意义的形象表达，甚至就是历史过程本身。镌刻在空间中的这些历史呈现出的就是传统文化，是历经时间流逝我们依然可以看到和欣赏的存在。王笛在研究蜀地大众文化时，对比了相隔 90 年贴在沿街两边铺面上的门神。"过去沿街两边铺面的门上都贴有门神，是展示这种大众文化的最好场所。"[1] 一幅门神是大卫·格拉汉姆（D. C. Graham）于 1910 年在四川做田野调查时得到，另一幅则是王笛于 1997 年在成都街头购得。王笛惊奇地发现，创作于不同年代的两幅画竟无比相似，画中的门神都身着盔甲、手提节棒、威风凛凛。"它们真像一对孪生兄弟，除了细节有点差别外，姿态外表几乎是一样的！"[2] 虽然其间中国社会经历了从新文化运动到改革开放的多次大变革，但大众文化传统却像街头的门神般顽强地生存了下来。

乡村传统文化也以同样的方式镌刻在空间中。目前许多乡村地区还保留着贴门神的习俗，画上一如既往地使用威武将军、忠正良相、传说神仙等人物，一如既往地表达铲除恶鬼、降伏邪魔、祈佑平安的愿望，一如既往地延续了构图饱满、色彩丰富和夸张变形等表现手法。这些门神画历经风雨侵蚀，都已经色彩斑驳、局部脱落、尽显陈旧，但也正是这种历时般的空间感受，瞬间将人拉回到传统的韵味和感觉之中，让人意识到传统与现代未曾分离。西南地区许多村落还习惯将"门神"雕刻在门楣上方，

---

① 王笛：《从计量、叙事到文本解读——社会史实证研究的方法转向》，社会科学文献出版社，2020，第 267 页。

② 王笛：《走进中国城市内部：从社会的最底层看历史》，清华大学出版社，2013，第 49 页。

谓之"吞口"。其意为门神张口吞下外来侵犯之妖鬼，又可大口吸纳福气财源，属于辟邪镇宅、招福纳瑞之物。"吞口"一般是人和兽形象的结合，具有人面、巨嘴、红舌、獠牙、凸眼、犬耳、宽鼻等典型特征，以及古朴粗犷、造型夸张、形态兼备的美学风格，营造出神秘、威严、凶悍、恫吓的氛围感（见图2-1）。

图 2-1　西南地区传统民居上的"吞口"

资料来源：笔者拍摄于 2020 年。

李泽厚先生在对古代饕餮纹的研究中认为，古代先民构想的这个狰狞恐怖的饕餮怪兽，其意之一就在于用"吃人"恫吓敌人。新石器晚期到夏商周时代，随着战斗、掠夺、杀戮等权力政治行为的增多，以神秘狞厉为特色的青铜饕餮纹饰日趋流行，人们以此炫耀武力、恐吓敌人、肯定自身，因此饕餮纹体现出一种"狞厉之美"。① "吞口"的怪兽造型与饕餮神兽极为相似，同样起源于原始巫教和图腾崇拜，由傩文化中的傩戏面具演化而来。"它植根于自然崇拜、图腾崇拜、祖灵崇拜、神鬼崇拜和巫术崇拜的沃土。"② 这种神兽式的权威常与神秘的权力相联系，但是在权力世俗化的历史进程中，"远古巫术宗教传统在迅速褪色，（逐渐）失去其神圣的地位和纹饰的位置。再也无法用原始的、非理性的、不可言说的怖厉神秘来威吓、管辖和统治人们的身心了"③。但是这种倾向于与神秘力量相结合的心理倾向却依然

① 李泽厚：《美的历程》，生活·读书·新知三联书店，2009，第 48 页。
② 傅雅莉、王玲娟：《西南地区木雕吞口的艺术意匠》，《苏州工艺美术职业技术学院学报》2022 年第 3 期。
③ 李泽厚：《美的历程》，生活·读书·新知三联书店，2009，第 48 页。

在民间社会中延续下来，千百年来刻印在人们的日常生活空间之中。

如"吞口"那样，大量传统文化意象都镌刻在村落的建筑空间上。乡村地区的传统民居和公共建筑上都保留了大量的雕刻图案，这些图案在很大程度上反映了特定时期的社会心理和文化取向。重庆涪陵区安宁村的石龙井庄园（陈万宝庄园）原本为四川省三大优秀民居之一，建设时间贯穿了清同治和光绪年间。庄园除拥有气势宏大、建造雄伟的建筑之外，最令人惊叹的是园内体现高超技艺和丰富文化的石雕木刻，可谓"有物必有图，有图必有景，有景必有意，有意必吉祥"。该庄园体现了汉文化、少数民族文化和西洋文化的融合。以庄园天井为例，其内的石雕木刻都尽量突出传统文化中的吉祥寓意。天井左右两侧为相互呼应的芍药园与牡丹园，两园名字分别对应"花相"和"花王"的说法。芍药园石头栏杆分别雕刻桃子和石榴，桃子寓意健康长寿，石榴则寓意多子多孙。庄园主人陈万宝为单丁独子，向往子孙满堂、人丁兴旺的生活。诸多水果中以石榴腹内最为多籽，故取其吉祥寓意，雕刻在石柱杆头。与此处相对应的牡丹园石头栏杆则分别雕刻核桃和佛手。核桃取意于儒家思想的"仁者爱人"，庄园主人为乡里修桥铺路、扶困济贫，颇有善名。佛手则与"福寿"谐音，亦取此二字之意。芍药园中间立一圆形石缸，牡丹园中间则立一方形石缸，含有天圆地方之意。圆形石缸雕刻有六折戏文的图案，但由于图案中人像头部均被破坏，已经无法辨认其具体特征。方形石缸侧身则雕刻松鹤延年、喜鹊闹梅等寓意吉祥的图案。两石缸沿上口部分还刻有由万字纹（卍）镶嵌的梅花。梅花的五个花瓣代表着福、禄、寿、喜、财，万字纹则象征着无穷无尽的循环。两园中间石梯的栏杆又饰以石象、石狮、老猴背小猴的石雕，表达的是吉祥（象）万福、事事（狮狮）如意、辈辈封侯（背上背猴）之意。

段义孚在述及中国传统社会中的园林时认为，园林会被想象

和设计成理想的微缩宇宙，其中保持着丰富的符号学特征。"在
这些地方，满月状的大门象征着圆满，龙、凤、鹿、鹤以及蝙蝠
都传达出了特定的含义。石头与水象征着大自然中二元对立的古
老主题，体现出了和谐的平衡之力。花卉随着季节的变化传达出
了各种不同的意义，它们有的象征着诚实、纯洁、风度和美德，
有的象征着好运、长寿与友情。"① 实际上，用空间表达自身文化
理想的这种做法同样存在于其他文化中，如中世纪欧洲修道院也
会比照乐园的样子设计花园，"它们包含了基督教传统里表征神
圣的诸多符号，像百合花象征着纯洁，红玫瑰象征着圣爱，草莓
象征着公义，三叶草象征着三位一体，而花园桌子上摆放的苹果
则提醒着人类的堕落与基督的救赎"②。特定的空间设计和内容都
充满了符号的象征意义，也都与特定文化所赋予的意义相匹配，
这些延续至今的空间也保留了特定时间内的文化。

三　时空联结中的传统

传统是时间的凝结，时间镌刻在空间之上，也将传统延续到
了当下。列斐伏尔说道："从每一件事都是在某个特定的地点或
场所发生的，从而是从可以改变的意义上来说的。所有的一切都
镌刻在了空间中。过去留下了自己的踪迹，时间都有其自己的印
记。然而空间却一直是（现在是、从前也是）一种当前的空间，
作为一种既定的、直接的总体性——与它的那些处于其自身现实
性中的或近或远的关系一起完成。"③ 从这个意义上说，时间并不
是一个可以随意切断的线性体，空间也并不是一块永远留在某个
时刻的存在物，通过过去与现在的时空联结，我们可以在现代社
会中反思传统。吉登斯反思现代性时就认为，"传统是一种将对
行动的反思监测与社区的时—空组织融为一体的模式，它是驾驭

---

① 段义孚：《恋地情结》，志丞、刘苏译，商务印书馆，2018，第 219 页。
② 段义孚：《恋地情结》，志丞、刘苏译，商务印书馆，2018，第 218 页。
③ 亨利·列斐伏尔：《空间的生产》，刘怀玉等译，商务印书馆，2021，第 57 页。

时间与空间的手段，它可以把任何一种特殊的行为和经验嵌入过去、现在和将来的延续之中，而过去、现在和将来本身，就是由反复进行的社会实践所建构起来的"①。虽然传统有以过去为导向的表现，但它却不应是过去的时间线段，也没有固定在过往的某个空间点上，而是在现在空间中延续的过去。"传统并不完全是静态的，因为它必然要被从上一时代继承文化遗产的每一新生代加以再创造。在处于一种特定的环境中时，传统甚至不会抗拒变迁，这种环境几乎没有将时间和空间分离开来的标志。"② 我们要从过去的经验中寻找现在的确定性，但同时也要强调"（时间）重复使未来回到过去，同时也凭借过去重建未来"③。因此，只有在时间与空间的联结中才能理解和把握传统。

如果把传统视作一个时空在过去与现在的连续体，那么随时间生成、演化并延续的公共空间就表达着乡土传统。自人类聚落生活之始就有了交往和互动，也就开始了公共空间的生产。尤其是在乡村地区，公共空间在形态和结构上都具有多样性和独特性等鲜明特征，往往都会集生产、生活、交往、仪式和防御等于一体。如闽粤地区的圆形土楼、藏彝走廊的多角碉楼、黔西囤堡的纵横街巷等，它们在时间的延续和空间的连续中演化为本区域文化的有机构成，彰显着地域文化的独特神韵，并在当下成为中华优秀传统文化传承的内容和载体。黔东地区的侗寨也十分注重公共空间的营造，村寨典型的空间结构是以鼓楼为寨心，并建有风雨桥、戏台等公共建筑。鼓楼是侗寨最重要和最醒目的公共空间，具有强烈的独特风格和艺术美感，同时又具有实用的生活功能。从建筑风格上看，侗寨鼓楼是文化融合的产物，既吸纳了汉族传统建筑中的亭、阁、堂、塔、殿等要素，又通过绘画和雕刻

---

① 安东尼·吉登斯：《现代性的后果》，田禾译，译林出版社，2011，第32~33页。
② 安东尼·吉登斯：《现代性的后果》，田禾译，译林出版社，2011，第33页。
③ 乌尔里希·贝克：《再造政治：自反性现代化理论初探》，载乌尔里希·贝克、安东尼·吉登斯、斯科特·拉什《自反性现代化：现代社会秩序中的政治、传统与美学》，赵文书译，商务印书馆，2014，第80页。

展现了侗族的故事传说，也从美学的角度装饰了花鸟鱼虫、飞禽走兽等图形图案。从实用功能上看，鼓楼更多地体现了侗寨的地方知识。由于武陵山片区冬季一般需烤火取暖，鼓楼底层采用了以火塘为中心的设计，方便大家环绕而坐，可供休闲或议事。为了满足人们休闲娱乐和仪式庆典的需要，鼓楼外部还会修建鼓楼坪，村民会在此开展芦笙踩堂或"多耶"等活动，也会举办祭萨等民间宗教仪式。当前，鼓楼仍保留着较强的生活、仪式和休闲等实用功能，同时它又是地方文化的象征和村民精神的寄托，成为现代社会中侗寨传统文化的标志性空间。

传统具有强烈的地方性特征，它与特定的时间与空间相联系，并展现在特定的时空联结中，一旦离开这种时空环境，传统往往不会被理解和接受。从黔东南地区苗寨村民不同空间内穿着的服饰中，我们可以理解传统与时空联结的关系。普通人对于少数民族原生态文化的最直观体验来自民族服饰。西南地区少数民族传统服饰绚丽多姿、异彩纷呈，体现着不同民族的审美观念和生活情趣，同时也是族群身份的标识和认同的纽带，亦展示着不同民族独特的生活习俗、情感诉求以及宗教信仰，既是在时空联结中积淀形成的鲜明文化特征，也是民族原生态文化的最直观表达。总之，这些服饰有着深刻的社会文化内涵，并在特定的时空中发挥着重要的社会功能。例如，在日常生活空间中共同的服饰具有群体认同的功能，在娱己的狂欢空间中华丽的服饰体现了吸引异性的自我展示，在娱神的神圣仪式空间中庄重的服饰则表达着对人神交流的敬畏。因此，传统社会中许多民族对服饰极为重视，即使在整体相对清贫的生活环境中，仍会用心打造精美的服饰，盛装参加特殊节日或重要仪式。然而，村民离开自己生活的日常空间后，通常会换下民族服饰。当处于自身生活的村社空间之外时，他们并不想展现自己的民族身份，并会认为民族服饰在大众场合会显得突兀，令自己产生不自然的感觉。

　　在村里参加活动的时候，我们都会穿（苗服饰），大家一起穿就更漂亮了！（笑）我们外出的时候一般不会穿，因为和身边其他人太不一样了，一些人还会盯着看，怪不自在的。（贵州省黔东南苗族侗族自治州雷山县秋阳村黄姓村民，女，34 岁）

　　这也正体现了传统文化与特定时空结构联结的特征。

第二节　传统公共空间中的乡愁与记忆

　　文化记忆理论认为，空间不仅是群体交流的平台和日常生活的场域，而且还是文化认同与集体记忆形成和延续的线索。阿兰·贝克（A. Baker）谈到地理与历史记忆的关系时说："往日景观的形成与意义，反映与建构了人们工作与生活于其中并加以创造、经历与表现的社会。但就其留存（或通过留存）至今而言，往日景观作为文化记忆与特性的组成部分之一，具有延续的意义。"①乡村地区保留了传统风貌的聚落空间形式，也留存了大量传统形态的民居和公共建筑。对于身处现代社会的人而言，这些空间承载着独特的文化记忆，这些记忆也会转化为人们的恋地情结、乡愁思念和文化认同。

一　地方感与恋地情结

　　传统的延续依赖于对地方的眷恋，地方眷恋则深植于地方感之中。村落传统公共空间是乡村社会地方感的主要来源，村民基于地方感产生的恋地情结生成对传统的感情。地方是人基于家园意识而深深扎根于斯的空间，其并没有清晰的地理边界，但总会被直观地联想为村落、街镇、县乡或祖国等特定区域。在社会科

---

①　阿兰·贝克：《地理学与历史学：跨越楚河汉界》，阙维民译，商务印书馆，2008，第 150~151 页。

学领域的研究中，村落常被作为乡村生活的中心。无论是费孝通先生的《江村经济》，还是林耀华先生的《金翼》，都将"村"视作中国传统乡村的基本单元。无论是关于"江村"还是关于"黄村"的研究，都可以看出他们以村为基扎根乡村的强烈意识。虽然施坚雅（G. W. Skinner）以"区"为视角观察中国乡村聚居地的功能结构和空间结构，关注以集市体系联系起来的"区""大区""巨区"，并认为中国传统农民对标准市镇范围之外的村庄知之甚少。虽然某个村庄与它相邻，但是如果该村庄与另外的市场发生联系，村民对这个村庄也照样不会熟悉。[①] 但即便如此，"区"还是以村庄为基本点向外层拓展，观察中国乡村社会仍无法脱离村的视角，村是传统乡村社会"地方感"的主要来源。西南地区具有大量传统乡村形态的村落样本，是观察乡村社会成员如何产生地方感，并基于地方依恋坚守传统意识的窗口。

地方具有鲜明的历史特征。西南地区传统村落和特色村寨的传统公共空间体现了该地的地方特质，即一种有别于现代性冲击下同质化空间泛滥的特质，这使它们可以从当前普遍的无地方状态下被清晰地界定出来。虽然文化地理学强调空间与地方的差异，但同时也承认很难将空间与地方区分开来。"空间只是简单地意味着以自我为中心的一套连续的地方，在当中，事物发挥着特定的功能并满足着人们的需要。"[②] 空间为地方提供了一个背景，又从特定的地方那里获得了自身的意义。传统公共空间正是赋予村落意义的存在，使村落从简单的区域空间成为具有文化意义的地方，而这种文化意义也正是地方能够成为扎根之处的原因。地方本质上是文化价值观的记录与呈现，它是"自然与文化的复杂综合体，在特定的地点中不断发展，并与其他地方存在着人与物质流所构成的关系。一个地方不仅是指何物在何方，它还

① 施坚雅：《中国农村的市场和社会结构》，史建云、徐秀丽译，中国社会科学出版社，1998，第 27～30 页。

② 爱德华·雷尔夫：《地方与无地方》，刘苏、相欣奕译，商务印书馆，2021，第 15 页。

是一个地点，加上占据该地点的所有事物，它被视为一个综合的且充满了意义的现象"①。更为直接的解释则为，"一个营地位于一个地方，但是从文化上来讲，这个营地本身就是一个地方"②。就此而言，传统村落和特色村寨的一座民居、一个风雨楼等，本身就是一个地方，承载着特定的文化价值和意义世界。

在一个被现代性迅速抹平的"无地方"社会中，村落传统公共空间就更具牵动人心的力量，生发出"在地者"的恋地情结。"恋地情结"是人与地方之间的情感纽带，表现出个人对地方之爱。段义孚论述此主题时使用的术语为"topophilia"。他自称是杜撰出来的概念，"目的是广泛且有效地定义人类对物质环境的所有情感纽带"，但中文"恋地情结"一词很能表达此情感的神韵。③ 从经验上来看，恋地情结首先来源于周边的环境，"恋地情结的意象来源于周围的环境现实。人们特别重视环境中令人敬畏的、在生命历程中能提供支持和满足的那些要素"④。之所以如此，是因为人作为理性的生物体，可以感知环境并将其加工成文化意象。"（环境）为人类的感官提供了各种刺激，这些刺激作为可感知的意象，让我们的情绪和理念有所寄托。"⑤ 在乡村社会中，村落传统公共空间为"在地者"形成恋地情结提供了最直接的环境刺激，因为恋旧是恋地情结里的一项很重要的元素。村落传统公共空间的独特性是乡村地方性特征的标志，村落传统公共空间也作为环境培养了"在地者"对地方的恋地情结，反之这种情结又在延续和加固传统。

吉登斯认为传统需要有"守护者"才能延续，"没有守护者的传统是不可想象的，因为守护者具有享有真理的特权；真理是

① 爱德华·雷尔夫：《地方与无地方》，刘苏、相欣奕译，商务印书馆，2021，第5页。
② 爱德华·雷尔夫：《地方与无地方》，刘苏、相欣奕译，商务印书馆，2021，第47页。
③ 段义孚：《恋地情结》，志丞、刘苏译，商务印书馆，2018，第136页。
④ 段义孚：《恋地情结》，志丞、刘苏译，商务印书馆，2018，第180页。
⑤ 段义孚：《恋地情结》，志丞、刘苏译，商务印书馆，2018，第168页。

无法实证的，只能通过守护者的解释和实践显示出来"①。"守护"意指其不是基于理性反思，而是基于情感方向的信仰和信念。与传统社会在历史中追求确定性不同，现代社会处于"现代性的反思性"之中，即人们总是追求对社会实践的新认识，并以此检验和改造正在接受认识的社会实践，进而造成了这样一种不确定性："由于不断展现新发现，社会实践日复一日地变化着，并且这些新发现又不断地返还到社会实践之中。"② 这种对社会实践认识的不断刷新，实际上破坏了获得某种确定性知识的理性，吉登斯称之为知识的反思性运用。信仰和信念则是抵抗这种不确定性知识的基石。"恋地情结并非人类最强烈的一种情感。当这种情感变得很强烈的时候，我们便能明确，地方与环境其实已经成为情感事件的载体，成为符号。"③ 村落"在地者"基于对地方强烈的恋地情结，能够建立起对传统的信心，进而成为传统的"守护者"。

重庆市酉阳土家族苗族自治县松岩村 2014 年入选第三批中国传统村落名录。松岩村传统聚落空间保持得较为完整，尤其是入选中国传统村落名录以后，相关部门加大了对该村传统民居的保护力度；乡村振兴战略实施以来，该村又连续获得了多项资助，2022 年还入选重庆市传统村落保护发展项目和市级补助资金计划。在以松岩古寨为核心的民居风貌改造项目中，传统空间风貌和格局得以保持和延续，除典型的渝东南地区吊脚楼式的传统民居外，还有三星桥、老凉桥、古栈道等传统公共建筑。松岩村这种保留得相对完整的传统聚落结构，为村落的产业发展提供了文化资源，进而增强了地方的依恋和传统的信念。

松岩村以出产优质水稻知名，当地通过精准扶贫中的"万企

---

① 安东尼·吉登斯：《生活在后传统社会中》，载乌尔里希·贝克、安东尼·吉登斯、斯科特·拉什《自反性现代化：现代社会秩序中的政治、传统与美学》，赵文书译，商务印书馆，2014，第 101 页。

② 安东尼·吉登斯：《现代性的后果》，田禾译，译林出版社，2011，第 34 页。

③ 段义孚：《恋地情结》，志丞、刘苏译，商务印书馆，2018，第 136 页。

帮万村"项目，将打造的"花田贡米"品牌推向了市场，中央电视台等大大小小的媒体都曾进行过专题报道，而村落传统空间形态则为"花田贡米"的品牌叙事提供了基础。根据村史，松岩村水质优良、土质富硒、光照充足，出产的稻米饱满醇香、质白如玉，唐宋以来都作为历代皇家享有的贡米，因此，"传统"成为"花田贡米"品牌叙事的核心价值。在此叙事的过程中，品牌方选择了村里一位冉姓老人作为贡米代言人。这位品牌代言人接受过大大小小不同媒体的正式采访。宣传片中的老人脸上布满皱纹、手上结满硬茧、衣服沾满尘土，从事着稻米相关的各种农事，表现出质朴憨厚、乐观善良的气质，以及丰收的喜悦，从而使人们在传统中找到了信任感和权威感。与此同时，品牌宣传片中又不遗余力地展示松岩村的传统特色。具有浓郁传统乡土特色的聚落空间画面刹那间将人拉回到历史长河的意境中，使人产生先民跋山涉水进京朝贡稻米的想象。在这种现实情境下，村民在传统、空间和日常生活之间建立起了联系，在深层次上增强了对地方和传统的依赖。

二　家园象征与集体记忆

传统公共空间具有鲜明的独特性，常常被"在地者"视为家园的象征，为村落集体记忆提供了可供想象的文化符号。集体记忆是指有特定文化内聚性和同一性的群体、成员共享往事的过程和结果的记忆。法国学者哈布瓦赫（M. Halbwachs）创造性地提出"集体记忆"的概念，研究在家庭、宗教群体和阶级的层面上历史是如何被记忆和遗忘的。自此，学术界开始关注对社会记忆的研究。哈布瓦赫说道："所谓记忆的集体框架，就只不过成了同一社会中许多成员的个体记忆的结果、总和或某种组合。"[①] 吉登斯在述及传统时说："我是这样理解'传统'的：我认为传统

---

① 莫里斯·哈布瓦赫：《论集体记忆》，毕然、郭金华译，上海人民出版社，2002，第 70 页。

与记忆——特别是阿尔布瓦克斯所谓的'集体记忆'——联系在一起。"① 尽管记忆的拥有者只能是个人，但"集体记忆"的说法并非无依据，因为个人的记忆会受到集体的影响，"虽然集体不能'拥有'记忆，但它决定了其成员的记忆，即使是最私人的回忆也只能产生于社会团体内部的交流与互动"②。集体记忆是共同体的心理凝聚纽带，"不同的时代和辈分之间共有知识的某些基本内容如丢失的话，它们之间的对话将会断裂"③。通过分享群体共有的独特而持久的回忆，群体在与外部的差异中获得集体情感，个体的群体归属也得到了自我确认。例如，在传统保留得相对完整的乡村地区，集体记忆一直以来都是维系村落共同体的纽带，除族群共享的神话、传说和英雄等历史记忆外，每个村落还会拥有关于自己的独特空间记忆。

空间为记忆提供了载体和媒介。空间就是文化的本身，其既是文化意义的投射，也是文化意义的自我表达。阿莱达·阿斯曼（A. Assmann）在对文化记忆进行研究时谈到，记忆与空间具有牢不可破的联系。记忆术的核心就在于"视觉联想"，就是把记忆的内容放入一个结构化的空间中，这样就可以把不可靠的自然记忆装载到一个可靠的人工记忆之中。④ 扬·阿斯曼也认为，记忆术最早使用的媒介手段就是空间化，"回忆形象需要一个特定的

---

① 安东尼·吉登斯：《生活在后传统社会中》，载乌尔里希·贝克、安东尼·吉登斯、斯科特·拉什《自反性现代化：现代社会秩序中的政治、传统与美学》，赵文书译，商务印书馆，2014，第 80 页。阿尔布瓦克斯即哈布瓦赫（Hallbwachs）的不同译法。哈布瓦赫的观点是，在某种程度上记忆与传统一样，都是以现在为参照来组织过去。大脑中记录下来的印痕使这类留存源于无意识的心理状态被召唤到意识中来。"过去消亡了"，但"消失的只是表象"，因为过去继续存在于无意识之中［参见 M. Hallbwachs, *The Social Framework of Memory*（Chicago：University of Chicago Press，1992）］。

② 扬·阿斯曼：《文化记忆：早期高级文化中的文字、回忆和政治身份》，金寿福、黄晓晨译，北京大学出版社，2015，第 28 页。

③ 阿莱达·阿斯曼：《回忆空间：文化记忆的形式和变迁》，潘璐译，北京大学出版社，2016，第 4 页。

④ 阿莱达·阿斯曼：《回忆空间：文化记忆的形式和变迁》，潘璐译，北京大学出版社，2016，第 174 页。

空间使其被物质化……回忆根植于被唤醒的空间……各种类型的集体都倾向于将回忆空间化。任何一个群体，如果它想作为群体稳定下来，都必须想方设法为自己创造一些这样的地点，并对其加以保护。因为这些地点不仅为群体成员间的各种交流提供场所，而且是他们身份与认同的象征，是他们回忆的线索。记忆需要地点并趋向于空间化"①。之所以如此，是因为人们的交往记忆作为集体记忆的形式往往很短暂，它会随着承载者的出现与离开而产生与遗忘。当记忆的承载者离开群体时，它就会慢慢地让位给一种新的记忆。尤其是自乡村振兴战略实施以来，村落相对封闭的社会状态被进一步打破，随着流动性的加剧，村落稳定的交往模式也开始松散。尤其是一些发展旅游的村落进入了大量外来者，不断涌入的新的互动者频繁加入村落交往互动中，这对村民形成长期而稳定的交往记忆是一种考验。与此相对应，"一座经历过较长时间的、有历史的建筑，像是一处文化地质学样本，一处记忆的考古学现场。它与艺术有着同等的，甚至是更强的记忆功能"②。传统公共空间作为村落的家园象征，作为已经被固定下来的客观外化物，保存下了某一群体的历史文化基因，其因相对稳定性而不断固化集体记忆。

贵州省务川仡佬族苗族自治县青山村和翠山村地处武陵山区，分别于 2015 年和 2019 年入选中国传统村落名录。青山村村民最鲜明的集体记忆是村史上的多位文人。自明末清初一支申姓家族迁居至此，村内有 20 多位秀才，还有举人进入了国子监。最有名的为申允继一家，其本人秋闱中举，其父申奕宏赐封文林郎，其子申文质入京师国子监，后官至吏部。这些出仕的家族在村中留下了诸多可想象之物，如得中乾隆甲午科三十名的申允继的旧居，存有时任知县宫绮岫为贺其中举赠送的匾额，横向行

---

① 扬·阿斯曼：《文化记忆：早期高级文化中的文字、回忆和政治身份》，金寿福、黄晓晨译，北京大学出版社，2015，第 31 页。

② 张闳：《作为文化记忆体的建筑》，《社会科学报》2022 年 10 月 6 日，第 8 版。

书、阳刻描金"蜚英东序"四字。又有长约两米的木制对联一副，由于年代久远，文字已经模糊，但"归田"二字仍可辨认，传为申允继告老还乡时皇帝钦赐。村内还完好地保留着一个修建于道光八年的字仓，由申家各族人共筹建成，用来为文人放置弃书和文稿等。是时认为凡不能使用的旧书、稿件等，绝不能随意丢弃或烧毁，都要放置在字仓之中。此外还有明清时期的"石围子"，用两块整齐有厚度的石头做成，每个石围子上方有一个洞。这些石围子是家有秀才的标识，每个石围子代表一个秀才，谁家院子外摆了石围子，就证明这家出了秀才。村中老人继而考问笔者石围子上方圆洞的功能，数猜都不得中。老人颇为自豪地说：

> 这个洞就是用来插旗的，考取了秀才后在这里插上旗，意为金榜题名。我们这儿家里头都重视娃儿上学，娃儿们从小就看着这些长大，读书一般都很刻苦，我们村里的大学生在县里都是最多的！（贵州省务川仡佬族苗族自治县青山村申姓村民，男，62岁）

村落空间保留下了村中重文的传统，形成了村落中一代又一代的集体记忆，也使这种传统成为村落代代相传的文化基因。

翠山村最独特的集体记忆与汞相关。翠山村一带素有"神秘仡佬、汞都三坑、銮峰秘穴、间隙神水"之美誉。据考证，早在秦代该地就已经开采汞矿，现在仍有考古工作组长期驻村工作。自古以来，该地村民都靠开采丹砂炼制水银谋生，"丹砂文化"让当地村民引以为豪。自2012年以来，政府关停小矿场，禁止私人采砂，大量村民开始外出务工，但村内还保留着很多极具年代感的炼汞土窑，还建起了丹砂博物馆，"丹砂文化"仍留在村民的集体记忆中。

> 我们这个地方叫"翠山村"，旁边有个地名叫"丹砂"。

实际上，我们这里才有丹砂，他们那儿是没有的。那里是后来把名字改了的，这一改那个地方就有名气了。大家都以为他们那里才是丹砂产地，其实不是的，我们这里才有，秦始皇墓里的水银就是从我们这里采出去的。你看，我现在屋里还留着以前开采的丹砂矿石，我当年炼丹砂的炉子和工具都在后院，你们随我来看，这些都是纪念。（贵州省务川仡佬族苗族自治县翠山村麻姓村民，男，55岁）

显然，翠山村村民仍能从"丹砂文化"的独特记忆中获得村落认同感。

三　空间保护与记忆传承

村落公共空间承载着乡村优秀传统文化，但在现代力量不断嵌入乡村地区的情形下，无地方化也开始在乡村地区逐渐蔓延。尤其是随着旅游业在乡村地区的快速兴起，加油站、连锁快餐店、加盟酒店等标准化建筑涌现，部分村民更喜欢修建"宝瓶杆""罗马柱"等"洋"式房屋，传统公共空间常以革新的名义被改造或拆除，部分地区乡村文化面临传统与现代相断裂的风险。然而，传统与现代并非两种完全不同的取向，"传统与现代性的区别，并不在于其仅仅面向过去而非展望未来（事实上，这样来表述两者的差异未免太过鲁莽了）；相反，无论是'过去'还是'未来'，都不是与'连续性在场'相分离的孤立现象。过去的时间融入了现在的实践，同样，伸向未来的地平线也与描述过去的曲线彼此交错"①。"连续性在场"的表述准确地概括了传统与现代的关系，尤其是当现代性以强势的态势冲击传统时，在现代社会中保持传统的延续性就更为重要。

传统民居保护是乡村传统文化保护和发展中的重点任务，自乡村振兴战略实施以来，该项工作又取得了重要进展。中共中

---

① 安东尼·吉登斯：《现代性的后果》，田禾译，译林出版社，2011，第92页。

央、国务院制定的《乡村振兴战略规划（2018—2022 年）》明确要求，要推动古村寨、古民居保护利用，实施"拯救老屋"行动。① 在乡村振兴战略的统一部署下，各地各层级政府都实施了传统建筑保护修缮工程。重庆市在渝东南武陵山区城镇群乡村振兴中突出规划引领作用，因地制宜编制保护性发展规划，最大限度地保留、延续了村落原有建筑群落、结构风貌等特色，做到了"一个村寨、一个规划"。同时，通过"一村一图、一村一样"确保规划落地不走样，让每个传统村落和特色村寨都能彰显个性，最大限度地使乡村彰显出独特的文化韵味。

重庆市秀山土家族苗族自治县长岭村原名鬼板溪，当地俗称"土家大寨"，分为上寨、中寨、下寨，居民以土家族为主，于2017 年被列入第二批中国少数民族特色村寨。20 世纪末，川渝地区是全国重要的劳务输出地，长岭村的许多村民也都奔赴各地务工。许多村民务工回来后想做的第一件事就是拆掉家里破旧的木房，修建洋气、气派的砖瓦房。此时，已经当选"全国劳模""三八红旗手"的村支书 CMX 展现了其宽广的眼界。她认为如果不保留村落的民族文化特色的话，那么长岭村未来可能再也拿不出亮点。她带领村干部挨家挨户上门给村民做工作，讲自己在外地旅游看到的民族风情为当地带来收益的典型案例，描绘长岭村旅游发展的未来。在此过程中，也有一些村民做出极端的事情，但 CMX 并没有害怕和屈服，相反却请该村民参加了村民会议，言明其行为会损害全村人的利益。在传统道德的压力下，该村民拆掉了已经打好的房屋地基，修建了与村落风格一致的吊脚楼。当前，长岭村的传统聚落格局得到了很好的保护，除原有的传统建筑得到较好保护外，新建房屋以木质结构为主，同时也对砖石结构房屋进行了统一的外立面改造，形成了规模较大的传统样式民居群落，具有发展民族文化旅游的基础条件。更为重要的是，传统风貌的空间格局增强了村民的文化自信，

---

① 《乡村振兴战略规划（2018—2022 年）》，人民出版社，2018，第 66 页。

多数长岭村村民更愿意修建传统木质结构住房，主动保持传统样式的聚落空间，并对此有相当强的文化自豪感。

青云街位于重庆市石柱土家族自治县青云古镇内部。青云古镇古时是川东、鄂西边境物资集散地之一，亦是巴盐古道的必经之地，为商贾云集之处。青云古镇曾被评为重庆市最具活力的小城镇，入选长江三峡最佳旅游新景观之一，目前为 4A 级旅游景区。在旅游发展的驱动下，古镇内的许多传统建筑得到了保护、修缮或重建，沿青云街几乎可以看到所有传统的建筑类型，如大院、祠堂、廊桥、庙宇、衙署等，呈现出丰富而多元的传统公共空间形态。此空间为传统文化的展演提供了剧场，使传统在现代得到重现。青云古镇古时是"巴盐销楚"最重要的起点之一，也是长江三峡上著名的盐运中转枢纽。盐商会把当地炼成的"锅巴盐"打包，再由被称为"背二哥"的背脚夫从青云街背运至武陵山区各地。在旅游产业发展过程中，青云古镇开展了复原"背二哥"盐运的习俗表演，由旅投方雇用的当地男子扮成背脚夫，在规定时间沿固定路线行走。这些背脚夫戏剧性地复原了当年"背二哥"的行头：着统一的装束、持一样的工具，尤其突出马灯、水烟袋等具有乡土气息的道具。衣着为西南地区传统样式的棉布衣，头扎白色头帕、打绑腿、穿草鞋。工具为麻包一个、绳架一副，还有一个丁字拐杖，疲劳时可将其置于背架下以支撑休息片刻。为了保证呈现效果的真实性，麻包里塞满了压实的稻草使其呈鼓胀状，实际重量达到 70 斤左右，这使扮演者在行走时呈现出十分接近真实的状态。领头的"背二哥"要呼吼节奏感极强的号子，以便统一众人的行动步伐和统一休息。背脚夫们在古老的石板街上负重而行，给往来路人以很大的视觉冲击和心理共鸣。游客们仿佛真的穿越历史，感受着沧桑岁月，油然而生一种仪式感和肃穆感。在此剧场中，往昔的日常生活在展演中获得了仪式感，传统在现代社会的再造空间中得以呈现和延续，文化记忆亦在空间保护中实现了"连续性在场"。

第三节　传统公共空间衰落的文化风险

　　现代化往往具有摧毁传统的倾向，并总是要在与传统的对立中定义自身，现代社会发展亦常会解构传统社会和文化，其空间表现则为地方与无地方之间的张力：一方面，世界主要国家都在推动文化与自然遗产保护，尝试通过地方建设强化共同体的身份认同；另一方面，现代化的动力在全球范围内展示出了强大的力量，流动性、标准化和城镇化造就了大量同质化空间，"它们把过去的地方痕迹抹除掉，让各个地方看来都彼此相似"①。这种状况同样是乡村振兴潜在的社会风险。在独具特色的传统空间形态得到一定程度保护的同时，现代性的全球扩展也在迅速重构着村落公共空间的形态和结构，社会变革的巨大力量也给村落传统公共空间带来冲击，而保护和修复过程中的建设性破坏亦消解了该空间的内在精神，使村落的地方性特征同样面临着空间同质化的威胁。无地方性会解构乡村优秀传统文化传承的载体，造成传统与现代之间的断裂。

一　现代性冲击下"无地方"的增长

　　无地方性在乡村地区的普遍增长，是现代化在全球漫溢的后果之一，也是现代化动力机制穿透乡村空间壁垒的表现。如前所述，传统社会典型特点是时间与空间的结合，人们按照地方性的时间节律确定自身的空间安排。段义孚在分析生活在美国西南部的霍皮人的传统时空观时认为，对于他们这样从事农业的人而言，重要的是在周围区域找出岁月更迭中日出和日落变化的位置，"周期性的时间——太阳的运动和季节更替——存在于客观

---

① 爱德华·雷尔夫：《地方与无地方》，刘苏、相欣奕译，商务印书馆，2021，第2页。

空间中"①。时间对于他们而言只是地方性的，而无须或没有机会观察自身空间之外的时间节律。在这种时间结构中，"地方、人物、时间与事件构成了一个不可分割的整体。一个人想要成为某种人，就需要一个地点，并在特定的时间做出特定的事情"②。在西南地区的乡村传统社会中，空间安排也与地方时间相对应。前文所述的黎平、从江一带的《十二月歌》，就按照当地的农事时间把人们安排到不同空间中。为了方便从事农业，聚落空间一般会重点发展在农田范围内的中心区，并形成以村落为中心向外扩散的放射状路网，越向边缘该路网就越稀疏。侗寨有在新春伊始将农时节气书写于木板上的习俗，并在此日将木板悬挂于每个鼓楼最明显的位置，提醒村民接下来一年从事相应活动的时间节点。在农事间隙，许多民族和地方都有大大小小的节日，如火把节、吃新节、鼓藏节等，形成了各民族和地方的节庆体系和仪式空间。

现代与传统在时空结构上最大的不同在于时间对空间的穿透。吉登斯认为，现代性动力的主要来源之一就是时间和空间的分离。在现代性条件下，时间无须在空间中定义自我并确定秩序，而是以"虚化"的方式从空间中分离出来。"时间虚化"的主要表征是标准时间的发明、使用和扩张，例如钟表的发明和广泛使用、日历在全世界范围内的标准化、跨地区时间的标准化等。时间的虚化瓦解了传统社会中的时空结构，也打破了传统乡村以空间环境配置时间秩序的文化。虽然时至今日，西南地区乡村中许多家庭都悬挂着电子万年历，同时显示时间及公历、农历和干支历等多套历法，以及天文气象、时令季节、每天的吉凶宜忌及生肖运程等，然而很容易观察到，时间和公历一般用较大字

---

① 段义孚：《空间与地方：经验的视角》，王志标译，中国人民大学出版社，2017，第 98 页。

② 爱德华·雷尔夫：《地方与无地方》，刘苏、相欣奕译，商务印书馆，2021，第71 页。

体表示并处于最显著位置，而"皇历"绝大多数时间并不会被使用。也就是说，在现代化浪潮中，以公历和时钟时刻为表象的时间观念及其基本制度，显然已经基本上在世界范围内占据了上风，保留农历更多是日常生活中延续的心理习惯。当前，"时间到处规范着人类的生活。技术社会与非技术社会之间的基本差异在于，技术社会将时间精确地校准到了小时和分钟"①。标准化的时间把村落拉到了更大的空间体系中，村民应当在该时空结构中安排自己的空间选择。在这个更大的空间体系中，遵守标准时间的学校、车站或工作场所占据了中心地位。同时，之前那种未经规划的向心式道路网络，"迟早会被并入和结合到国家交通网络中，而对与之相关联的小型社区来说，这种转接通常都会是莫大的不幸"②。当然，这里所说的"不幸"仅就乡土景观会被进一步瓦解而言。

西南地区的乡村曾处于相对封闭的地理环境中，时间与空间重合的前现代特征也相对比较明显，传统习俗、经验和常识是村落生活的基础，许多村落的公共空间也保留了传统特征。但是，随着现代社会流动性的增强、信息传播的加速以及村落保护和振兴的推进，时间与空间分离的力量已经穿透到村落社会中，现代性的脱域机制随之发挥作用，使村落从"地域化"情境中脱离出来，越来越多地受到"缺场"的社会关系的影响和控制。如吉登斯所言，"在前现代社会中，社会生活的空间维度受'在场'（presence）的支配，即地域活动的支配"，而虚化的时间则具有强大的穿透力，"场所完全被远离它们的社会影响所穿透并据其建构而成。建构场所的不单是在场发生的东西，场所'可见形

---

① 段义孚：《空间与地方：经验的视角》，王志标译，中国人民大学出版社，2017，第106页。
② 约翰·布林克霍夫·杰克逊：《发现乡土景观》，俞孔坚等译，商务印书馆，2016，第43页。

式'掩藏着那些远距关系，而正是这些关系决定着场所的性质"。①
这种情形就是吉登斯提出的现代化的又一动力机制："脱域"。"该
机制将社会关系从特定场所的控制中强行摆脱（lifting out）出来，
并通过宽广的时空距离对其加以重新组合。"② 吉登斯对此解释说，
"摆脱"是理解"脱域"概念的关键，"现代制度本质和影响的
核心要素——社会关系'摆脱'（lifting out）本土情景的过程。
确切地说，上述'摆脱'即我所谓之'脱域'，而由现代性所引
入的分离过程加速进行，脱域为其关键因素"③。随着国家乃至全
球范围内现代化的推进，尤其是村落保护和振兴中的交通、信息
建设，以及象征系统的自上而下推广和专家系统的广泛涉入，脱
域机制从两个方面对村落的空间生产产生影响：一方面是缺场的
因素，事物和力量的影响力越发强大，专家系统、规划体系、政
府决策、产业资本等穿透了村落的地域场景，在村落的空间生产
和再生产方面发挥着越来越大的作用；另一方面是村落的地域情
境逐渐模糊化，村落的自我空间生产也脱离了地域情境限制，既
被嵌入其中的生产关系控制，也被强势文化所推崇的空间美学左
右。脱域使远距离的社会力量发挥了更大的影响和控制作用，使
许多村落传统公共空间面临解构的风险。

　　具体到现实层面来看，传统村落和特色村寨保护发展项目在
很大程度上保护了村落传统公共空间的完整性，但同时也有部分
入选者并没有维护好原有风貌。重庆市秀山土家族苗族自治县梅
江村于 2012 年被列入首批中国传统村落名录，然而在工业化和
城镇化的进程中该村的传统特征却正在消失。21 世纪初，梅江村
还保留着相当完整的传统聚落空间形态，村内有 100 多处保存相

①　安东尼·吉登斯：《现代性的后果》，田禾译，译林出版社，2011，第 15~16
　　页。根据英文版有所修改。
②　安东尼·吉登斯：《现代性与自我认同：晚期现代中的自我与社会》，夏璐
　　译，中国人民大学出版社，2016，第 2 页。
③　安东尼·吉登斯：《现代性与自我认同：晚期现代中的自我与社会》，夏璐
　　译，中国人民大学出版社，2016，第 17 页。

对完整的木结构传统民居建筑，累计可达 2 万余平方米，约占村落建筑总面积的 70%。2012 年，梅江村被评选为传统村落，上级部门拨款 90 万元民居保护专项资金，用于修缮 34 栋传统木结构房屋，希望打造成特色村寨。然而，当地居民并没有认识到保护传统民居的意义，相反更倾向于建造砖石结构的楼房。2013 年村里经济条件较好的十余户人家废弃了原来的旧木房，在新的宅基地上修建起了砖瓦房，而传统木质结构房屋在本年度没有新增。之后的几年内，村民的经济收入普遍提高，新建的砖石结构房屋也越来越多。接下来的两年内，村里又新建了二十余栋砖石结构房屋，传统木结构住房不但没有新增，还有一栋因过于破旧被彻底拆除。与传统风格的房屋相比，许多村民更喜欢"小洋楼"，甚至认为模仿欧式古典建筑的房屋才算"气派"，因此村中又出现了部分与传统建筑风格不和谐的"洋房"。虽然乡村振兴战略实施以来保护传统文化的力度加大，部分村民看到同类村落文旅融合发展带来的收益，也开始改建或新建传统木结构住房，但此时村落的聚落空间结构已经显得十分杂乱，传统样式房屋多数已经较为破旧，即使由专项资金修缮的多数住房也由于无人居住而陷入衰败，在某种程度上已经不符合传统村落"聚落空间格局、建筑风格风貌、选址结构布局延续传统样式"的要求。

"脱域"机制在一定程度上可以解释村落传统公共空间衰落的情境。在时空高度结合的传统社会中，村落聚落空间就是民族文化和区域文化的再现，村民将生活和生命的意义融入房舍建造之中，逐渐形成了具有鲜明文化特色的"地方"。随着全球化、市场化和城镇化的推进，远距离的社会关系对村落空间生产和再生产的影响越来越大。从梅江村修建的砖石结构房屋的外观来看，宝瓶式栏杆和罗马立柱常被视作现代时尚的建筑符号，无论是普通村民的住房还是乡村能人的"豪宅"，都常将这种符号用于外立面装饰。从建筑史上来看，宝瓶式栏杆较早用于中世纪欧洲教堂装饰，尤其是著名的哥特式建筑经常使用大量雕花杆式装饰。文艺复兴时期，建筑家们回归希腊时代的简洁，去掉了栏杆上的繁复雕花，形成了当下常见的宝瓶式栏杆。这种样式的栏杆后来又被大量用于盛极一时的巴洛克式建筑上，此建筑风格也在西方建筑史上产生了深远影响，著名的圣彼得大教堂和凡尔赛宫都是此方面的典型建筑。近代以来，西学东渐趋势明显，留学归来者和来华外国人都将这种西方的建筑元素带到中国，尤其是大量用于高社会阶层住房和大型公共建筑物上，加之租借地的大量欧式房屋，宝瓶式栏杆建筑一时间成为"洋气"的代表符号。在近三十年的房地产大潮中，大量开发商为了凸显楼盘的"奢华""高档"，极尽模仿西方"王室""皇家"的建筑风格，市场上充斥着大量设计水平低劣、风格搭配混乱的建筑物。这种"混搭"又随着流动和城镇化逐渐侵袭到乡村，破坏了乡村社会中统一和谐的聚落空间形态。梅江村修建此类建筑的村民有两类：一类为有外出务工经历的村民，且大多曾在或大或小的建筑工地上务工，他们自认为把握了大城市的新时尚和新潮流；另一类为邀请当地施工队进行建设的村民，而这些队伍的成员一般由城市地产中的"包工头"转化而来，他们只是将之前的从业经验简单套用在修建村落民居上，制造出了与村落环境和文化无法融合的建筑物。总之，在"脱域"机制的作用下，无地方文化意义的建筑在乡村中涌现，既包括那些充斥着各种装饰的"混搭"建筑，也包括加油站、停车场、连锁店等标准化建筑。

二 社会变革中传统公共空间的衰落

社会变革常以"除旧布新"为口号和目标，在此过程中，传统常被视作旧社会的势力，成为革新者改造甚至铲除的对象。王笛在研究成都传统公共空间与大众文化关系时对此有深入的分析。蜀地的茶馆、戏楼和庙会等是最具活力的公共空间，承载着下层阶级的谋生、交往、娱乐等日常生活，因此具有深刻的经济、社会和文化意义。然而，在清末和民国时期的社会改良者眼中，公共空间代表着城市的形象，那些旧有空间形态以及空间中人们随意的行为不应再存在于新社会中。这一时期的改良者"总是寻找一切机会去影响下层民众的价值观念和公共行为。他们不满城市空间的传统利用，因而试图通过改良街头亚文化加强街头控制并重新建构公共空间和'教化'下层民众"①。他们提倡用咖啡馆取代老茶馆、用话剧院取代老戏楼、用百货大楼取代旧庙会，还建造了城市公园、中心广场、街头绿地等新型公共空间。如杜赞奇所说："国家和精英改革者都把大众宗教和大众文化视为进入理性社会的主要障碍。"② 作为大众文化生活和民间宗教主要场域的公共空间也因此常常成为改造的对象。

　　在清末和民国时期社会改良者的推动下，"一场由新型的和西化的社会改良者领导的，旨在抨击大众文化和大众宗教的激进运动，已经轰轰烈烈地开展起来"③。实际上早在戊戌新政时期，不属于官方祀典的民间祠堂、寺庙等公共建筑就被称为"淫祠"。康有为在《请饬各省改书院淫祠为学堂折》中就提出，"中国民俗，惑于鬼神，淫祠遍于天下。……若改诸庙为学堂，以公产为工费，……则人人知学，学堂遍地"④，即要将民间的祠堂、寺庙等改为学校，以解决当时教育经费不足的问题。1906 年，清政府正式颁布了《劝学章程》，要求各村的学堂董事查明本地不在祀典的庙宇与乡社，允许将其租赁给学堂，将迎神赛会、演剧的存款充当学费。大规模的"庙产兴学"运动由此兴起，许多乡村祠堂和寺庙都被挪为他用。这场运动对西南地区也产生了很大的影响，傅崇矩在《成都通览》中明确支持把地方祠庙的财产没收用

①　王笛：《从计量、叙事到文本解读——社会史实证研究的方法转向》，社会科学文献出版社，2020，第 126 页。

②　P. Duara, "Knowledge and Power in the Discourse of Modernity: The Campaigns Against Popular Religion in Early Twentieth-Century China," *The Journal of Asian Studies*, 50 (1991): 75.

③　王笛：《街头文化——成都公共空间、下层民众与地方政治（1870—1930）》，李德英、谢继华、邓丽译，商务印书馆，2012，第 165 页。

④　康有为：《康有为全集·第 4 集》，中国人民大学出版社，2007，第 320 页。

于开办学校，并主张政府征收"僧道税"。西南乡村地区由于地理环境相对封闭，当时受社会改良运动的影响相对较小，但部分乡村精英仍在此方面有所作为。重庆石柱土家族自治县石家乡的静升王氏家族素有办家塾的传统，并将拜祭先祖的祠堂与抚育后代的塾学结合，期望耕读传家的传统能够世代延续。这一时期，王氏并没有应清政府之策废置宗祠，却将其从塾学改造为乡学，这也可视为对乡村改良的回应。

　　社会变革的核心就是生产关系和社会关系的变革，这种变革势必会对空间生产提出要求。列斐伏尔在论述各种社会关系的存在方式时提出，"生产的社会关系把自身投射到某个空间上，当它们在生产这个空间的同时，也把自身铭刻于其中。否则，社会关系就将永远处于'纯粹的'抽象领域之中，这就是说，处于表象的、因而是意识形态的领域：一个咬文嚼字的、夸夸其谈的与空话连篇的领域"[1]。社会关系的变革需要通过空间变革来实现，同时又通过空间变革表现出来。在新中国成立之后的社会主义改造和人民公社化运动中，西南地区的多数庄园大院和公共建筑也被收为公有，并被分配给阶级成分更好的贫下中农使用。重庆市黔江区鸿鸣村始建于清代，有"土家古寨蚊母之乡"之称，2019年被列入第五批中国传统村落名录。该村落的代表性空间符号是叶家大院，整体建筑面积约 700 平方米，由 38 幢吊脚楼组合而成，是当地规模最大的传统民居建筑群，有超过 200 年的历史。相传当时本地大户叶氏兄弟请风水先生寻找宝地，最后在现在的鸿鸣村修建起了此院落。世居在附近的何、李两姓在民国年间陆续搬迁至此，在周围修起了自家的吊脚楼，逐渐形成了当前错落有致的院落格局。叶家大院在土地改革时期被分给多户村民居住，这些住户为了各自生活方便对大院进行大幅改建，不仅将之前的一些房间改为仓库或牲畜棚，还在院内搭建了厨房、柴房

---

① 亨利·列斐伏尔：《空间的生产》，刘怀玉等译，商务印书馆，2021，第189 页。

等，改变了大院原本的空间结构。

土地改革和人民公社化运动时期，许多村落中具有较高文物价值的大院都有相似的命运，如抽样村落中的黔江区程家大院、石柱土家族自治县的王家大院等。在此时期，更大的改造还发生于反封建反迷信运动中，与民间信仰和祖先崇拜相关的村庙和祠堂基本被拆除，各种大院内与传统文化相关的内容也基本被清除。如前所述，石龙井庄园芍药园中大石缸侧身戏文画像人物的头部被铲除，已经无法辨认其具体样貌。据说，当年村中部分颇有见识的村民为了保护该地，在庄园内的很多地方写上了革命标语和口号，避免了其内部的物件被进一步损毁。时至今日，这些标语和口号仍留在院内，见证着时代的变迁。但总体而言，由于该时期乡村资源相对匮乏，这些具有保护价值的传统院落虽然被分割或改造，但总体仍保持着原来的建筑样式和空间格局。至20世纪90年代，西南地区许多村落因无法支撑修建学校的开支，于是将村内的大型院落改建为学校。也正是在这一时期，石龙井庄园中建筑面积最大、最具历史价值的正厅被拆除，目的是用拆除下来的木料和石料修建村小学。小学校址也在正厅的位置上，因为这样可以节省重新修建地基的费用。黔江区苍桂堂曾为土司衙门，在20世纪90年代一侧厢房被拆除，改建为砖石结构的教室。直到2014年苍桂堂被列入第三批中国传统村落名录，该院落才得到了重新保护和修缮。

三 建设性破坏与破坏性建设的风险

进入21世纪以后，传统文化的保护发展和传承创新工作愈加受到重视，尤其是实施传统村落和特色村寨保护发展项目以来，从中央至地方都开展了传统民居保护、拯救老屋计划等工作，在很大程度上保护了西南地区村落的传统公共空间。在传统民居保护过程中，各地基本秉承"修旧如旧"的原则，并鼓励采用传统建造技术、传统建筑材料进行维护修缮。如《贵州省"十四五"民族特色村寨保护与发展规划》提出，"加大对具有历史文化价值的古建筑保护力度，按照原工艺、原材料、原形制、原结构的要求，对所有濒危不可移动文物实施抢救性保护。对不同建筑类型的典型单体建筑、典型院落实施'修旧如旧'的修缮保护方案，有效传承民族传统建筑文化"。① 云南省人民政府于 2020 年印发的《关于加强传统村落保护发展的指导意见》提出，"以传统村落中的公共空间节点、传统建筑和新建民居为重点，对历史文化、民族文化、地域文化、建筑文化等进行深入提炼整理，提升规划设计和民居建筑设计水平，加强传统元素应用，确保建筑风格与村落风貌协调融合、相得益彰"。② 此时期，全国各地也都制定和出台了相应的文件。

传统村落和特色村寨建设都要求实施保护为主的政策，不再允许大拆大建，对于传统民居和聚落空间的保护都起到了积极作用。但在此过程中，"建设性破坏"仍然应该引起足够的重视。"建设性破坏"一般可表现为，"在经济发展导向型的旅游业开发和政策导向型的扶贫、城乡一体化建设中，对传统村落景观建筑整体或部分拆除、改建、扩建和对生态环境人为改变等行为"③。这些问题在乡村振兴进程中同样可能出现。从产业发展的角度来看，旅游对于乡村传统文化保护仍是一把"双刃剑"，"资本逻辑在带来经济利益时可能会僭越传统村落空间生产的最终目标，与文化逻辑相背离，造成传统村落物质空间的建设性破坏、精神空间的内生性衰弱和社会空间的消费性解构"④。

---

① 《省民宗委关于印发〈贵州省"十四五"民族特色村寨保护与发展规划〉的通知》，https://mzw.guizhou.gov.cn/zfxxgk/fdzdgknr/zdlyxx_5685707/mzdqjjfz/202112/t20211230_72160336.html，最后访问日期：2024 年 3 月 3 日。
② 《云南省人民政府办公厅关于加强传统村落保护发展的指导意见》，http://www.yn.gov.cn/zwgk/zcwj/zxwj/202005/t20200525_204539.html，最后访问日期：2024 年 3 月 3 日。
③ 陶涛、刘博：《法治视域下少数民族传统村落建设性破坏研究》，《湖北民族学院学报》（哲学社会科学版）2017 年第 2 期。
④ 林莉：《振兴传统村落的资本逻辑与文化逻辑及其治理导向》，《探索》2021 年第 6 期。

一方面，旅游为村落传统公共空间的保护提供了机遇。在公共财政资金相对有限的约束条件下，旅游资本的介入在一定程度上解决了维护村落传统公共空间所需要的资金问题，使一些文化浓郁、特色鲜明、规模较大的传统建筑得以修复。在旅游产业利益的驱动下，部分村民也会主动保护或恢复村落的传统特色。在旅游发展较好的村落中，祠堂、戏楼等传统公共空间又以景观的形式复活，样本村落中较为典型的就是青云街。原本逐渐破旧的祠堂和寺庙，如沿青云街两侧的禹王宫、二圣宫、张飞庙等，在旅投公司的精心打造下成为特色景观，其内在的历史和演变脉络也得到了挖掘。另一方面，旅游资本的逐利性也表现得十分明显，其仅对能带来收益的修复工程感兴趣，因而会忽视对自身利益并不重要的部分。仅就修复传统公共建筑来说，旅游资本关注最多的大致有两类：一是地标式的建筑，例如村落中的祠堂、大院、寺庙、寨门、牌坊等，此类建筑因其独特的传统韵味可以满足旅游凝视的需求；二是"门面"式的建筑，例如位于游客聚集地点或道路两侧的房屋，此类位于旅游线路上的建筑可以使游客产生村落完整的视觉观感。处于旅游线路之外的普遍传统民居，并不会得到旅游资本的眷顾，甚至可能为了旅游管理的效率而被改造为"无地方"的配套设施。

与"建设性破坏"相对应的另一个问题是"破坏性建设"。乡村传统民居保护中的"破坏性建设"，主要表现在修复过程中的野蛮施工和低质量工艺。贵州省在制定《贵州省"十四五"民族特色村寨保护与发展规划》时明确提出了该问题，要求实施传统建筑营造技艺工匠认定、持证制度，保护传承特色民居的营造法式和建造技艺。一般而言，传统民居保护施工往往会呈现出"乡土"性特征，即具体修复和保护通常由村镇中的施工队承担。此类施工队会邀请村落中的一些老手艺人，他们对传统的施工工艺相对比较熟悉，但此类熟悉传统工艺的工匠已经比较稀缺，而且村镇施工队还存在管理水平低下的弊端，在工程的监管和品控方面都不能得到很好的控制。重庆市秀山土家族苗族自治县梅江村麻姓三兄弟共同修建了一栋三层楼房，老木房虽然目前基本只做堆放杂物之用，但他们仍会经常看看房子的状况。

> 我们这个老房子三年以前修过，都是"外面"来人给村里统一修，我们自己没有花钱。当时一共修了十来家，可能因为我这个老房子还是比较大，就来给我修了，主要是把从前垮掉的木板换成新的。可是他们修的质量不行，里面这个新木板就是那年换的，比我们原来的木板薄了很多！我这个房子是（20世纪）五几年建的，用了六七十年，可是他们新修才三年，这几个地方的木板已经垮掉了！（重庆市秀山土家族苗族自治县梅江村麻姓村民，男，56岁）

方案粗糙和施工野蛮等问题，破坏了村落空间的原有特色和历史格局，也削弱了村民对村落的历史记忆。

随着一些传统建筑工艺的失传和文化意义的遗失，部分具有文物价值的建筑的很多部件已经很难完全复原，修复中往往只能用一个仿古样式的部件简单替代。2012～2014年，安宁村先后被列为重庆市历史文化名镇、第一批国家传统村落、第六批国家历史文化名村，石龙井庄园在此时期迎来了修复的良好机遇。虽然现在的修复工作要求使用传统工艺，做到"修旧如旧"，但是在具体实施过程中遇到了很多难题。一是建筑材料与原来用料相差很大。石龙井庄园是川东民居与徽派建筑的典范，使用了大量整块石材作为建筑材料，现今已无法确知这些石料的来源。虽然在正厅修复过程中，施工队尽量使用了拆除学校后得到的原有材料，但依然缺失甚多，只能在市场上采购普通石材予以补充，有些地方不得不使用钢筋混凝土的现代工艺。二是部分传统建造工艺已经失传。石龙井庄园原有排水系统构造精密，整个系统巧妙地隐藏在建筑物中，内外都看不到排水用的漏斗和出口，百余年来庄园内从不积水，雨水从何而去一直是一个谜团。当前，为了解决新的给排水问题，只能对部分系统进行重新设计。三是部分被损毁的建筑构件无法复原。大量被毁坏的建筑构件蕴含着传统文化意象，但由于缺乏精确的影像资料已经无法知道其具体形状，施工中往往会以仿古形状的构件代替。例如，庄园的房屋基本安装有屋顶脊饰，但现在大多已经掉落或残缺不全，由于无法知道这些脊饰的具体造型，修复中就用一些有吉祥寓意的雕刻替代，但这些替代品与巴渝和徽派相融合的原有风格总给人格格不入之感。如果说建筑是人类重要的文化记忆体，那么脱离了传统文化的民居修复则是无内涵的景观再造，其消解了空间本身富有的文化意蕴，"它不仅取消了建筑的栖息的意义，甚至也取消了景观自身的意义"①。"修旧如旧"意味着最大限度地保留建筑作为文化记忆体的空间形态和结构，但如果此过程是缺失了文化意义的简单材料堆砌，那可能还不如斑驳残旧的原有建筑更有价值。

---

① 张闳：《作为文化记忆体的建筑》，《社会科学报》2022年10月6日，第8版。

第三章 日常生活空间与村落共同体构建

日常生活空间是村落公共空间的基本形态，也是人们公共生活的基本场域，承载着日常娱乐、集体行动、人情往来、商业交换等活动，村民基于此空间形成团结意识和共同体精神。村落日常生活空间在物质形态上表现为街头、院坝、广场、水井、戏台、茶馆等场所，其被视为一个平淡、重复、美好、自然而又真实的世俗世界。但是日常生活并不因此而平庸，"对生活的'真实'感受最不可能建立在离奇印象的基础上。只有意识到人的力量，围绕我们的人的力量，我们赖以生存的人的力量，我们用来参与日常生活所有活动的人的力量，我们对生活的真实感受才有基础"①。在日常生活空间中，普通的个体可以真实地表达自我，而不需要有宏大叙事的说理，因此更能形成共同体成员所认同的场域，并为文明乡风、良好家风和淳朴民风提供支撑。

第一节 日常生活空间中共同体精神的凝聚

日常生活空间是一个鲜活的生命体："它是有生命力的，它会说话。它有一个情感的内核或中心：自我、床、卧室、居所；或者广场、教堂、墓地。它包含了情感的轨迹、活动的场所以及

---

① 亨利·列斐伏尔：《日常生活批判》（第一卷），叶齐茂、倪晓晖译，社会科学文献出版社，2018，第110页。

亲历的情境。"① 在列斐伏尔看来，日常生活显身于表征性空间，更准确地说是它构成了该层面的空间。② 虽然日常生活中包含着自我意识，但人类作为群体性的社会存在，人际交往和社会互动才是日常生活的真正核心，这种交往和互动从夫妻扩展到家庭、家族，再到人群、族群甚至社群。日常生活空间也从卧室、居所扩展到邻里、街头，再到组团、村社甚至地方。正是基于日常生活空间中的交往互动，人们从互不相识的陌生人到认识、了解、熟悉，再到信任、理解、包容和支持，从而凝聚出团结一致的共同体精神，构建出互惠交融的共同体。

一 村落日常生活空间的开放与共享

日常生活包括私人生活与公共生活两个层面，日常生活空间也是私人生活空间与公共生活空间的结合与重叠。在传统社会中，村落日常生活空间具有很强的开放与共享特征，这种特征时至今日在西南乡村地区仍有明显表现，具体表现为：私人生活空间与公共生活空间之间的界限并不十分明显，房舍、院坝等私人性质的空间常会在社群内部开放和共享，而街头和道路等标准公共空间的私人使用也并不违和。这明显不同于西方公共空间理论中公与私截然二分的理念。

按照哈贝马斯的说法，"私人领域和公共领域的界限直接从家里延伸。私人的个体从他们隐秘的住房跨出，进入沙龙的公共领域"③。私人空间是一个只向自我开放的封闭环境，不请自来的访客可能不受欢迎或被视为入侵者。公共空间则不同，它是一个不限经济社会条件和身份背景，任何人都有权利进入的场域。显

---

① 亨利·列斐伏尔：《空间的生产》，刘怀玉等译，商务印书馆，2021，第 63~64 页。

② 亨利·列斐伏尔：《空间的生产》，刘怀玉等译，商务印书馆，2021，第 169~170 页。

③ J. Habermas, *The Structural Transformation of the Public Sphere: An Inquiry into a Category of Bourgeois' Society* (Cambridge: The MIT Press, 1979), p. 35.

然，在西方公共空间理论中，通过将公与私相对立来解释和定义公共，而且又将两者具体化到财产与权利层面，即私人产权领域的进入权利具有独占性，任何不经许可的进入都被视为违法与侵犯，应该受到拒绝、制止甚至法律制裁。因此，人们也常常看到草地、园林、沙滩等未封闭的区域立有"私人领地，请勿擅入"的告示牌。与此相对应，私人行为也应该严格被限制在私人空间内，任何将公共空间私人化的行为同样要受到制止和制裁。公与私之间相互对立的理念，在空间层面则表现为公共空间与私人空间截然二分的结构特征。

西方公共空间理论构建了一个公与私二元对立的空间结构，认为要严守私人空间与公共空间的各自边界，只有做到两者相安无事、互不侵犯，才能实现对个人权益和公共利益的同时保护。然而这种公私二元对立的空间理论，并不适用于分析西南地区传统特征明显的村落日常生活空间。在这里，私人与公共的空间界限并不那么明显。例如，武陵山片区的传统民居多为"开口屋"（又称"吞口屋"），即正房常见为三间（偶有五间）并列的木质吊脚楼，居中一间称为"堂屋"（又称"中堂"），此屋正中间墙壁内缩成"凹"字形，凹进去那部分空间即"开口"①。相传"开口"本有驱邪避凶之意，即要一口吞掉来犯的妖魔邪祟，但在实际生活中则作为休息、用餐、待客和举行仪式的空间。"开口"处不设门槛，直接与自家院坝通连成一体空间。正壁则设供奉神位和祖先的神龛，后间屋内常置火铺、火塘，是冬天取暖和用餐的地方。部分民居正房两侧还建有厢房，正房与两侧厢房中间夹成平坝，形成一处典型的开口式三合民居。相比于北方四合院和云南"一颗印"等封闭整齐的院落，武陵山片区乡村的"吞口屋"一般是敞开式结构，不设大门、围墙、栅栏等障碍物，直接与公共道路相通，整体空间结构呈倒"U"形的簸箕口状，

① "开口"有时也称为"吞口"。在西南乡村地区，一些村落挂在门楣上用于驱邪的木雕也称为"吞口"。可参见本书第二章第一节相关内容。

因此，"院坝"的叫法比"院落"更为形象且准确。没有配厢房的正房前面通常也有一块被硬化的平坝，同样不设大门和围墙等障碍物，直接与村落公共道路相连通，甚至构成了村落道路的一部分，可以任由路人往来通行。这样，屋—院—街在空间上直接贯通，本属于私人的部分空间（开口、平坝）融合到了公共空间中，同时承载着村落私人和公共的日常生活。武陵山片区村落开口院坝结构如图3-1所示。

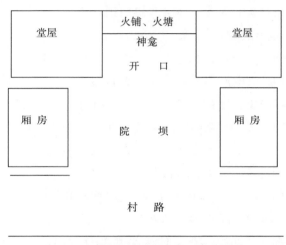

图 3-1　武陵山片区村落开口院坝结构

在武陵山片区"开口式"的传统民居结构中，院坝是开放性的私人领地，是村民们休息、闲聊、娱乐的开放空间。村民在这里吃饭、会客、议事，天气合适时还会在这里睡觉。堂屋的中空位置和院坝上经常放有桌椅板凳，以方便主人和随时到来的客人使用。任何人都可以不经邀请来到这里，坐一坐、聊上几句。即使是陌生人到来也会被接纳，主人并不会因此有被侵犯的感觉。这种开放式院坝的空间形态方便了村民间的交往，私人与公共的日常生活嵌入同一空间结构中，也使村民们随脚就可以踏入公共交往的圈子，极大地减弱了彼此之间的距离感和隔阂感。

我平时会把这个坝子打扫干净，种些花花草草，因为我要在这里生活的嘛，大家来回路过也看得到！平时吃饭就在这里，我还在那里（与院坝相通的堂屋处）放了一张床，有客来了就在门口喝点茶，摆些个"龙门阵"，很安逸。（重庆市秀山土家族苗族自治县长岭村杨姓村民，男，56岁）

院坝还是村民集体活动或公共活动的空间，婚丧嫁娶等仪式和宴会都会在自家或邻家的院坝上举行。此时借用别家或出借自家院坝也成为"约定俗成"的事，彼此间只需礼貌地、象征性地告知即可。借与出借不是基于契约或法律上的权利和义务，而是基于共同体所有成员间互惠的行为规范。

我家的这个坝子是村子里比较大的，又靠着公路边，办娶妻过寿那些事都很方便，很多邻居酒席摆不开就摆在我家的坝子上。他们要用的话过来打个招呼就行了，也算不上是"借"，大家有事情相互帮忙是应该的，总不能把酒席摆在马路上去，说"借"的话就把关系说得生分了。（重庆市秀山土家族苗族自治县梅江村陈姓村民，男，53岁）

王笛在研究成都下层民众公共生活和大众文化时，就关注了中国传统基层社会中的这种空间特征。"街边的住户基本不存在隐私，面朝街道的门总是开着；好奇的路人也可以瞥一眼屋里的风光。哪家哪户有任何事情发生，无论好坏喜忧，瞬间便可以传遍整个街区。"[1] 还有一个普遍的现象是，一个人的居家空间同时可以作为经营场所，私人的居住空间与顾客的消费空间可能只是一个布帘之隔，主人和家属进进出出，私人生活暴露在客人面前，"便把公私界限弄得更加模糊"。[2] 与此类似，武陵山片区许

---

[1]　王笛：《街头文化——成都公共空间、下层民众与地方政治（1870—1930）》，李德英、谢继华、邓丽译，商务印书馆，2012，第60页。

[2]　王笛：《茶馆——成都的公共生活和微观世界，1900~1950》，社会科学文献出版社，2010，第429页。

多村民对空间的隐私期待也不高，他们只有在最需要隐私的时候才把自己的空间私人化，而其余时候他们乐意并主动将自己的空间向外开放。

> 我们大家都是互相很熟悉的，谁家里有些啥子有哪个不知道嘛！除了洗澡、睡觉、换衣服这些时候，我们都不愿意把门拴起来。没啥事就把门插上，别个（人）以为你在屋里头干些啥子事呢！（笑）（重庆市秀山土家族苗族自治县长岭村冉姓村民，女，41岁）

事实的确如此，例如堂屋两边一般为铺有地板的卧室，这种被都市人视为最私密的空间，村民也并不介意带我们这些陌生人进去参观。

实际上，公私二分的空间观念来自近代以来市场经济的构建，公与私严格界分的理念也是现代社会私有制高度发达的产物。私有制把与私人的利益推向极致以防止受到外来的侵犯，正所谓"风能进雨能进，国王不能进"。与此同时，思想界又基于理性经济人的人性判断或假定，在无限攫取的私人欲望与公共利益之间建立起屏障，公共空间与私人空间的二元界分模式至此形成。问题在于，该理论的元概念本身就是现代市场经济构建的结果，但其是否对所有文化类型都具有解释力。该问题实质上指向了一个根本问题，即人类是基于信念、意义和价值观而行动，还是基于经济理性有目的地行动。理性的形式主义和实质主义从两个方面回答了该问题，"形式主义认为由个体决策者做出的理性自利的这一假定，在任何历史环境中，理解任何社会群体，都是至关重要的……与形式主义相反，实质主义者坚持，个体自利的概念具有文化特殊性，不适用于大多数人类历史"①。形式主义与

---

① 李丹：《理解农民中国：社会科学哲学的案例研究》，张天虹、张洪云、张胜波译，江苏人民出版社，2009，第15～16页。

实质主义之间的争论发生在一个高度抽象的层面：人类行为基本上是由个体自利驱动的，还是说个体理性是现代市场经济的一种文化建构？如果"理性经济人"只是近代市场制度下构建出的一个概念，其对"利"的过度放大无法照搬进共同体式的乡村生活中。

西方学术界同样也关注了介于公与私之间的、可称为"半公共"的地方，它们由私人拥有但为公众服务，像商店、剧场、理发店等。哈贝马斯认为，酒店、咖啡厅等半公共空间，给人提供了一个从私人领域到公共领域的场所，承担了聚集人群、传播文化的功能，"公共领域仍然在很大程度上存在于关闭的房间内"，但资产阶级的公共领域却非常依赖这样的公共空间。① 但是，与武陵山片区村落日常生活空间的公共性不同，西方社会中"半公共空间"的形成更多是出于商业目的，"利"依然是这种类型空间生产和再生产的核心动力，而且在这种模式下，私人总是通过消费的方式试图把公共空间私人化。例如，在一个公共餐厅中，虽然整个空间是开放性的公共场所，但是通过购买"包间"人们将此"半公共空间"私人化。因此，在现代化的商业世界中，公共空间不得不面对私人空间的时刻扩张。在传统保留得更为完整的乡村社会中，公共空间却在私人空间的让渡中得到扩展。此外还需要关注的一种现象是，许多村落在私人空间公共化的同时，部分公共空间也会被私人改造。例如，有些村民在院坝外砌建起花坛来种植花草。在他们的意识中，此举同时美化了自家门庭和村落环境，无须向谁告知或向任何机构请求审批。公共空间与私人空间在此达成了神奇的平衡，也为村落的交往和互动提供了开放与共享的平台。

二　日常社会交往中熟人社会的回归

村落日常生活空间开放、共享的特征为村民的社会交往与人

---

① J. Habermas, *The Structural Transformation of the Public Sphere: An Inquiry into a Category of Bourgeois' Society* (Cambridge: The MIT Press, 1979), p. 32.

际互动提供了舞台，增加了他们之间相互了解和达成共识的机会。雅各布斯研究空间规划时认为，对于社会生活而言，街头空间的功能就是交往，它把互不相识的群体聚集在同一时空结构下。她说道："纪念宴会和人行道上的社会生活的核心之处正在于它们都是一种公共活动。它们把互不认识的人聚集在一起，这些人并不能够在不公开的、私下的方式中互相认识，而且在大多数情况下他们也不会去想到用那种方式来互相认识。"① 扬·盖尔（J. Gehl）专注于日常生活空间与室外公共空间，并重点考察以此为基础的社会性活动，即"在公共空间中有赖于他人参与的各种活动，包括儿童游戏、互相打招呼、交谈、各类公共活动以及最广泛的社会活动——被动式接触，即仅以视听来感受他人"②。这些活动使公共空间变得富有生气与魅力。一项关于武汉日常公共空间的研究也表明，社会交往的需求使得社会活动在很多时候成为一种必要性活动，它们能够发生在各式各样的城市空间中，社交活动空间是所有活动空间中分布最广且较为均匀的一类。③可谓"远亲不如近邻"，日常生活空间提供了一个人际互动的平台，使得自己与周围邻居、朋友、熟人可以保持频繁交往，并促进形成一个可以相互理解、支持和帮助的共同体。

中国乡村曾经具有"熟人社会"的典型特征，村民基于血缘和地缘的共同生活，形成了相互认同的情感和共同遵守的社会规则。在这种社会中，熟悉是从时空多方面的经常接触中所产生的亲密感觉，人们之间因为熟悉能够对彼此的行为产生预期，并由此产生信任。费孝通先生以敲门为例说明了传统乡土社会中的这种默契，当提问者发出"谁呀"这一问声时，其意并非真正的疑

---

① 简·雅各布斯：《美国大城市的死与生》，金衡山译，译林出版社，2022，第53页。
② 扬·盖尔：《交往与空间》，何人可译，中国建筑工业出版社，2002，第16~18页。
③ 陈立镜：《城市日常公共空间理论及特质研究——以汉口原租界为例》，华中科技大学出版社，2019，第160页。

问，而是向来访者做出一个"我听到了，就来开门"的回应。敲门者也不必真正地报上自己的名字或身份，只需回答一个"我"，其意则是"我在等着呢!"显然，在熟人社会中，村落中的信息基本对称，在此基础上形成了公认的一致性规范和行为模式，以至于语言沟通都变得不再必要。如费孝通先生所言，"乡土社会里从熟悉得到信任。这种信任并非没有根据的，其实最可靠也没有了，因为这是规矩"①。虽然在传统向现代的转变过程中，熟人社会一度遭到了较激烈的批判："熟人社会以关系代替规则，将亲情、交情、友情这些温情脉脉的手段移植到公共权力的行使中来，引发了腐败泛滥，导致整个社会风气败坏。因此，熟人社会的过分发育，是对社会秩序的瓦解、对市场竞争的摧残、对法治社会的腐蚀。"② 但是，人们很快又遭遇了进入陌生人社会后的困境，包括"熟人社会邻里互助、集体行动及道德维系等基本功能逐渐退化，其本身也由此发生了异化：道德滑坡、社会失信等现象层出不穷"③。熟人社会是传统共同体的基本特征，它为社会秩序的自我维系提供了稳定的道德框架，同时也为消解现代社会中的不确定风险提供了参考。

　　近年来，乡村地区的流动性不断增强，人口的城乡流动以及"他者"的到来都会解构乡村的熟人社会特征。鲍曼（Z. Bauman）在谈及共同体解体时说："一旦内部人与外部世界的交流变得比内部人的相互交流更为频繁，并且承载着更多的意义与压力，那么这种共同性也会消失。"④ 乡村熟人社会色彩的弱化首先表现为村落内部成员之间的陌生化。这种陌生化的成因是群体之间的交流减少，其原因如下。一是大量村民外出务工，群体交流减少。外出

①　费孝通：《乡土中国》，人民出版社，2008，第 7 页。

②　张永谊：《从熟人社会走向法治社会》，《领导科学》2013 年第 27 期。

③　吕承文、田东东：《熟人社会的基本特征及其升级改造》，《重庆社会科学》2011 年第 11 期。

④　齐格蒙特·鲍曼：《共同体：在一个不确定的世界中寻找安全》，欧阳景根译，江苏人民出版社，2003，第 9 页。

务工者平均每年回村 1~2 次，与村内其他成员之间的交往交流很少，外出者之间更缺少频繁和有效的交流，"过年"几乎是多数村落每年度唯一全体交流的机会。但是由于村民的生活和工作经历已经各不相同，他们彼此之间常常会因没有共同话题而徒增陌生感。二是本地工作的制度化隔离了交流。随着乡村振兴战略实施中资本的下乡，乡村产业发展为村民提供了更多就业机会，但"脱域"动力机制的影响也越来越大。工业化之后的管理制度将从业者固定在特定的时空节点上，即按照工作时间表往返于制度安排下的空间地点。他们往往在早出晚归的工作节奏中无暇参与社会交往，也因为要遵守工作纪律，所以会减少非工作需要的人际互动。三是远距离通信技术分散了交流。尤其是网络时代的到来重塑了村落的社会关系与交流方式，打破了村落内部传统的交流秩序，减弱了村落成员之间的内部联系。有学者称乡村社会当前这种状况为"半熟人社会"，在这种社会中"村民之间已由熟识变为认识；由意见总是一致变为总有少数反对派存在（或有存在的可能性）；由自然生出规矩和信用到相互商议达成契约或规章"[1]。

　　在乡村产业振兴中，许多下乡投资者照搬城市中的工厂管理制度，要求工人遵守严格的时间纪律，以确保生产效率最大化。但这种严格的时间制度会与村落的生活节奏发生冲突，许多村民不仅要减少打理自家农作物的时间，而且要更少参与本地的人际交往，以及村落的民俗节日和仪式等。这种刚性的"现代管理制度"无法融入村落的社会网络中，甚至还经常引起村民的不满乃至日常反抗。列斐伏尔在《日常生活批判》中提到，即使到今天，农民的生活从根本上也不同于工厂工人的生活，"这种区别恰恰存在于他们在全部生活中所从事的生产活动的内部。工作场所都在住宅周围，工作与家庭的日常生活联系在一起。农民社会（村庄）不仅管理着工作方式、组织家庭生活，而且在组织节日。

---

① 贺雪峰：《乡村治理的社会基础》，生活·读书·新知三联书店，2020，第48 页。

严格地讲，农民的生活方式不属于任何单独的个人，而是属于承认他们社会联系的一群人，生活因此得到发展"①。秀山土家族苗族自治县长岭村土家织锦非遗工作坊则采用了更具弹性的管理制度，该制度的主要特点在于将工作坊的工作嵌入日常生活空间中。工作坊虽然也采用计件工资制，但把工作地点安排在了村便民服务站的一间空闲房子里，同时采用了灵活的工作时间制。作为工作间的房子位于服务站广场的一侧，村民或是外来人都可以随时过去聊上几句，这使该地点成为村内的一个社交节点，这对于村民而言更易接受。

> 村里的妇女很积极，有时间就来织锦。以前她们没事就是打点儿小牌，现在来做工能赚点儿钱补贴家用，关键还很好耍。她们都会约几个人一起来，如果一个人的话就不会来。大家织累了就开始唱歌，到村委会广场上跳舞放松。你们上午见到的那个 C，唱山歌唱得很好的，我们都愿意听，她也会教大家唱。（重庆市秀山土家族苗族自治县长岭村妇女主任，女，40 岁）

这种熟人社会式的交往，对于抵制村落共同体的现代性消解极具意义。

三　空间再造中共同体凝聚力的延续

村落公共空间生产主要基于两条路径，即村民生活逻辑的内生路径和嵌入性力量改造的建构路径。曹海林将乡村公共空间的形构力量归纳为来源于村落内部的内生力量和来源于村落外部的行政性力量，并认为人民公社体制废除后"依靠外部行政性力量生成的行政嵌入型公共空间，在村庄社会生活中逐渐淡出，呈现

---

① 亨利·列斐伏尔：《日常生活批判》（第一卷），叶齐茂、倪晓晖译，社会科学文献出版社，2018，第 28 页。

不断萎缩的趋势；而由村庄社会内部力量生成的村庄内生型公共空间，从村庄社会生活的后台重新走到前台，其地位与作用在村庄社会生活中不断凸显"①。然而在后整体性社会中，即使地理位置最偏远的乡村地区也被裹挟着进入了"现代性"改造中，嵌入性力量只会以不同的形式和方式继续形构村落公共空间。一方面，国家推动乡村进步的努力不会停止，只是方式从强力改造转变为建设发展。从"新农村"到"美丽乡村"再到"乡村振兴"，呈现了国家的这种努力进程。另一方面，在市场化和商品化的浪潮下，"资本下乡"对村落公共空间的生产和再生产影响巨大。在一个开放而流动的时代中，村落公共空间必然会越来越多地受到嵌入性力量的形构，任何人都没有权利和能力要求其返回从前。在此情境下，更重要的是结合内生与外生两种力量，并基于村落的日常生活进行空间再造，为共同体生活提供更丰沃的根植土壤。

空间再造首先表现为重现日常生活空间的传统场景。许多村落除实施传统民居保护和修复外，还修建了村史馆、乡情馆、崇德馆等场馆，以此激发村民对共同体生活的认同和共鸣。2022年8月，中共中央办公厅、国务院办公厅印发的《"十四五"文化发展规划》在"促进乡村文化振兴"部分明确强调："加强农耕文化保护传承，支持建设村史馆，修编村史、村志，开展村情教育。"② 虽然各村对此类场馆使用的名称不同，但主要都是展示村情村史、乡贤名人、历史事件等内容。此类公共空间是一个村落历史与文化的缩影，也承载着村民的乡愁记忆，构筑着村落共同体的精神家园。2021年，松岩村建成了酉阳土家族苗族自治县首个村史馆。该馆坐落在松岩古寨之中，由20世纪五六十年代修建的粮仓改建而成，基本保留了原来"干打垒"的筑墙风格，同

---

① 曹海林：《村落公共空间演变及其对村庄秩序重构的意义——兼论社会变迁中村庄秩序的生成逻辑》，《天津社会科学》2005年第6期。
② 《中共中央办公厅　国务院办公厅印发〈"十四五"文化发展规划〉》，http://www.gov.cn/zhengce/2022-08/16/content_5705612.htm，最后访问日期：2024年3月10日。

时也使用石筑方式突出了传统的风格和样式。内部则综合运用了实物展示、文字说明和数字影像等方式，突出该村的农耕文化、民族风情、梯田景观和贡米产业。在乡村振兴实践中，此类村史展示馆具有两方面功能。一方面，它起到了日常生活中景观的作用。"作为栖居动物的人，把景观看作一种远在他之前便久已存在的栖息地。他将自己视为景观的一部分，是景观的产物。"① 因此，它既是留住乡愁、激活记忆、传承文化的重要平台，也是唤醒村民共同体精神的重要资源。另一方面，它为村民提供了一个具有文化意境的交往场域，文化同根性会将他们拉入同一个共同体家园。

> 在这个馆修起来之前，我们也不太清楚村里这么多从前的事情，只晓得是有历史的，以前确实是给皇帝送贡米的！现在嘛，没事的时候也会来看看，里面展览的这些也记了好多，我们摆"龙门阵"的时候也会摆摆这些。还是很有自豪感呢！
>（重庆市酉阳土家族苗族自治县松岩村何姓村民，男，55岁）

村落日常生活空间的再造还表现为丰富日常文化生活，以此促进村落成员的交流与认同。建设和拓展乡村的文化活动空间也是地方实施乡村文化振兴的抓手。2015年10月，贵州省黔南州都匀市三溪村入选第三批中国传统村落名录。多家媒体曾介绍和传播过三溪村的民俗文化，该村的民歌被列为省级文化遗产保护对象。"过冬节"曾是三溪村独特的民族节日，但也被逐渐淡忘和遗失。近年来，基层政府帮助该村恢复传统节日习俗，并采取了政府支持、社会资助、村民筹款共同庆祝的模式。镇政府联系了几家企业和社会组织，在资金、设备、人员等方面对节庆活动进行资助。村民筹款遵循自愿原则，每户从5元、10元到100

---

① 约翰·布林克霍夫·杰克逊：《发现乡土景观》，俞孔坚等译，商务印书馆，2016，第64页。

元、200 元不等。节日期间开展斗牛、斗鸡、斗鸟、捉鱼等传统活动，还设置 2000 元、1000 元和 500 元三个级别的奖金。节庆活动不仅吸引了本村及附近村民参加，还吸引了不少外来游客观看和参与。村民则借此平台销售自家农产品和山产品，因此这些节庆活动受到了村民的普遍欢迎。

曾得到中央电视台报道的贵州碾石村的"村 BA"具有同样意义。碾石村位于贵州黔东南苗族侗族自治州，据考证，该地区素有热爱篮球的传统，20 世纪三四十年代已有乡村篮球活动，后来逐渐演化为村落之间的比赛，时至今日已经扩展到不同县域之间的较量。从村落共同体生活来看，碾石村篮球比赛与其传统节日"吃新节"相关联。在每年农历六月初六的"吃新节"期间，不仅有集市、表演和仪式，还有一直深植于村落日常生活的篮球活动。在"村 BA"火爆出圈之前，比赛并不能给参赛者带来多大的经济利益，冠军奖品为黄牛一头，亚军奖品为榕江塔石香羊一对，季军奖品为从江小香猪两头，但是这样的比赛却与乡愁记忆和家园意识相联系。每年这个时间，总有离开故土谋求生计的务工者、离开村落定居城镇者等，抛下工地交错脚手架上负重谋生的重压，或者办公室内电脑桌上繁重的工作任务，回到碾石赴这一场在日常生活中定下的约会。从央视 2022 年 8 月 9 日《新闻 1+1》的报道来看，周边乡村的 176 支球队参加了本年度的比赛，引发了各层级官方媒体、自媒体甚至国外媒体的关注。2023 年，碾石村的"村 BA"走向了高潮，碾石村相继举（承）办了贵州省"美丽乡村"篮球联赛总决赛、碾石村"六月六"吃新节篮球赛事、全国和美乡村篮球大赛（村 BA）揭幕式及西南大区赛、全国和美乡村篮球大赛（村 BA）总决赛等 10 余个赛事。"村 BA"从乡村球赛成长为州级、省级和全国性赛事，使更多的人可以感受到乡土中萌发的体育快乐。从共同体建设的角度来看，"村 BA"实际上是对乡村日常生活交往的再组织，政府部门、村自治组织和商业资本都参与到这场组织之中。这种形式的再组织之所以成功，是因为其基于村民的文化、传统和生活，也因此使村落日常生活空间内的活动变得更加丰富，支撑着乡村生活共同体凝聚力的延续。

第二节　合作互惠网络中社会资本的积累

社会资本是人们在日常生活中广泛应用的无形资本，包括互利互惠、互相依赖的美德和规范，它同物质资本和人力资本一样，是共同体生活团结和稳定运行的必备资源。村落日常生活空间是社会资本生成的重要场域。村民在熟悉的场域中长期互动交往，形成了出入相友、疾病相助的互助模式和互惠网络，积累了以信任、规则和联结为核心的社会资本，其所内含的个人美德、道德法则和伦理规则等共同体特质，对于建设文明乡风、良好家风、淳朴民风具有重要意义。

一　社会资本与村落生活共同体

按照社会资本理论代表学者帕特南（R. Putnam）的理解，"社会资本指的是社会上个人之间的相互联系——社会关系网络和由此产生的互利互惠和互相依赖的规范"①。一个社会的有效运作需要如螺丝刀那样的物质资本，也需要通过大学教育等途径提升人力资本，此外还需要以互惠社会关系为核心的社会资本。在帕特南看来，社会资本是社会组织的特质，包含信任、规范和社会网络，它能够通过促进合作提高社会效率，促使参与者一起追求共享目标。② 福山（F. Fukuyama）在社会规范和普遍信任的层面解释社会资本，也表现出此方面的含义。他说道："社会资本是一种有助于两个或更多的个体之间相互合作、可用事例说明的

---

① 罗伯特·帕特南：《独自打保龄球：美国社区的衰落与复兴》，刘波译，北京大学出版社，2011，第 7 页。

② 罗伯特·帕特南：《使民主运转起来：现代意大利的公民传统》，王列、赖海榕译，江西人民出版社，2001，第 195 页。

非正式规范。这种规范从两个朋友的互惠性规范一直延伸，牵涉的范围十分广泛……互惠性规范潜在地存在于我跟所有人的交往之中，但它只是当我跟我的朋友交往时才成为现实。"① 总之，信任、规范与社会网络是社会资本的典型特质，其可以促成群体成员自发性的合作与协调，改善社会行动。历史上，中国乡村社会成员在稳定的时空环境下，由相互熟悉而产生彼此间的信任，在日常交往中形成共同遵守的行为规范，并在紧密交织的人际网络中均质地扩展行为规范，由此生成稳定的社会资本。

良好的共同体生活依赖丰厚的社会资本。共同体（community）一词作为社会学概念最早在 19 世纪 80 年代被德国社会科学家滕尼斯（F. Tonnies）使用。他在著作《共同体与社会——纯粹社会学的基本概念》中将其解释为"有机结合"的共同生活，"这样的关系包含了人们的相互扶持、相互履行义务，它们在彼此之间传递，并且被视作人的意志及其力量的外在表现。……对关联本身，因此也即结合而言，如果我们将它理解为真实的与有机的生命，那么它就是共同体"②。在滕尼斯看来，传统共同体在血缘的基础上形成，并逐渐地分化成地缘共同体，又进一步发展并分化成精神共同体，"精神共同体意味着人们朝着一致的方面、在相同的意义上纯粹地相互影响、彼此协调"③。传统意义上的共同体更强调互助意识和合作精神，以及团体内部成员之间的强烈认同及紧密联结。滕尼斯强调，"所有亲密的、隐秘的、排他性的共同生活都被我们理解成共同体中的生活……在共同体里，一个人自出生起就与共同体紧紧相连，与共同体分享幸福与悲伤"④。鲍

----

① 弗朗西斯·福山：《公民社会与发展》，载曹荣湘选编《走出囚徒困境：社会资本与制度分析》，上海三联书店，2003，第 72 页。
② 斐迪南·滕尼斯：《共同体与社会——纯粹社会学的基本概念》，林荣远译，商务印书馆，2020，第 68 页。
③ 斐迪南·滕尼斯：《共同体与社会——纯粹社会学的基本概念》，林荣远译，商务印书馆，2020，第 87 页。
④ 斐迪南·滕尼斯：《共同体与社会——纯粹社会学的基本概念》，林荣远译，商务印书馆，2020，第 68 页。

曼更赋予了共同体以浪漫主义的温馨色彩："在共同体中，我们相互都很了解，我们可以相信我们所听到的事情，在大多数的时间里我们是安全的，并且几乎从来不会感到困惑、迷茫或是震惊。对对方而言，我们相互之间从来都不是陌生人。""在我们悲伤失意的时候，总会有人紧紧地握住我们的手。当我们陷入困境而且确实需要帮助的时候，人们在决定帮助我们摆脱困境之前，并不会要求我们用东西来做抵押。"① 滕尼斯和鲍曼对传统共同体的描述虽具有浪漫主义色彩，但也确实把握了传统共同体的内在特征，即它是在长期相对封闭的地理环境下以及长期的共同生活和共同生产中形成的相互依赖和相互帮助的社会结构和模式。

作为紧密的、合作的、富有人情味的团结有机体，传统共同体虽然美好，但其是基于血缘、地缘关系及自然情感的，必然会在传统向现代的转变过程中遇到挑战。以现代性为主导的社会是靠契约关系和理性权衡建立起的人群组合，其联系的纽带是权力、法律、制度等正式的规范。尽管人们基于契约、规章产生各种联系，但其核心理念是个体权利和私有观念，因此，滕尼斯认为"'共同体'与'社会'之间的对立是一组既定的对立"②。共同体是农业社会的组织形式，社会则是现代商业社会的组织形式，近现代历史就是一个社会逐渐取代共同体的过程。鲍曼也认为，传统共同体一定会受到现代社会的解构，其一旦解体将永远

---

① 齐格蒙特·鲍曼：《共同体：在一个不确定的世界中寻找安全》，欧阳景根译，江苏人民出版社，2003，第 2~3 页。

② 斐迪南·滕尼斯：《共同体与社会——纯粹社会学的基本概念》，林荣远译，商务印书馆，2020，第 68 页。滕尼斯对共同体与社会做出了区分，认为与共同体的有机结合相比，社会是一种机械团结。社会的特点是人们没有或很少有认同感、感情中立或社会成员之间的片面交往，是由契约关系和选择意志造就的机械结合。他说道："共同体是持久的、真实的共同生活，社会却只是一个短暂的、表面的共同生活。与此对应，共同体本身应当被理解成一个有生命的有机体，社会则应当被视作一个机械的集合体和人为的制品。"换句话说，"在共同体里，尽管有种种的分离，仍然保持着结合；在社会里，尽管有种种的结合，仍然保持着分离"（斐迪南·滕尼斯：《共同体与社会——纯粹社会学的基本概念》，林荣远译，商务印书馆，2020，第 52~68 页）。

无法重建，"当今共同体的追求者注定要遭遇坦塔罗斯式的命运；他们的目标必定不能实现，而且正是他们自己要把握住它的热切努力，在促使它变得渺茫起来"①。在现代性日益增强的社会中，传统共同体虽然美好却难以独善其身。

也正是因为传统共同体正遭受着现代社会的解构，乡村社会既存的社会资本才更显珍贵。至今，西南地区的许多村落还保留着熟人社会的特征，人与人之间相互熟悉也相互信任，并以此为基础形成互惠的社会网络。就如鲍曼设想的共同体，"当我们陷入困境而且确实需要帮助的时候，人们在决定帮助我们摆脱困境之前，并不会要求我们用东西来做抵押"②。例如，丧葬是许多农村家庭的大事，一般由家族成员共同完成。逢村中有老人去世，亲朋好友会主动前来哀悼。家族中的每个家庭都会派人来处理后事，从给外乡亲友报丧到迎接前来吊唁的亲友，再到抬棺、下葬，家族成员基本承担起了整个葬礼过程。死者的家庭成员可以把所有精力用于哀思，并在主事长者的指引下完成葬礼的每个礼仪环节。也正如鲍曼所说，"在共同体中，我们能够互相依靠对方。如果我们跌倒了，其他人会帮助我们重新站起来，没人会取笑我们，也没有人会嘲笑我们的笨拙并幸灾乐祸。如果我们犯了错误，我们可以坦白、解释和道歉"③。在实施乡村振兴战略过程中，云南省西双版纳傣族自治州景洪市之雀村的镇村两级组织积极响应政策号召，为了推动乡风、民风和家风的建设出台了乡规民约，其中一项就是要求村民在婚丧等事项上继续互助，包括接待客人、守夜、买菜、做饭、摆放桌椅板凳等每件事情，直到丧事结束，不收取一分钱。社会资本是支撑共同体建设的重要力

---

① 齐格蒙特·鲍曼：《共同体：在一个不确定的世界中寻找安全》，欧阳景根译，江苏人民出版社，2003，第 15 页。

② 齐格蒙特·鲍曼：《共同体：在一个不确定的世界中寻找安全》，欧阳景根译，江苏人民出版社，2003，第 2~3 页。

③ 齐格蒙特·鲍曼：《共同体：在一个不确定的世界中寻找安全》，欧阳景根译，江苏人民出版社，2003，第 3 页。

量，也是乡村振兴应积累的能量和资源。该地的做法正是对社会资本的投资维护。

二　共同体生活中的信任与规范

村落日常生活空间是社会资本积累的重要场域。关于群体是否能够形成信任、合作的互惠网络，理论界显然有不同的观点。公共选择学派从理性经济人的逻辑假设出发，得出集体行动的结果只能是"公地悲剧"和"囚徒困境"的悲观判断。与此相类似，波普金（S. Popkin）持有一种"理性小农"的观念，认为农民是受个人利益驱使的个体，公共物品问题、"搭便车"问题、"囚徒困境"问题，会极大地削弱村社惯例与制度的稳定性。与此类观点不同，奥斯特罗姆（E. Ostrom）认为，理性经济人假设下的集体行动理论基于两点假设：一是个人沟通是困难的；二是个人无改变规则的能力。她坦言："在一种复杂的、不确定的和相互依存的环境中，在人们不断面临着按机会主义方式行事的强烈诱惑下，保持资源系统和制度的有效安排是非常困难的。"[1] 但是，在某些情况下这两种困难并不存在，或是可以克服。有些社会群体本身规模就较小，且在特定的时空中确切地运行，此类群体就可以克服沟通的困难，通过不断接触和经常沟通解决信息不对称难题，并在不断了解中建立起彼此之间的信任感和依赖感，逐渐形成共同的行为准则和互惠的处事模式。西南地区许多传统村落和特色村寨就具有奥斯特罗姆所述的社会结构特征，它们可以在日常生活空间中形成以信任、规范和网络为特征的社会资本。

村落日常生活空间中的稳定交往推动了信任的建立。社会资本理论的一个基本假设是，社会成员之间的联系越是密切，人们彼此之间就越倾向于相互信任，并由此产生互惠性规范及延伸网络。帕特南坚信，有广泛信任的社会比相互猜忌的社会更有效

[1]　埃莉诺·奥斯特罗姆：《公共事物的治理之道：集体行动制度的演进》，余逊达、陈旭东译，上海译文出版社，2012，第107页。

率，就如货币交易比物物交易更有效率一样。正是基于对货币的广泛信任，生活中人们可以通过货币交换到自己想要的东西，从而减少了交换过程中反复考量和协商的成本，同样，一个有广泛信任的社会也会大大减少交易成本。建立信任关系的必要基础就是密集的社会互动网络，该网络会减少机会主义投机行为和"搭便车"现象，也容易产生公共舆论和其他有助于培养声誉的方式。① 西南地区传统村落和特色村寨历史上是一个相对封闭的社会空间，村民间在固定时空结构下频繁交往，形成了熟人社会，人们之间因为熟悉所以能够对彼此的行为产生预期，并由此产生相互理解式的信任。在这样一个高度凝固的社会中，社会成员之间"不需要文字就能相互理解，从来不需要问：'你是什么意思？'共同体依赖这种理解先于所有的一致和分歧"②。这种建立在理解上的信任，是村民在日常生活中密集互动的直接结果。

村落日常生活空间中的长期合作促进了规范的生成。西南地区传统村落和特色村寨基于族群、血缘、家庭和生活观，在长期合作中形成了一系列正式和非正式的价值与准则，也促进了合作惯例、行动规则等地方性规范的生成。规范是合作博弈的结果。刘易斯（D. Lewis）讨论了"约定俗成"对于协调博弈的作用，认为在某种社会选择的环境下，人们可以自动调整自己的行为以获得共同受益的结果。他对"约定俗成"带来协调博弈的典型分析是，"在拥挤的火车站寻找一位朋友"。如果两个人在长期的交往中已经有了"约定俗成"的行动规则，如每次都在售票处见面，那么分散的个人行动实际上是有协调性的。刘易斯对此问题进行了进一步分析："假设你我都想见到对方，我们必须，也只有到达一个相同的地方才能相见。对我们当中的任何一个来说，如果在那里见到对方，那么去了哪里（在限制之内）几乎无关紧

---

① 罗伯特·帕特南：《使民主运转起来：现代意大利的公民传统》，王列、赖海榕译，江西人民出版社，2001，第 201~207 页。

② 齐格蒙特·鲍曼：《共同体：在一个不确定的世界中寻找安全》，欧阳景根译，江苏人民出版社，2003，第 5 页。

要；如果未能在那里见到对方，那么去了哪里也无关紧要。我们必须选择该去哪里。我最应该去的地方是你将去的地方，因此，我会尽力去揣摩你会去哪里，然后我自己也去那里。你也如此去做。每个人根据其对他人选择的预期做出选择。"① 长期合作中形成的合作惯例，是在熟悉的时空环境中解决问题的有效方案，它可以使行动中的成员对自己和其他成员的行为产生良好的预期，从而成为分散的个体"约定俗成"的行为规范。

日常生活中潜在的惩罚或奖励机制对于维持信任和规范也起到至关重要的作用。在有着共同价值观或准则的熟人社会里，村民"以合作回应合作""以惩罚应对背叛"。"在地理边界和社会边界固定且重叠的情况下，彼此长期互帮互助，并且在有力的道德舆论的约束和正向激励下，'面子'和'关系'如雪球般越滚越大，社会资本也随之积累和再生产。"② 当某位成员背叛共同遵守的价值观或准则时，他有可能会随时在路边、街角或田间遭遇其背叛者，甚至他会由于这种背叛遭到来自其他社会成员的制裁。泰勒列举了报复不合作者的传统手段，"在私下的报复中，每个人（家庭）都一定会心照不宣地对损害公共物品或不做贡献的行为进行报复，报复的手段包括羞辱、流言、奚落，以魔力和巫术进行诅咒，排斥或撤回互惠帮助"③。与此对应，长期守信且自觉遵守地方性规范的人的声誉也会在日常生活中迅速传播，他会很快得到来自其他村民的合作机会和社会支持。这些现象在西南地区许多村落中依然可以看到。

　　现在大家互相帮忙最多的事情就是老年人的丧事，每家来几个人基本有固定的规矩。现在年轻人的婚礼很多都在城

---

① 转引自李丹《理解农民中国：社会科学哲学的案例研究》，张天虹、张洪云、张胜波译，江苏人民出版社，2009，第49页。

② 吴重庆：《从熟人社会到"无主体熟人社会"》，《读书》2011年第1期。

③ M. Taylor, *Community, Anarchy and Liberty* (New York: Cambridge University Press, 1982), pp. 82-89.

里办了，也有专门的婚庆公司。现在虽然也有专门承办丧事的人，可是不少人觉得没有亲朋来对去了的人不尊敬。所以还是大家互相帮着办，如果有人经常不来参加，那轮到他的时候别人也不会去了。（云南省西双版纳傣族自治州景洪市龙景镇岩姓干部，女，43岁）

合作奖励与背叛制裁的激励效应会不断强化日常生活空间中建立起来的行为规范，因为"它们增加了对那些冒犯公认价值观的人进行分散的社会制裁的可能性"①。以信任和规范为核心的社会资本因此得以维系。

在社会关系网络密集的村落中，信任和规范等价值观和准则会通过日常生活空间扩散成网络。信任和规范都与社会成员的道德水准相关，但是不能把社会资本理解为个人美德。个人美德对于提升社会生活质量固然重要，但是，"在一个有着诸多公民美德的社会里，假如个人与个人之间是隔绝的，那么，这里的社会资本就不一定大"②。也就是说，个体美德只有嵌入密集的社会关系中，才能最大限度地发挥提升社会生活质量的作用，社会资本也只有在联结紧密的社会网络中才能更好地发挥作用。帕特南引用汉尼方鼓励学生参与社会活动的话来解释这种网络的力量："如果一个人只有自己，他在社会上是无助的。如果他和邻居联系，这些邻居和他们的邻居联系，这样扩展开来，就会形成一个社会资本各界，这可能会立即满足这个人的社会需求，这也使整个社区有机会创造一个更加舒适的生活环境。作为整体的社区将会因个人间的合作团结而受益匪浅，个人在其中也能得到帮助、

① 李丹：《理解农民中国：社会科学哲学的案例研究》，张天虹、张洪云、张胜波译，江苏人民出版社，2009，第45页。
② 罗伯特·帕特南：《独自打保龄球：美国社区的衰落与复兴》，刘波译，北京大学出版社，2011，第7页。

同情和友情。"① 西南地区传统村落和特色村寨中普遍有着密集的
社会关系网络，并在日常生活空间中不断巩固和扩展该网络体
系。村民之间除生产生活中的经常交往外，在特定时间内还有丰
富的集体活动，包括议事、典礼、聚会、娱乐等。如侗族的讲
款、唱大歌、月也、跳多耶、合拢宴、祭萨等，彝族的篝火打
跳、赛装、跳公、跳月等，土家族的摆手舞会、跳丧等，都通过
集体活动强化了村落中的社会网络，强化了日常生活中积累起来
的信任和规范。

三 日常互惠与"温馨圈子"的形成

"温馨圈子"源于鲍曼对共同体的温馨式解释："共同体是一
个'温馨'的地方，一个温暖而又舒适的场所。它就像是一个家
（roof），可以遮风避雨；它又像是一个壁炉，在严寒的日子里，
靠近它，可以暖和我们的手。可是，在外面，在街上，却四处潜
伏着危险……在'家'里面，在这个共同体中，我们可以放松下
来。"② 因此，本书借用了"温馨"的概念。共同体式的乡村生
活对村民提出了道德责任和伦理义务，日常生活空间中相互熟悉
的群体互相支持，形成了一个稳定合作和彼此互惠的熟人圈。圈
子成员在承担亲情伦理义务的同时，相互提供资源、机会和庇
护，并由此产生温暖和亲密的情感，所以谓之"温馨圈子"。实
际上，传统乡村社会的"温馨"有其特定的组织基础，这种基础
的首要形式就是亲缘关系，其在特定条件下推进了稳定的社会团
结。亲缘关系在前现代社会中是人们可以依赖的普遍纽带，村民
可以凭借"温馨"的方式采取行动。基于此，吉登斯认为，"人
们通常可以（在不同程度上）依赖亲戚们去承担各种义务……亲

---

① 转引自罗伯特·帕特南《独自打保龄球：美国社区的衰落与复兴》，刘波译，
　北京大学出版社，2011，第 7~8 页。
② 齐格蒙特·鲍曼：《共同体：在一个不确定的世界中寻找安全》，欧阳景根译，
　江苏人民出版社，2003，第 2 页。

缘关系还经常提供一种稳固的温暖或亲密的关系网络，它持续地存在于时间—空间之中"①。在西南地区的乡村振兴过程中，传统亲缘关系的影响在一定程度上依然存在，但互惠合作关系已经不限于亲缘关系网络中，而是以乡村精英为核心推广至日常互惠的圈子里。

在乡村振兴战略实施的过程中，大量的物质资源和优惠政策随之下沉，为乡村整体振兴和村民生活改善带来了巨大的机遇。但是，这些政策所能发挥的效能和所分配的资源，对于每位村民而言并不完全相同。"乡村能人"② 拥有知识、技术、资本、信息、权力等方面的优势，可以更加贴近政治过程并主导经济生活，进而可以充分享受政策红利并得到更多资源配给。多数普通村民享用到的更多是公共设施，他们虽然也是乡村振兴的受益者，但在把握政策红利和资源配给方面却处于弱势地位。然而在西南地区的传统村落和特色村寨中，乡村精英们却并非资源的独占者，他们更多受日常生活中互惠规范的制约，并向其他成员分享乡村振兴中出现的新机遇，进而巩固了日常生活中形成的"温馨圈子"。本章在此方面选择了重庆市酉阳土家族苗族自治县柳溪村作为样本，以该村农家乐产业发展为案例描述村寨"温馨圈子"的形成过程。之所以选择柳溪村作为研究个案，是因为该村

---

① 安东尼·吉登斯：《现代性的后果》，田禾译，译林出版社，2011，第89~90页。

② "乡村能人"指乡村中在技术、创业、治理等方面有能力的群体，理论界一般将其学术性地表达为"乡村精英"，是指"村中掌握优势资源的那些人，因为掌握优势资源，而在村务决定和村庄生活中具有较一般村民大的影响力"（贺雪峰：《新乡土中国》，北京大学出版社，2013，第303页）。以从事主要事务为标准又可以分为政治能人、经济能人、社会能人。政治能人主要指村干部，除村"两委"干部外还包括村民组长等。经济能人是指乡村中的先富者，一般具有较强的经济实力、管理能力以及较高的技术水平，如私营业主、个体大户、大型农场主、农业合作社管理者等。社会能人一般为村落中较有权威的人物，如族长、寨老、文化能人等，以及有体制内工作经历的部分人员。现实中不同身份间是相互交叉转换的。政治能人常常也是经济能人，经济能人常被体制吸纳成为政治能人，社会能人则有更多的机会成为政治能人和经济能人。

并不像沿海部分富裕村那样已经基本城镇化，也不像中西部部分村落那样明显空心化，而是在现代化的进程中仍保留着部分乡土特色。同时，该村虽然得到了下乡资源和优惠政策的支持，但不是地方政府倾力打造的脱贫或振兴的政治样板，该种形态对于大多数乡村地区而言更具有普遍性。

柳溪村地处武陵山区腹地，与湖南省湘西土家族苗族自治州相邻，为三面环水、一面靠山的半岛，处于酉水河国家湿地公园和酉水河国家 3A 级旅游景区范围内，2012 年入选第一批中国传统村落名录。从武陵山片区实施精准扶贫战略开始，政府部门规划发展柳溪村的旅游产业，也需要一些在外地"见过世面"的人回村发展产业，村里就主动联系了在新疆开餐馆的 BXS。此时 BXS 又逢家中老人生病无人照顾，就带着妻子回到了酉阳老家，并被村委会吸纳为干事。BXS 简单改造了一下自家的吊脚楼，在亲友的帮助下又开起了餐馆。

> 我在新疆打工的时候积累了开餐馆的经验，回到村里也正赶上搞旅游，就开起了这个农家乐。一开始的时候本钱也少，基本用的都是自己土里种的菜，还有邻居家种的菜、熏的腊肉，需要时就拿来用。特别是客人多忙不过来的时候，喊一嗓子就有人过来帮忙择菜、洗碗这些。（重庆市酉阳土家族苗族自治县柳溪村 BXS，男，41 岁）

乡村振兴战略实施以后，下乡资源逐渐增多，基层政府也加大了对柳溪村以传统风貌为特色的旅游开发力度，但是一些补贴政策却因无人"接招"而面临搁置。在这种情况下，村镇干部又出面劝说 BXS 发挥党员带头作用，支持村落景区的提升改造建设。此时让 BXS 感到为难的是资金不足。所有积蓄连同贷款和政府补贴，还有数万元的缺口。当时武陵山片区仍是集中连片特困地区，数万元对于山区腹地的村寨来说不是小数目，但村内亲朋好友还是尽量为他筹集了 10 万元，而且为了节省资金，BXS 还请他们做了很多义务工作。

> 当时建我现在这个农家乐的时候钱也不够，也是好不容易才借到了几万块（钱）。也请村里人来给帮忙，也没说给工钱之类的，基本是当时请吃点饭嘛！还是省了一部分工钱。（重庆市酉阳土家族苗族自治县柳溪村 BXS，男，41 岁）

在村委会和村民的支持下，BXS 将旧有吊脚楼改建为三层木结构楼房，配有餐厅、观景台和 10 间客房，开起了村内的第一家农家乐。2016 年，BXS 开始担任村党支部书记，到村考察或调研者大多会主动与他取得联系，其农家乐自然也成为村内主要的接待场所。由于有中国传统村落这张名片，考察或调研者中不乏级别较高的干部、知名学者或社会名人，BXS 都会请求与之合影并将照片宣传展示，这又提高了其经营的农家乐的知名度。

此时 BXS 已经可以称为"乡村能人"了，他的带动作用也在日常互惠圈中扩展开来。乡村振兴是新时代的国家乡村战略，各方也大力提倡乡村能人发挥"领头雁"功能。在此过程中，日常生活互惠圈中的成员常会"近水楼台先得月"，优先分享精英群体优势和机遇及其再生产的红利，形成一个利益互通与情感密切的"温馨圈子"。柳溪村的餐饮民宿产业就明显具有"温馨圈子"的特征。经过近十年的保护和旅游开发，柳溪村荣获"最具魅力乡村旅游目的地""重庆市摄影家创作基地"等称号，慕名而来的游客也日渐增多，现有农家乐已经无法满足接待的需求。2017年以后，BXS 支持自己身边的村民相继开办农家乐，农家乐占据了柳溪村大部分餐饮住宿市场。截至 2021 年，村内共有 10 家经营餐饮住宿业务的农家乐，其中 2 家为外来资本投资的高端服务商户，2 家是村镇干部召回的返乡创业者开办的，其余 5 家都是得到 BXS 支持的村民开办的，形成了一个以 BXS 为核心的"温馨圈子"。

乡村精英带动"温馨圈子"的维持机制,并非精英向其他成员提供单向庇护,而是基于共同利益与亲情伦理相互提供支持,具有利益联结和情感团结的双重特征。BXS自回村创业就得到了来自亲友的支持,包括修建自家农家乐的10万元借款,以及修建和经营过程中的各种义务帮工等。当柳溪村餐饮住宿"温馨圈子"形成后,圈子内成员的互助维持机制主要包括以下几方面。一是相互拆借。除资金外还包括食材等物资。由于乡村旅游客源并不稳定,部分经营者并不常备食材,有需要时再去其他人那里拆借。二是介绍客人。当经营者自身招待能力达到上限时,会将客人无偿介绍到其他经营者处。三是循环人情。尤其是当成员生病或婚丧嫁娶时,成员之间会提供超出平常关系的人情回报,这种人情循环是圈子运作的润滑剂。总之,利益联结和情感团结的双重支持强化了精英带动"温馨圈子"的内部联系,也巩固了村落日常空间中的生活共同体。

第三节　日常生活空间萎缩与社群生活式微

村落日常生活空间为村民的公共交往提供了平台,有利于积累信任、互惠、合作的社会资本,并增强了乡村社会的共同体精神和社群凝聚力,有利于文明乡风、良好家风和淳朴民风的形成。然而近年来,村落日常生活空间有萎缩之势。人口空心化、居住格局改变和娱乐方式数字化,导致更多村民退回私人生活空间或是网络虚拟空间,这在一定程度上削弱了乡村社会的公共交往,日常生活中的合作互惠和集体行动都在减少,甚至呈现出个体化、原子化、离散化的迹象,这对乡村振兴中的乡风文明建设提出了挑战。

一　"无主体熟人社会"的风险

"无主体熟人社会"是学者在人口空心化背景下,对农村社会结构及其特征做出的判断，也对当前农民的行为逻辑和农村基本社会秩序进行了概括，意指大量青壮年离土离乡后的村落社会状态。[①] 所谓"无主体性"，"一是农村中青年大量外出务工经商，不在村里，村庄主体性丧失；二是农村社会已经丧失过去的自主性，变成了城市社会的依附者"[②]。青壮年不仅是家庭的顶梁柱，也是公共生活中最活跃的成员，还是公共事务的主要参与者和组织者。"在经历革命冲击之后，老人的传统权威式微，青壮年日渐成为农村社会生活的主体。大量青壮年在农村社区的长期'不在场'构成了农村社会主体的失陷。"[③] 然而与此同时，乡村中的熟人社会并没有完全解体，这不仅是因为留守下来的老人相互熟识，还因为"常年流出的那些青壮年总会间歇性地回到村庄，尤其是在重要节庆的时候。此时，熟人社会原有的特征又会周期性地呈现"[④]。在这种情况下，原本村民生于斯、死于斯的"熟人社会"转变为村民周期性流动的"无主体熟人社会"。在西南地区，虽然部分村落保留了相对完整的传统性，但同样也经历了以现代性为主导的社会变革，老年人的传统权威亦日渐式微，青壮年日渐成为农村社会生活的主体。尽管随着脱贫攻坚战的胜利和乡村振兴战略的实施，西南地区的乡村产业有所发展，尤其是旅游产业和文化产业为乡村地区提供了更多的就业机会，也吸引了部分外出务工人员回流。但总体而言，外出务工者仍占调查样本的40.1%，"打工"仍是村民谋生的主要方式；从事传统农业的人口比重也比较高，占调查样本的30.4%；从事旅游、文化等特色产业的人数占比则不足20%（见图3-2）。通过数据和访谈材料分析可知，目前西南地区乡村特色产业的就业容纳力依然有限，乡村仍面临着人口空心化的隐忧。

对西南乡村地区的抽样调查显示，青壮年外出务工的比例比

---

① 吴重庆：《从熟人社会到"无主体熟人社会"》，《读书》2011年第1期。

② 贺雪峰：《新乡土中国》，北京大学出版社，2013，第8页。

③ 吴重庆：《从熟人社会到"无主体熟人社会"》，《读书》2011年第1期。

④ 杨华：《"无主体熟人社会"与乡村巨变》，《读书》2015年第4期。

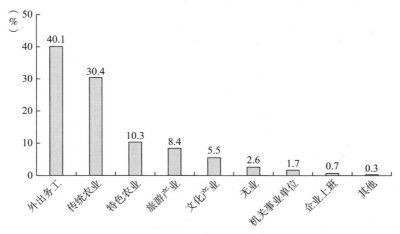

图 3-2　抽样村落村民的职业分布情况

较高。表 3-1 显示，调研村落中的青壮年农民（18~45 岁）较少，仅占 20.0%，中年农民（46~60 岁）占 30.3%，60 岁以上的老年人占 46.3%。虽然受近年来文旅融合产业发展的吸引，部分外出务工者返回本地，但多数人仍采取早出晚归的务工方式。他们虽然偶尔能够参与村落建设，但总体而言贡献有限。村内人员以老人为主体，构成社会上所称的"留守群体"。值得留意的现象是，随着进城务工者子女教育问题得到缓解，越来越多外出务工者将子女带到所在城市就学。村落中适学年龄的"留守儿童"在减少，外出务工人员在村内的牵挂和眷恋也在减少，这种情况加剧了乡村人口空心化的风险，村落日常生活空间也因此失去活力。

　　我们现在很少回来了，以前娃儿在村里我们还要经常回来看看。现在娃儿跟我们一起，在城里上学了。我们就是偶尔回来看一下老人，过年放假回来待几天，上坟祭祖，过完节就去上班了。（贵州省黔东南苗族侗族自治州雷山县秋阳村黄姓村民，男，35 岁）

表 3-1　调研对象的年龄构成（$N = 350$）

单位：人，%

年龄	人数	占比
18 岁以下	12	3.4
18~30 岁	37	10.6
31~45 岁	33	9.4
46~60 岁	106	30.3
61~70 岁	124	35.4
70 岁以上	38	10.9
总计	350	100.0

"无主体熟人社会"为乡村共同体生活带来了严峻的挑战。

首先，降低了村落日常生活空间活力。随着市场化竞争加剧和城镇化加速，许多进城务工的年轻人已经不愿再固守乡土，其生活方式也发生很大的改变。相较而言，第一代务工者只希望在城市中赚取更多的经济收入，之后返回乡村过晚年生活。但年轻一代务工者则更向往和追求城市的生活，而且已经习惯了城市的生活节奏和方式，反而不再适应简单而规律的乡村生活。因此，他们不再满足于单纯赚取经济收入，而是希望在城镇寻找发展机会，谋得在城市中的一隅之地，并且在城市落户生活。一般而言，这部分人对于村落的情感也已经变得比较淡漠，体现出经济理性的选择倾向。对城市生活方式的向往与追求加速了乡村人口的外流。随着外出务工村民对乡村的眷恋越来越少，回村的次数也越来越少。部分村民只有家族中有婚丧嫁娶等重要事情时才会回家，与村落的联系在逐渐减少，彼此之间也很少有相聚和交往的机会。昔日热闹的街头、院坝等日常生活空间日趋冷清，只剩下老年人在坚守。

其次，弱化了村落的合作互惠能力。互助保障是传统共同体的典型特征，但人口空心化正在弱化传统乡村的这种特征。大量青壮年外出务工导致许多家庭只剩下老人和孩子，或是身体病弱的成员。作为家庭支柱的青壮年外出，不但使传统家族式的家庭不复存在，而且使得核心家庭与主干家庭不再完整。一般而言，村民会将大部分务工所得留在自己手中，用来以后在村中建房或购买城镇商品房，留守老人和儿童仅能得到基本的生活费用。家庭支柱外出以及财富空虚使得家庭的自我保障能力严重下降。与这种情况相伴随的是，留守群体几乎没有彼此之间合作互惠的能力，也很难组织起有效的互助性活动，村落甚至家族内部的互助网络也因此解体。

> 我以前也和家里的老头一起在外面打工，都是在工地上。现在脚有病了就出不去了。脚经常肿起来，连鞋子都穿不上，去医院里也没有检查出个啥子，就是说不能再多干活了。现在就我一个人在家里，小孙子也和他爸爸在外面上学。我平时还要种点菜吃，脚肿得不太严重的时候就去种。自己给自己做菜，做一次就能吃两天。村里给了补助，就是没有照顾。现在村里人本来就少，老年人身体也都不好，只能自己照顾自己了。（重庆市武隆区鸿雁村张姓村民，女，57 岁）

在这种情况下，村民的社会支持只能依靠政府供给，这无疑加大了乡风文明建设的难度。

最后，消解了村落的社会交往规则。传统乡村曾经具有熟人社会的基本特征，村民在日常生活空间重复交往的基础上，形成了共同认同并遵守的社会交往规则。"以合作回应合作""以惩罚应对背叛"的社会激励机制，也将村民置于合作鼓励与背叛谴责的道德框架中，因此为日常生活中的社会交往提供了保障。在"无主体熟人社会"中，大部分青壮年只会间歇性地回到村落，他们基本上退出了村内的日常生活交往，也很难受到合作与惩罚机制的约束。吴重庆对此分析说："在'无主体熟人社会'里，由于社会的基本角色大量缺席，自然村范围的道德舆论便难以形成'千夫所指''万人共斥'的'同仇敌忾'式的压力。"① 大部分退出村落日常生活空间的青壮年，虽不能享受到日常生活中的互惠合作，但可以轻易回避村落舆论的道德惩罚压力，村民之间的网络也就越来越松散，熟人社会中形成的社会交往规则约束也随之减弱。

> 近些年，市里借助浓郁的民俗风情和地域区位的优势，着力发展了文旅融合、对外商贸等产业，很多村民都参加到旅游服务行业中。一些村子再有葬礼时，某些村民便不像以前那么情愿和主动提供帮助。主要是因为很多村民都在村外的景区工作，参与村里人情往来的活动少了，而且现在也有专门的丧葬服务公司，村里没人帮忙问题也不大！（云南省西双版纳傣族自治州景洪市龙景镇李姓干部，男，36 岁）

"'道德'含量总是与其（村民）所面临的道德舆论压力成正比，而道德舆论压力又与舆论传播者的数量成正比。"② 当越来越多村民退出这个道德奖惩框架后，乡村传统互惠合作的社会交往规则也面临消解的风险。

二　居住空间改造中的认同弱化

村落日常生活空间强烈地影响着共同体的身份认同，其中居住空间是生活方式、价值观与人际关系的呈现。爱德华·雷尔夫（E. Relph）研究刚果土著人的居住空间时发现，村庄与屋舍的规划是灵活多变的。如姆布提族俾格米人会根据人际关系中的敌与友来安排村庄位置，以及屋舍与门径的朝向。可见，居住空间"能直接反映出共同体内部的社会关系"③。然而，现代社会追求

---

① 吴重庆：《从熟人社会到"无主体熟人社会"》，《读书》2011 年第 1 期。
② 吴重庆：《从熟人社会到"无主体熟人社会"》，《读书》2011 年第 1 期。
③ 爱德华·雷尔夫：《地方与无地方》，刘苏、相欣奕译，商务印书馆，2021，第54 页。

以变革为导向的发展，尤其崇尚建立在"知识的反思性运用"①之上的变革，要把一切传统拿到现代化的天平上进行衡量。空间改造是一切社会改造的必备项目，但以机械式现代化为标准的改造却会带来社会风险。

斯科特（J. C. Scott）研究了埃塞俄比亚 1985 年开始的大规模村庄化运动，即将原来分散居住的农民迁移到国家统一规划的集体村庄中。其国家领袖的理由是原有分散和随意的居住，生活效率低下，生计都是个人的，最多只能是无效的抗争和苦干，这种方式只能维持生存。集中居住则可以为原来分散的人口提供服务，实现国家设计的社会生产（生产者合作社），以及实现机械化和政治教育。埃塞俄比亚政府为此建设了标准化的村庄，每个村庄有 1000 平方英尺，计划居住 1000 名居民。政府要求村庄建设严格按照标准中所要求的几何形网格，用木桩和草皮标志出来，并按此规划严格执行。为此甚至要求农民必须将已经建好的、面积很大的草屋移动 20 英尺，以使其与其他建筑在一条线上对齐。斯科特认为，这是一种极端现代主义的改造，"清楚地表现出标准化的、整数的和官僚化的精神"②。虽然国家这种现代化改造有着良好的意图，但可能引发意想不到的负面社会效果。埃塞俄比亚强制进行移民式的村庄改造，其代价不仅有"饥饿、死亡、毁灭森林和农业歉收"，而且新的定居点所应具有的社区和粮食生产单位的功能完全消失。"大规模移民使宝贵的农牧业知识遗产，以及 3 万~4 万个具有这些知识的、活的社区被废弃，

---

① 与传统社会追求确定性不同，现代社会处于"现代性的反思性"之中，即人们总是追求对社会实践的新认识，并以此检验和改造正在接受认识的社会实践，进而造成了这样一种不确定性："由于不断展现新发现，社会实践日复一日地变化着，并且这些新发现又不断地返还到社会实践之中。"（安东尼·吉登斯：《现代性的后果》，田禾译，译林出版社，2011，第 34 页。）在吉登斯等人看来，"现代性的反思性"实际上破坏着获得某种确定性知识的理性。

② 詹姆斯·C. 斯科特：《国家的视角——那些试图改善人类状况的项目是如何失败的》（修订版），王晓毅译，社会科学文献出版社，2012，第 317 页。

过去这类社区的大多数处在经常有粮食生产剩余的地区。"① 王笛则对晚清和民国时期成都的街头文化进行了研究，认为传统成都的街头是由普通民众自我掌控的公共空间，街头文化是大众文化的重要组成部分，"随处可见民间艺人的表演、地方戏、游行和节日庆典，皆是地方文化和社会繁荣最强有力的表现"。另外，"各种自发的社会团体参与了这些公共活动的组织，从而建构了一种人们紧密联系和社会稳定的城市公共生活的模式"。② 然而，晚清时期政府对成都街头空间进行了管制，其目的是创造一个具有新面貌的公共空间。这种管制也产生了意想不到的社会效果，"对那些以街头为生的贫民，街头规章和街头控制便同时意味着谋生的困难，他们会竭力争取他们在街头的生存空间"③。

村落公共空间传统的生产路径遵循着内生逻辑，日常生活空间的形成以及内部开展的活动主要受到地方性知识及生存理性的支配。以西南地区为例，自古以来独特的地理环境阻隔着乡村地区与外界的交往，使其在相对独立的地理空间内形成了一套独特的地方性知识，维系着村落公共空间生产的自发秩序和内生路径，这也是该地区村落公共空间能够呈现特色的主要原因。晚清以来，嵌入性力量对村落公共空间生产的影响逐渐扩大，尤其是新中国成立后相当长一段时间内，整个乡村成为国家实践理想社会模型的实验场。以构建的理想社会模型改造乡村的方方面面，打破了西南乡村地区村落公共空间生产的内生路径。尤其在集体化时期，村民的生产、生活高度集中化，村民自由选择活动的权利和空间比较小，村落公共空间按照嵌入性力量的逻辑被形塑。改革开放以后，嵌入性力量的权威减弱，但是村落已无法彻底返

① 詹姆斯·C. 斯科特：《国家的视角——那些试图改善人类状况的项目是如何失败的》（修订版），王晓毅译，社会科学文献出版社，2012，第 320 页。

② 王笛：《街头文化——成都公共空间、下层民众与地方政治（1870—1930）》，李德英、谢继华、邓丽译，商务印书馆，2012，第 3 页。

③ 王笛：《从计量、叙事到文本解读——社会史实证研究的方法转向》，社会科学文献出版社，2020，第 132 页。

回到完全的自发秩序之中。随着相对封闭的结构被打破，村落不可避免地被卷入"现代性"改造的过程中，受到更加多元化力量的影响。

后农业税时代，国家对乡村社会的改造是建设性的，即通过资源输入改变乡村凋敝的状态，以现代化为目标建设一个新的乡村。国家改造乡村的目的和意图无疑是好的，但也应警惕意图转化为政策以及政策落地时走板走样。在相当长的一段时间内，部分地区对"现代化"持有一种极端理解，认为只有清除掉乡村的"原始"、"杂乱"和"不规则"，才能实现乡村现代化的目标。实际上，新时代的农业农村现代化走的是中国式现代化道路，其从根本上不同于西方近代以来流行的现代化观念。西方主导的"现代性"（modernity）起源于西方民族中心主义，它将现代民族国家的预期混同为社会的现实，认为不同的文化传统只有接受一种"先进"的政治与社会组织方式，才能够拥有"适者生存"的能力。这种"现代中心主义"的基本主张，就是与传统决裂，将人从原有的生活方式、社会组织、经济、信仰与仪式中"解放出来"。[1] 极端的现代主义者用简单的历史线性论替代了历史唯物主义，用简单统一的模式裁剪地方差异性和历史复杂性。如斯科特所说，极端的现代主义者认为，"所有人类继承的习惯和实践都不是基于科学推理，都需要重新考察和设计"[2]。因此，乡村的内生实践和地方性知识，常被视作"原始的混乱与不规则"，在社会改造时被要求完全清除。

以极端现代化为标准改造乡村的典型特征是，追求统一、规范、整齐、一致的几何学美感。斯科特对此评价道："相信视觉编码的人自认为是他们社会中自觉的现代人，他们的视觉需要将看起来是现代的（整齐、直线的、同一的、集中的、简单化的、

---

① 王铭铭：《人类学是什么》，北京大学出版社，2016，第55页。
② 詹姆斯·C.斯科特：《国家的视角——那些试图改善人类状况的项目是如何失败的》（修订版），王晓毅译，社会科学文献出版社，2012，第114页。

机械化的）与看起来是原始的（不规则、散乱的、复杂的和非机械化的）做出清晰和充满道德意义的区别。作为垄断了现代教育的技术和政治精英，他们要用这种进步的视觉美学来定义他们的历史使命并强化他们的地位。"① 然而在这种改造中，乡村的内生实践及多样性需求却被强制抹平。当前，这种极端现代化的观念在部分地区尚未完全转变，例如一些地方在传统村落和特色村寨的民居改造项目中，把每个村落都按照一致的样式进行了改造，如统一加装飞檐、更换瓦片、绘制图腾等，而且一个施工队会同时为几个村落施工，导致这几个村在外观上几乎一模一样。甚至有村落只在统一民居外观上做文章，把全村民居的瓦片全部换成统一样式，而不考虑村民是否有这样的需要。受访的一位村民很无奈地表示：

> 我家的瓦本来就是刚刚换的。买的都是质量好的小瓦片，还请了几个手艺好的师傅来，我自己和他们一起干的。这次村里说要统一换瓦片，我说我家刚刚翻过了，可不可以用这个钱做别的，比如把有些木板换一下。可是村里和上面都不同意，说是大家统一了，只有你家不一样不好看。其实他们用的瓦的质量真不如自己买的好，现在就怕用不久就会漏雨。（重庆市秀山土家族苗族自治县梅江村石姓村民，男，53岁）

在西南乡村地区，村落居住空间的改变还在于村民的自我改建。随着该地区旅游开发的推进和市场化程度的提高，交换观念、竞争意识、理性经济等市场逻辑逐渐动摇了村落社会交往的伦理机制。尤其是随着旅游开发中大量陌生人的涌入，村落从"熟人社会"逐渐过渡到"半熟人社会"。在经济方式和

---

① 詹姆斯·C. 斯科特：《国家的视角——那些试图改善人类状况的项目是如何失败的》（修订版），王晓毅译，社会科学文献出版社，2012，第324页。

社会结构改变的同时，村民的生活方式和居住空间也在改变。从居住格局上看，带围墙的院落式房屋在增多，旧有的"街—院"一体的空间格局在减少，村落日常生活空间开放共享的特征在减弱。与此同时，"上楼"的村民也越来越多：一种情况是村民出于生活理性的选择，新建房屋以现代样式的楼房居多，居住空间更具私人性和私密性特点；另一种情况是城镇化过程中的农民"上楼"，村民由开放的大院转入楼宇内的单元空间，被钢筋和水泥封闭起来。

　　这几年来旅游的也多了，这当然是好的。但是也有麻烦事，现在到处是游客，去哪里都吵吵闹闹的。还有人要跑到我院子和屋里头来，把我种的菜都踩了，种的花也有的被摘掉了。没有办法，我就把院墙修高，平时门也关起来。（重庆市石柱土家族自治县青云古镇张姓村民，男，42岁）

　　除此之外，旅游产业发展也改变了村落公共空间的生产路径，如重庆市秀山土家族苗族自治县岩翠村在打造村落过程中，为规划范围内的村民统一修建了篱笆院。随着居住空间的私密化，村民之间的交往也不如从前那样随意和频繁，往往倾向于退回私人生活空间。封闭起来的空间已经不再适合作为集体活动的场所，此时家庭若举办规模比较大的酒席仪式，也不会再向邻居借用院坝，而是转向了城镇中酒店等商业场所。总之，随着生活方式和居住空间的改变，人们也越来越倾向于退回私人生活空间。村民交往圈子以家庭为原点收缩，体现出了村落公共生活空间的衰退。

三　生活信息技术化与交往收缩

　　信息技术快速发展带来的社会影响至今仍无法完整地评估。进入21世纪以来短短的20多年时间，随着生活水平的提高和基本公共文化服务均等化的推进，电视、电话、手机和互联网在最偏远的乡村地区也已经基本普及。尤其是近些年智能手机在乡村中的普及，为村民提供了一体化的信息技术服务，将远距离的丰富场景前所未有地呈现在村民面前。乡村振兴战略实施以来，偏远地区信息技术的日常生活化加快，乡村的生产、生活和思维方式也在快速发生变化。由表 3-2 可知，在西南地区的抽样村落中，乡村振兴战略实施后有线电视网络、电脑、电视、互联网和智能手机的覆盖率都在显著提升。其中，有线电视网络的覆盖率较高，达到 70.3%，提高了 24.8 个百分点；智能手机的覆盖率也达到了 70% 以上，提高了 52.6 个百分点，提升较为显著。虽然电脑和互联网的覆盖率从数据上看尚未过半，但考虑到智能手机已经集成了电脑和网络的功能，可以判断信息设备在这些村落中已经基本普及。

表 3-2　乡村振兴战略实施前后样本村落信息产品覆盖情况

单位：人，%

产品	基本设施覆盖率（实施前）		基本设施覆盖率（实施后）	
	人数	占比	人数	占比
智能手机	93	21.9	316	74.5
电视	287	71.2	323	88.4
电脑	31	7.3	87	20.5
有线电视网络	193	45.5	298	70.3
互联网	34	8.0	186	43.9

既往研究一般认为，电视的广泛使用会挤占公共交往的时间。电视在抽样村落中的覆盖率接近 90%，然而，电视在村民日常生活中的实际影响力却在下降。村民平均每天看电视的时间约为 1.2 个小时，较 5 年前有了较大程度的缩短。目前看电视的群体主要是老年人和孩子，孩子会被电视节目吸引，而老年人则主要是为了打发无聊的时间，只有当现实生活缺少交往对象时才会看。因此在目前的条件下，电视对交往时间的挤出效应并不明

显。然而，与电视在村民日常生活中逐渐淡出相伴的另一个趋势是，越来越多村民对网络的依赖日益增强。调查显示，在 18~55 岁的村民中，智能手机的普及率达 90% 以上，"耍手机"已经成为村民主要的娱乐方式，每天用于此活动的时间约为 4 个小时。"耍手机"已经不限于村落的青壮年群体，部分 55 岁以上的老年人也对手机有较强的依赖。

与传统的电话不同，智能手机集成了通信、娱乐和社交等多种功能，其对群体社会资本的影响也十分复杂。新技术的拥护者认为，智能手机等新设备的普及为交流提供了一个新的渠道，可以通过"群聊"等方式把村民集合到一个虚拟空间中，从而加强村民之间的相互交流和联系。与电视、电脑等传统的娱乐方式相比，互联网的确在某种程度上缓解了人与人之间联系弱化的问题。在西南地区，不少农村家庭给老人买智能手机的目的，就是在外务工时可以保持与家庭的联系，尤其视频通话这种"面对面"的方式可以减轻对留守成员的思念。村民之间一般也会相互添加社交账号，以建立"社交群"的方式把分散的村民组织起来，极大地缩短了村民间的时空距离。从社会资本的角度来说，远距离通信和虚拟社区确实让村民有了更多沟通联系的机会。但是，如果在以熟人社会为特征的乡村地区中过度依赖虚拟社区，现实中的日常生活空间就会越发失去活力，而互联网对共同体生活产生的负面效应则会被放大。

与电视等传统娱乐工具相比，基于互联网的数字化娱乐会挤占更多的社会交往时间。对于当前的许多村民而言，智能手机更像是一台小型的电视机或游戏机，除偶尔用于与亲友联系外，更多地用于玩游戏和观看短视频，"屏幕成瘾"也成为乡村文化生活面对的问题。

　　我平时在家也没有什么娱乐，同龄人都出门打工了，找不到人一起耍。过年回来的人多，多数也是在屋里头打麻将。现在的电视节目也没有什么意思，平时主要是用手机上网，看看那些短视频，有些很搞笑，有些能开阔眼界。有时一看能看大半个晚上，也有的时候就是不自觉地在翻，也记不起看的啥了。自己一般不会发（短视频），发了也没有人看，也就不发了。（云南省西双版纳傣族自治州景洪市云雀村岩姓村民，男，45 岁）

　　一项关于农民观看短视频的田野调查显示，"伴随着互联网基础设施的日趋完善、智能手机的普及以及国务院'提速降费'政策的利好，城乡之间的数字鸿沟不断消弭，数字时代的各类产物不断下沉到农村社会……观看各类短视频成为农民消磨时间和休闲娱乐的主要选择"[①]。这种休闲方式虽然有利于村民接触各方信息，但短视频的想象和夸张常常会使观看者沉溺其中、无法自拔。长期沉浸于网络，挤压了乡村日常生活中的社会交往时间，甚至使家庭内部成员之间的交往也严重不足。总之，就目前调研的情况而言，网络的日常生活化并未给村落提供更广泛的交往空间，相反却加剧了村民生活从公共走向私人、从公开走向私密，并没有促进乡村社会资本的增加。

　　虽然支持互联网信息交流的观点认为，网络以其迅速、便捷和延展的特征，将人们带到了一个更广阔的空间中，实际上是方便并加强了人们的交流。但对于乡村社会而言，基于网络的社会交往明显存在两方面的问题：老年人群体被甩出主流社会交往和村落社会资本的分化。前者显然是"数字鸿沟"的社会结果。数字鸿沟是指，"由不同性别、年龄、收入、阶层的人在接近、使用新信息技术的机会与能力上的差异造成不平等进一步扩大的状况"[②]。即使在智能手机越来越人性化的当下，这种不平等依然不

①　刘天元、王志章：《稀缺、数字赋权与农村文化生活新秩序——基于农民热衷观看短视频的田野调查》，《中国农村观察》2021 年第 3 期。

②　黄晨熹：《老年数字鸿沟的现状、挑战及对策》，《人民论坛》2020 年第 29 期。

会完全消失。在西南地区，虽然农村信息基础设施建设取得了很大成就，基本上弥合了村民之间使用网络的接入鸿沟，但村落中老年人的受教育程度普遍比较低，部分人甚至没有接受过教育。他们对信息科技的掌控能力明显不足，也很难应对智能化时代各种 App 复杂的操作流程，因而不得不面对由技术界面不友好和数字技能不足带来的使用挑战。虽然在基层治理智能化时代，部分基层政府专门为老年人设计了简洁的操作程序，但其功能基本限定在就医、求助、急救等生活方面，缺乏对老年人社会交往方面的考虑和设计。在信息社会中，村落中老年人群体被甩出了主流社会交往，只能通过相互之间的简单交流或看电视度过无聊的时间。他们既在邻里之间虚拟社区的交往中"失声"，也在数字时代村落公共事务治理中"失语"。

社会资本分化表现为连接性社会资本的弱化和黏合性社会资本的增强。帕特南将社会资本分为两类：一是产生于特定小团体内部的黏合性社会资本，其在加强团体团结的同时有可能与外界产生间隔；二是产生于所有社会成员之间的连接性社会资本，其可以强化整体的共识、道德、信任和互惠的网络。"连接性社会资本可以产生出更加广泛的互惠规则，而黏合性社会资本则会使人们局限在自己的小圈子里。"① 帕特南在研究电话对社区社会资本产生的影响时发现，打电话最多的是那种有十几岁的孩子又刚刚搬到一个大城市的另一个社区的家庭，他们用电话来维持被空间阻断的熟人之间的联系，"电话似乎一方面缓解了孤独感，另一方面也减少了面对面的社交"②。网络在此方面与电话有同样的影响。网络社交时代的到来重塑了村落社会关系与交流方式，也打破了传统的交流秩序。一方面，网络把分散在外的村落成员再组织起来，但同时网络也只把那些更"相似"的人联系了起来。

① 罗伯特·帕特南：《独自打保龄球：美国社区的衰落与复兴》，刘波译，北京大学出版社，2011，第 12 页。
② 罗伯特·帕特南：《独自打保龄球：美国社区的衰落与复兴》，刘波译，北京大学出版社，2011，第 192 页。

在调研村落中，18~55 岁村民平均同时拥有 4.3 个社交群，其中以家族、亲族和工作为基础组建起来的"群"最活跃。在现实的日常生活空间中，村民们有大量的邂逅式社会交往，大量非定向交流和随手的互惠帮助，都可以增加村落中的连接性社会资本。网络平台则把固定的人组织在了一起，它同电话一样也会增强小团队之间的联系，这使村民的交往向近亲甚至家庭范围内收缩，其虽然增加了小群体的黏合性社会资本，但在某种程度上消解了村落中的连接性社会资本。

　　生活信息技术化引发了社会交往向小群体收缩，会分散乡村生活共同体的凝聚力。除上述所说的黏合性社会资本增加外，网络"巴尔干"化①还会固化特定群体的联系。日常生活空间中的村民必须与各种不同的人打交道，虚拟社区却具有更加明显的同质化特征，人们可以仅与自己感兴趣的人发生联系。在西南地区，随着市场化改革的影响逐渐扩大，村民之间的经济分化也较之前更为明显。有观点认为这种分化并没有带来明显的社会分层，因为"陌生人的分化是相互匿名和不可见的，个体在社会关系和价值上可以逃离自己的阶层位置；而熟人社会中交往是面对面的，分化是看得见的，农民无法逃逸自身的社会关系和阶层位置"②。熟人社会的日常生活交往显然为这种"有分化，无分层"提供了支撑。但是在由网络支撑的线上世界中，村落中具有相同经济能力和社会地位的人会自动集结，形成一个既有分化又有分层的网络社会关系。网上互动的参与者受社会礼节的限制较少，经常会发表"喷火"般的极端言论或谩骂。当然，村落中的网络互动仍会受到现实日常生活的约束，因此也很少会出现极端或撕裂性的言论。但是，网络媒体是一种意见的放大器，这种社会意见分歧会被网络放大，各种"群"也经常是谣言和虚假

---

① "巴尔干"化是指地方政权等在诸多地方之间的分割及其所产生的地方政府体制下的分裂。网络"巴尔干"化意指网络世界中不同群体之间的分裂。

② 杨华、杨姿：《村庄里的分化：熟人社会、富人在村与阶层怨恨——对东部地区农村阶层分化的若干理解》，《中国农村观察》2017 年第 4 期。

信息传播的温床。这些放大的分歧也会瓦解共识，制约乡村社会内更广泛社会资本的形成。因此，如何有效地发挥互联网的正向功能，使其更好地服务于乡村文化振兴，仍是当前需要认真思考的问题。

第四章　礼俗仪式空间中的道德秩序与互惠

礼俗仪式空间是村民开展礼仪习俗活动以及仪式化交往的空间。乡村地区的礼仪习俗从衣食住行到生死嫁娶无所不有，总结起来有两大类：一是节庆、祭祖、祈福、避祸等活动，经常发生在钟鼓楼、祠堂、寺庙、墓地、风水林等场所；二是生活礼仪，主要包括生日、婚礼、葬礼等活动，此时日常生活空间就转化为礼俗仪式空间。传统乡村社会中的民间习俗和人生礼仪非常丰富，人们在节庆欢愉、祭祀追思、祈求佑护和仪式交往中，不但安顿了精神和心灵，而且通过社会互动生成合作的惯例和习俗，又借助神圣仪式力量内化为共同遵循的道德秩序。乡村文化振兴既要立足国家主流文化，又要深植地方性知识和乡土文化网络，必须对乡村的习俗和仪式惯例进行规范整合，以培育与国家治理相融的乡风、家风和民风。

第一节　礼俗空间中的道德秩序

礼仪习俗需要通过仪式来体现与支撑。人们通过在仪式化空间内举行的典礼，展示对天地、祖先、圣贤、神圣等非凡力量的想象，并在崇敬和膜拜中生成忠诚感和敬畏感，进而内化为规范和约束自身的道德力量，为群体的秩序生活提供稳定支撑。李泽厚认为，周代以降的道德礼制就来源于原始巫术，"周公通过'制礼作乐'，将上古祭祀祖先、沟通神明以指导人事的巫术礼仪，全面理性化和体制化，以作为社会秩序的规范准则，此即所谓'亲亲尊尊'的基本规约"①。中国乡村社会中的礼仪习俗历经演变，已经形成了集节日庆祝、祖先祭祀、圣贤崇拜、敬天娱神于一体的复杂体系。在共同敬畏的仪式空间中，祖先的训诫、家国的在场、习俗的信仰，都会深深地嵌入村民们的个体与集体记忆，演化为族规、家训和家风、民风，潜移默化地影响着村落成员的行为方式。

一 礼俗仪式中的美德意识

美德往往是现代社会渴求而又常无法得到之物。传统社会以美德或道德品格为基石，现代社会则以"正当"和"权利"为核心，致力于法律与社会公共道德规则，将正当规则与道德美德划分为两个不可通约的领域。在社群主义者看来，现代伦理学忽略了人的美德的意义，"规则成了道德生活的首要概念"②。近代以来，现代社会中道德生活的无序与错乱，正是启蒙运动以来以制定规则替代追求美德的后果。麦金太尔认为，现代道德理论家的问题在于，"把现代的道德言谈和道德实践作为来自古老过去的一系列遗存下来的残章断简来理解"，这导致了现代社会道德领域中无法破解的难题。③ 实际上，无论法律和道德规则制定得多么周全，"如果人们不具备良好的道德品格或美德，也不可能对人的行为发生作用，更不用说成为人的道德行为规范了"④。要走出现代性塑造的神话以及可能诱发的道德灾难，就不能"沉迷于为现代性社会制定道德规则与道德秩序的规范伦理学"，而是要把文化看成历史和传统的连续性解释和成长过程。在西南地区，

① 李泽厚：《由巫到礼 释礼归仁》，生活·读书·新知三联书店，2015，第25页。
② 阿拉斯戴尔·麦金太尔：《追寻美德：道德理论研究》，宋继杰译，译林出版社，2011，第150页。
③ 阿拉斯戴尔·麦金太尔：《追寻美德：道德理论研究》，宋继杰译，译林出版社，2011，第139页。
④ 万俊人：《关于美德伦理的传统叙述、重述和辩述》，载麦金太尔《谁之正义？何种合理性？》，万俊人等译，当代中国出版社，1996，译者序言第9页。

村落的礼俗空间就是保持这种连续性之地，其内部开展的礼俗仪式始终让人保持着敬畏感，时刻提醒人们做具有善良谦卑等美德之人。

礼俗空间是敬畏生产之地。敬畏是人类面对具有必然性、神圣性的对象时，持有的恭敬、虔诚且敬畏、服从的道德情感及心理状态。从敬畏伦理学角度看，"'敬'体现的是一种人生态度、一种价值追求，促使人类'自强不息'，有所作为；'畏'显发的是一种警示的界限、一种自省的智慧，告诫人类应'厚德载物'，有所不为"①。敬畏心理最初源于先民对其无法解释的自然力量的恐惧。对于掌握的技术手段极有限的人们来说，其抵御各种自然灾害的能力极其低下，但是人类生存的欲望却使他们力图控制不确定的自然，于是就创造了原始巫术来抵御不确定力量的侵袭。从理论上看，巫术是"决定世上各种事件发生顺序的规律的一种陈述"；从应用上看，巫术是"人们为达到其目的所必须遵守的戒律"。② 在西南地区，许多民族性的礼仪习俗是由原始的神明崇拜演变而来。关于神明崇拜，人们想象通过神明来控制秩序；关于礼仪习俗，人们则想象与神明沟通或重掌秩序的程序，即礼俗仪式。在彝族的传说中，上有恶神名为天王安天古兹，曾令天虫到人间吃田里的庄稼。村民则在英雄支格阿鲁的带领下，高举火把三天三夜烧死了大部分天虫。还有少部分天虫躲进了庄稼地里，为了预防它们再次为害于民，每年"虎丹"时节村民依旧高举火把烧天虫，后来这个活动演变为众所周知的火把节。在这个传说中，我们看到了可以维持正常秩序的英雄，以及能够使自身重新掌握秩序的仪式。

随着社会的发展，人们在原初状态下的恐惧心理，转变为对掌握确定性力量的敬畏心理。"祭萨"是黔东南地区侗族村寨的

① 郭淑新：《敬畏伦理初探》，《哲学动态》2007 年第 9 期。
② J.G. 弗雷泽：《金枝——巫术与宗教之研究》，汪培基等译，商务印书馆，2013，第 27 页。

传统民俗仪式。"萨"（萨玛）有大祖母、圣祖母之意，传说可以保护村寨五谷丰登、六畜兴旺。"萨"的传说经历了历代和各地的演绎，目前有不同的说法和版本。"萨"或率领人们避洪水、除猛兽、战恶魔，或为地方除恶霸、退顽敌、举善事，但在可以提供保护方面却具有一致性。侗寨村民的祭萨仪式也充满了敬畏，包括"请萨""赶萨""敬萨""送萨"等。黔东南侗寨一年中有数次祭萨的仪式，其中以正月的仪式最隆重，已出嫁的姑娘都必须赶回来参加。在传统的祭萨仪式中，村寨提前三天就要封寨，禁止生人进入，并忌火煮食，只吃粑粑、粽子、酸鱼、酸菜等冷食。这三天内，全寨人聚集在鼓楼讲款、弹琵琶、跳芦笙舞等。第三天是祭萨的主日，全寨男女身着盛装，聚集在萨堂前的芦笙坪上，歌颂萨神，祈求护佑。

> 祭萨是我们寨里的大事情，一点也马虎不得！我以前主管祭萨。事前要做很多准备，比如颂萨要唱两首歌。那可不是什么歌都可以，是事先选好，组织歌师一起排练，祭萨的时候一个字也不能唱错。（贵州省黔东南苗族侗族自治州黎平县花堂村罗姓村民，男，65 岁）

现代社会强调以个体为中心，强调个体的权利和理性不受"他者"的干扰。在乡村访谈中也常听到青年人对于自我意识的强调，如"做自己""走自己的路""不要在乎别人"等说法，但这与乡村礼俗强调的诚敬与尊重指向完全不同。正如德尔菲神庙上的那句话："人啊，认识你自己！"人只有感受到了自己的渺小和有限，才会懂得禁忌、敬畏，也才会有谦卑和尊重。侗寨村民相信萨师可以在仪式中沟通萨玛，因此至今也保持着较好的敬老传统。云南傣族的"摆"仪式，是人们向佛进献财物的集体展示、游行，以及聚餐和娱乐等活动。参与仪式的人们相信，自己的虔诚会换来神佛的护佑。云南德宏州芒市朵瑶村入选第三批中国传统村落名录，云南德宏州著名的名胜古迹风平佛寺就坐落在此。风平佛寺每逢傣历六月、七月和一月（农历三月、四月和十月）做摆，这天几十公里内村落中的佛教信徒便会赶来。"在摆的仪式中，人们向佛进献物品，并通过诵经、念经和受戒、守戒，向佛表示忠诚和顺从；同时，人们也向佛提出请求，希望佛给予福佑，使人们今生顺利、来世幸福。他们相信，佛是心地善良、公正无私且明察秋毫的，他会在人们的来世给人们提供幸福美好的生活。"[1]

在戈夫曼的符号互动理论中，空间是一个充满了各式各样符号的剧场，它对人的行动提出了特定的情境定义，情境的参与者要做出"适宜"的行为，融入现场的精神或气氛，不能成为多余的人或格格不入者。[2] 礼俗空间内充满了丰富的符号，要求人们时刻保持谦虚和敬畏。例如，即使不在特定礼仪习俗体系中的人走入宗祠、寺庙等仪式空间，也会不由自主地放低交谈的声音。在这种礼俗空间中，敬畏者往往以笃信的心理去面对敬畏的客体，这种敬畏感并非外界强加的伦理要求，而是真正建立在内心中的"心性秩序"。在现实生活中，这种敬畏感又强化了人的道德品格和美德意识，最终形成实践中的道德规范和伦理标准。

二　礼俗社会中的道德秩序

礼仪习俗增强了人们遵守道德秩序的自律性。在人类社会发展早期，道德法则和行动规则要获得合理性，常常会诉诸具有神圣性与权威性的超自然力量。先秦两汉时期，传统儒家均以此确立礼制的权威性。古代先民们相信，礼俗仪式具有沟通人与天的功能，因此它有十分严格的要求、规范和程序，任何小的失误都

① 褚建芳：《人神之间：云南芒市一个傣族村寨的仪式生活、经济伦理与等级秩序》，社会科学文献出版社，2005，第24页。
② 欧文·戈夫曼：《公共场所的行为：聚会的社会组织》，何道宽译，北京大学出版社，2017，第13页。

可能导致大祸降临。周公"制礼作乐",上古祭祀祖先、沟通神明以指导人事的礼仪逐渐演化为儒家的礼制。李泽厚先生认为:"'礼数'原出于巫术活动中的身体姿态、步伐手势、容貌言语等等。它的超道德的神圣性、仪式性、禁欲性都来自巫。"① 先民祭天祭祖的礼俗仪式全面理性化和体制化,逐渐成为社会秩序的规范准则。汉代董仲舒则通过"天人合一"的命题,论证了儒家伦理道德规范的绝对合法性。董仲舒认为,人的一切属性都来源于天。他说道:"为生不能为人,为人者天也。人之为人本于天。""人之形体,化天数而成,人之血气,化天志而仁,人之德行,化天理而义,人之好恶,化天之暖清。人之喜怒,化天之寒暑,人之受命,化天之四时。人生有喜怒哀乐之答,春秋冬夏之类也。"②董仲舒把天作为人类社会存在的最高主宰,建立了天道与人道之间的联系,从而论证了道德法则的普遍必然性。③ 这就是对古代社会由巫入礼的进一步哲理化诠释。

在中国传统社会中,合作惯例与道德秩序通常要在礼俗仪式空间中进行确认,然后上升为公认或正式的地方性规范。杜赞奇研究了 20 世纪早期华北农村的水资源分配规则,发现与水利管理体系并行的是供奉龙王的祭祀体系,即龙王祭祀体系为村庄讨论水资源分配提供了平台,讨论的结果又借助村民对龙王的信仰获得权威。20 世纪早期华北村庄基本有自己的龙王庙,即使没有也会在其他龙王庙供奉自己的龙王。各条水系的资源利用者会组成闸会(用水者联合的组织),各闸会首领每逢祭祀龙王等特定的节日,或久旱不雨及久雨成涝的时候,都会一起来到龙王庙祭拜龙王。"(龙王庙)不仅是各闸会的祭祀中心,而且具有更深远的意义:它将暗中竞争的各集团召集一处,使其为了共同生存而

---

① 李泽厚:《由巫到礼 释礼归仁》,生活·读书·新知三联书店,2015,第125 页。

② 董仲舒:《为人者天》,载《春秋繁露·卷十一》,中华书局,1975,第 38、358 页。

③ 李锋:《中国古代治理的道德基础》,社会科学文献出版社,2018,第 47 页。

采取某种合作。"① 闸会首领们先是烧香献牲，然后一起用餐，最重要的环节则是一起商议如何分配水资源。在中国传统民间传说中，龙王是司职分配雨水的神灵，龙王庙既象征了龙王的神圣权威，又是人们表现自身对信仰恭顺的空间。闸会在此空间内协议水资源分配事务，既借助空间内的习俗和仪式赋予组织权威，也使协商得到的结果具有权威的隐喻。这个结果不仅是各村庄彼此之间的承诺，也是在神明面前对自身的承诺，从而增强了具有竞争性的各村庄合作的稳定性。

　　侗族的鼓楼也是道德秩序和地方性规范生产的场域。鼓楼是侗寨最具标识性的公共空间，类似于汉族的塔、傣族的庙、藏彝走廊的碉楼等象征性空间，被视为全寨的政治、经济和文化中心，是整个村寨空间构成的灵魂，安顿了侗寨人的肉体和心灵。对于传统侗族人的生活而言，鼓楼首先具有防御和避险功能，当有敌人来侵犯或遭遇洪水等天灾时，寨民可以躲到鼓楼中获得安全，因此侗寨鼓楼一般都修建得高大而稳固。黔东南黎平县堂安村鼓楼为穿斗式木结构建筑，整个建筑包括楼脚、楼身和楼顶，有九层之高，具有拔地而起、高耸直立和庄严肃穆的气势。鼓楼一般建在村寨的中心位置，其他建筑围绕它辐射开来，在与周围吊脚楼的比较中突出了非凡感。村寨人将鼓楼比喻成水田里的"鱼窝"。"鱼窝"类似于稻田里稍深的一处水窝，当水田快要干涸时，鱼儿们就躲到水窝里保全生命。还有的将其比喻为水田中间用稻草围起的生存空间，冬天的时候鱼儿可以躲到里面过冬。② 从这一点而言，鼓楼是侗寨人肉体的最后栖息地，也构成了村民心灵的栖居之所和精神家园。"鼓楼在侗族人民的心中，是族徽，是寨胆，是凝聚力，是亲和力，是太阳，是月亮。因此，侗族人

① 杜赞奇：《文化、权力与国家：1900—1942 年的华北农村》，王福明译，江苏人民出版社，2010，14~17 页。

② 曾芸、徐磊、宗世法、曹端波等：《堂安梯田社会》，社会科学文献出版社，2022，第 84~85 页。

民世世代代，把鼓楼看得很重很重。"① 鼓楼旁一般还建有萨玛坛、土地庙以及戏台。每逢举办隆重的祭萨仪式，鼓楼坪上都会有踩歌堂，戏台上则有侗戏表演，这些共同构成了侗寨的礼俗仪式空间。

鼓楼在侗寨中发挥着十分重要的社会功能，"在鼓楼以及鼓楼坪进行的民俗节庆、社会交往、教化训诫等公共活动和仪式，凝聚了村庄共识，塑造了村庄舆论，承载了集体记忆，传承着村庄文化，发挥出整合村寨共同体的重要作用"②。与20世纪早期华北乡村地区的龙王庙相似，鼓楼也是道德秩序和地方性规范的生产场域，村寨借助该空间集中议事、缔结"款"约。黔东南侗寨至今仍保留着集体议事的制度安排，每逢村委会选举、举办重要民俗仪式时，村"两委"干部、寨老等乡村精英就会组织村民集中到鼓楼，协商如何解决或处理相关事务。如果村中发生了需要调解的纠纷或矛盾，寨老等调解人也会请当事人到鼓楼来处理。此外，村寨之间还借助鼓楼建立"款"组织。"款"是侗族村寨之间缔结的固定联盟，在传统社会中的主要功能是联合应对外界的挑战，当前则主要是制定各村寨需共同遵守的村规民约。各寨老在鼓楼中缔结建立"款"的契约，举行庄重的立约仪式。"款"约要在鼓楼上当众宣布，或张贴在鼓楼上向村民公示。同样借助礼俗仪式空间，村寨制定了共同遵守的地方性规范，完成了对权利和义务的分配，演化出村寨共同体的内生秩序，对于村民自律和地方的稳定起到了积极作用。云南傣族的摆仪式也发挥着类似的功能。摆仪式为人与神佛之间的交流提供了场域，"这种交流遵循一种庇护、福佑对恭敬、顺服的等级施报式的道义互惠原则。这种原则扩展并渗透到当地社会与文化生活的方方面

① 吴浩主编《中国侗族村寨文化》，民族出版社，2004，第475~476页。
② 曾芸、徐磊、宗世法、曹端波等：《堂安梯田社会》，社会科学文献出版社，2022，第97页。

面，构成了人们社会与文化生活的核心道德与伦理准则"①，同样也起到了稳定道德秩序的功能。

三 礼俗空间中的家国观念

传统礼俗仪式常常融入了或多或少的家国观念。李泽厚先生认为，即使是最为原始的巫信仰与巫仪式，也逐渐与社会法则和家国礼制结合在一起。例如，中国传统的民间信仰与西方的宗教大有不同。西方宗教中的那些神圣只关乎个人的生死、身心、利害，而不是基于"天道"的理想社会秩序。但是在中国传统民间信仰中，"'天命'关系着整个群体（国家、民族），这恰恰是原始巫术活动的要点：是为了群体生存而非个体……作为'巫君合一'的大巫演变为君王以后，便主要是主政，作为政治、军事首领来承担天命、治理百姓而非着重个体了"②。从这种演变中可以看出，脱胎于原始崇拜的礼教一开始就与家国和社会责任相联系。"巫的上天、通神的个体能耐已变为历史使命感和社会责任感的个体情理结构，巫师的神秘已变为'礼—仁'的神圣。"③以此为基础，商周时期的权力者又设置了一套繁杂的祭祖仪式，通过祖先崇拜构建起了家国同构的结构。"祖先崇拜与天神崇拜逐渐接近、混合，已为殷以后的中国宗教树立了规范，即祖先崇拜压倒了天神崇拜。"④ 自此敬祖如敬神。无数个小家庭集合而成国家，国家就是无数个小家庭的扩展。每个小家庭都要听命于自己的家长，同时更要听命于作为大家庭之国家的家长，即君王。祖先既是维系家族共同体的纽带和信仰，也是维系国家共同体的

---

① 褚建芳：《人神之间：云南芒市一个傣族村寨的仪式生活、经济伦理与等级秩序》，社会科学文献出版社，2005，第412页。
② 李泽厚：《由巫到礼 释礼归仁》，生活·读书·新知三联书店，2015，第102页。
③ 李泽厚：《由巫到礼 释礼归仁》，生活·读书·新知三联书店，2015，第103页。
④ 陈梦家：《殷墟卜辞综述》，中华书局，1988，第562页。

纽带和信仰。"对共同祖先的共同敬仰，将每个人紧紧地联结在一起。每个家庭因敬祖获得永久和团结，国家也就有了永久和团结的深厚基础。"① 乡村社会的礼仪习俗就深深刻入这种家国同构观，对于构建乡村文化振兴中的良好家风和文明乡风具有一定意义。

家国一体观念是国家团结和稳定的基石，国家治理依赖具有国家观念的家庭，因此乡村文化振兴提出要建设良好家风。西南地区传统村落和特色村寨完整地保留了某些祠堂，这些祠堂不仅具有独特的建筑风格和建造工艺，而且呈现了地方乡贤的良好家风家训，或者展现了革命先辈事迹的红色文化。其在当前作为当地文旅融合发展重要资源的同时，也是家国观念植入乡村社会的重要礼俗仪式空间。在家国同构的观念中，"天下的根本在于国家，国家的根本在于家庭，家庭的根本在于个人；家庭讲仁义，国家便有仁义；家庭讲礼让，国家便有礼让，这是天下国家、家国一体的传统观念"②。追思忆远的宗祠是乡村社会最重要的礼俗空间，其产生可追溯至西周王室的宗庙。王室宗庙集祖先崇拜与国家护佑于一体，这种家国一体观后来深刻地影响了民间祠堂。宋元时期儒学逐渐官学化，朱熹所著《家礼》很好地推动了家风的建设，此后从士族大户再到普通百姓，民间的宗祠、家祠逐渐在乡村地区普及开来，发挥了促进乡村社会稳定的积极作用。在红色革命的岁月中，许多乡村祠堂都曾作为革命战斗指挥所或红色政权办公驻地，常常承载着催人奋进的革命历史和红色记忆，更加将家国观念凝聚在这个传统礼俗空间中。

有研究认为，"在一个血缘村落里，宗祠和村子的文化生活、经济生活、社会生活、政治生活、道德风尚的一切方面都有直接的或间接的关系，它们身上沉积着农耕文明时代的一整部乡土文

---

① 徐勇：《关系中的国家（第二卷）：地域—血缘关系中的帝制国家》，社会科学文献出版社，2020，第 281 页。

② 徐俊六：《族群记忆、社会变迁与家国同构：宗祠、族谱与祖茔的人类学研究》，《青海民族研究》2018 年第 2 期。

化史，作用远远大于一个基层的政权机构"①。自土地改革至"文革"期间，除部分具有文物价值的宗祠外，大部分民间祠堂被拆除或损毁。其后，随着国家对传统文化传承发展的重视，以及地方对海外华裔或社会名流回乡投资吸引力的增强，民间修建宗祠的热潮逐渐兴起。当前乡村社会中的宗祠与传统宗祠已大不相同，但是"并没有把传统完全丢弃，而是保留了很多与时代发展相适应、能够为国家建设与社会治理提供经验与智慧的优秀传统，家国同构就是其中十分显著的内容"②。

云南腾冲和顺镇至今仍保留着数座较为完整的宗祠。这些宗祠大多为明清时期的建筑样式，每座都规模宏大、保留完整，是滇西宗祠建筑的代表。明朝时期是民间宗祠逐渐向乡村地区普及的时期，尤其是有入仕经历的乡绅都要修建本族宗祠。自明代至今，和顺的这些宗祠见证了中国乡村社会的变迁。和顺寸氏宗祠初建于明代，后经过多次重建与修葺，现为当地知名的旅游景点。寸氏宗祠正殿门柱的楹联上题写"佐沐英而定越祀享万年"，大门楹联上题写"立德立功愿万世子孙书香还继，有源有本问两川父老祖泽犹存"。沐英是明朝的开国功臣，主要功勋为洪武十四年（1381年）率兵征讨云南。云南平定后沐英留滇镇守，死后追封黔宁王，侑享太庙。由此可看出，寸氏祖先曾奉命自川入滇，随沐英征讨云南，立有军功，其后便定居在云南。祠堂正中就供奉着始祖寸庆的牌位，上书"大明腾冲卫千户指挥始祖太师庆寸公神位"，即寸氏始祖曾任明朝腾冲卫的千户指挥。正殿内还悬挂着部分寸氏后裔的肖像，这些人以获得功名的入仕者为主。如五世祖"桥头老人"鸿胪寺卿寸玉，正殿内祭堂上至今仍供奉着明正德皇帝任命寸玉为鸿胪寺卿的敕书。还有北伐名将寸

---

① 李秋香：《乡土瑰宝系列：宗祠》，生活·读书·新知三联书店，2006，第27页。
② 徐俊六：《族群记忆、社会变迁与家国同构：宗祠、族谱与祖茔的人类学研究》，《青海民族研究》2018年第2期。

性奇将军，1941 年他率军与日军在中条山激战数日后阵亡，被誉为"抗日军中一虎将"，1986 年获中华人民共和国民政部颁发"革命烈士"证书，2014 年入选第一批著名抗日英烈和英雄群体名录。在传统乡村社会中，家族在对国家的贡献以及被国家的认可中获得荣耀，因此也把国家的观念留在了家族发展和家风建设中。当前，寸氏家族成员升迁、升学或取得其他成就时，还会来到宗祠拜祖祭祀。为国家做出贡献并被表彰的先祖的事迹，已经凝聚为家国一体的家风，激励着一代又一代后人奋发有为。

第二节　仪式空间中的社会互惠

人生礼仪也是乡村社会中最重要的礼俗仪式。社会学与人类学一般将这些礼仪视为"过渡礼仪"或"生命转折仪式"。"过渡礼仪"指在人生的关键转折点，如出生、青春期、结婚和死亡时举行的某些礼仪，象征着与过去状况的分离。[1] 与此相类似，"生命转折仪式"是个人在身体发育或社会发展过程中的重要时刻，标志着个人的生命或地位从一个阶段过渡到另一个阶段。[2]这类仪式伴随着地点、状态、社会位置和年龄的变化而举行，如嫁娶、丧葬、生日等。但如特纳（V. Turner）所言，"仪式的作用在于让人短暂地做好人，让社会短暂地团结起来，抹平平常的等级差异与矛盾，短暂地让人们成为一个平等交往的团体，接着又把人们控制在社会规范的范围之内"[3]。婚丧嫁娶等人生礼仪是特殊而短暂的，但它却为社会成员提供了交往互动的机会，推动社群内部的交换、互惠与协作。

---

① 阿诺尔德·范热内普：《过渡礼仪》，张举文译，商务印书馆，2012，第 4~6 页。

② 维克多·特纳：《象征之林——恩登布人仪式散论》，赵玉燕等译，商务印书馆，2006，第 6 页。

③ 王铭铭：《人类学是什么》，北京大学出版社，2016，第 95 页。

一 "请客不收礼"民风

对于许多地区的人来说，提到结婚、生子、生日或葬礼等词语，首先想到的是大操大办和人情债。之所以这样，是因为社会上（尤其是乡村）形成了大操大办、相互攀比的恶性循环。翟学伟在对日常社会关系的研究中认为，"中国人在日常互动中特别讲究人情和面子，实在是一种重要的计策行为"①。在婚礼、生日宴或葬礼上，主人和客人都考虑到面子。一方面，操办酒席的主人要考虑"席面"。环境、饭菜和酒水的档次太低都会遭到嘲笑，甚至连到场客人的数量都会成为议论的话题。另一方面，参加仪式的客人也要讲"排面"。他们要依据与主人的关系和自身身份拿出与之相匹配的礼金，否则不但不会增进彼此之间的感情，反而可能会因此交恶。在这个"面子攀比"的过程中，当部分人发现送出的礼金无法回到手中时，就会摆设各种名目的酒席，如升学宴、上梁宴、乔迁宴、提车宴等。正是在这种机制下，"各地纷纷出现人情名目五花八门、礼金标准不断攀升、人情频率越来越高等现象，互惠性的人情交往变异为借机敛财的工具与竞相攀比的舞台，给农民带来了沉重的经济负担与心理压力"②。也正是因为各地普遍苦于名目繁多的酒席，乡村文化振兴明确提出要移风易俗，遏制大操大办、相互攀比、"天价彩礼"、厚葬薄养等陈规陋习。但是调研也发现，部分乡村地区在举办人生礼仪时"请客不收礼"，这种机制下的仪式并没有引发大操大办、相互攀比的恶性循环，反而加强了内部的交往互动和互惠合作。

当前学术界已经关注到了乡村社会中的"请客不收礼"现象。郑姝莉通过解析自己家乡西县（笔者做了匿名化处理）的"不收礼"现象，研究了村落的仪式性礼物交换与互惠变迁。在改革开放

---

① 翟学伟：《关系与谋略：中国人的日常计谋》，《社会学研究》2014 年第 1 期。
② 郑家豪、周骥腾：《农村人情治理中的行政嵌入与规则融合——以重庆市川鄂村整顿"整酒风"事件为例》，《中国农村观察》2020 年第 5 期。

初期，西县的礼金随着收入的提高也在提高，但是在 2000 年以后礼金负担在逐渐减轻。研究认为，出现这种现象实际上是因为在社会关系变革中互惠发生了变化："一是资助型互惠消退，双重互惠变成了单重互惠；二是资助型互惠缩小到更小的范围，即原有的双重互惠被缩小到有限的范围。"[①] 出现这种变化的原因包括物资充裕减弱了礼金的资助性功能、宴请所建构的社会声望更重要、回乡人员表达情感与获得声望、公共政策构建新风俗等。[②] 笔者在贵州省雷山县秋阳村调研时，也关注到了村落中的"请客不收礼"现象，但其中的动力机制和社会效果与西县却不相同。

黔东南苗族侗族自治州雷山县秋阳村，距雷山县城仅 15 公里，且紧邻高速公路出口，交通十分便利，于 2013 年入选第二批中国传统村落名录。秋阳村紧邻著名旅游景区西江千户苗寨，处于雷山县"全域旅游化、全县景区化"的全域旅游路线上。但村落并没有进行旅游化建设，保留着相对完整的传统村落样态。笔者进入秋阳村调研并没有经过正式介绍或社会网络，而是因偶然认识了村小学教师小武才能够"入场"。小武老师 25 岁，毕业后从家乡安顺招考到秋阳村小学做教师。当时小武正在试图将车停入一个狭小的停车场，结果车辆横在了村落的小路上，进退两难。笔者主动上前为他观察道路，指导他成功将车停入了车位。通过这样一个偶然性事件，笔者与小武之间就算认识了，这也为笔者之后参加一户村民家的满月宴提供了契机。

小武为人活泼外向、喜与人交谈，所以我们之间很快就热络了起来。他向调研组介绍了秋阳村的基本情况，以及当地的很多风俗习惯和民风民情。秋阳村基本没有开发旅游产业，当地村民保持着乡土社会的淳朴民风，都非常尊重孩子们的老师。加上小武活泼外向、爱好交际的性格，他几乎与所有村民都建立了良好

---

① 郑姝莉：《"请客不收礼"：一个村落的仪式性礼物交换与互惠变迁》，社会科学文献出版社，2022，第 5 页。

② 郑姝莉：《"请客不收礼"：一个村落的仪式性礼物交换与互惠变迁》，社会科学文献出版社，2022，第 133、183、235、267 页。

的关系。在小武老师的带领下，调研组的入户调研也都受到了热
情的接待。这与在村干部带领下进行调研时受到的礼遇颇有不
同。前者的热情更有无拘无束的畅快感，而后者的礼数总带着一
丝拘谨和警惕。正当调研组感觉此行收获颇丰时，又意外获得了
一次参与观察村落民风的机会。

　　调研组结束在秋阳村的调研时已经临近傍晚。在小武送调研
组离开村落的路上，遇到了两位正要去参加一场满月宴的女性村
民。两人看到小武后立即热情地与他打招呼、开玩笑，并邀请他
一道去参加自己侄儿的满月宴，小武当即表示将我们送走后马上
就会回去，而当两位村民得知我们是小武新结交的朋友时，她们
又当即热情地邀请我们也一起去参加。调研组对这样的邀请表现
得十分犹豫，由于两位村民并不是酒席的正式主人，因此也不知
道这样的邀请是真诚还是客套，而且没有和主人家沟通就贸然造
访过于唐突。正当我们在犹豫参加这样的酒宴是否合适时，小武
笃定地说这一定是一次真诚的邀请，因为当地村民更倾向于直接
表达自己的想法，很少会有表面上的应付和客套。小武还介绍村
落里有很多这样的酒席，像这样的满月宴不仅生孩子的家庭要
办，孩子的叔叔和伯伯也要办，有几个叔伯就会办几次。这几次
酒席可以在相邻几天办，也可以选择在同一天办。对我们发出邀
请的村民是孩子的二伯母，刚刚参加完孩子大伯父办的满月宴，
正在去参加孩子父母自己办的满月宴的路上，并告诉我们明天她
家里也会为这件事办酒。这使笔者产生了疑惑，"人情酒"让许
多乡村地区都苦不堪言，其也是乡村振兴中移风易俗政策的治理
对象，为何秋阳村仍然会延续之前的风俗呢？频繁的办酒席难道
不会引发村民的抱怨吗？这些问题直到我们亲身参加这场人生礼
仪后，才在某种程度上得到了解答。

　　当调研组决定接受这次邀请之后，马上就私下询问小武应怎
么给"份子钱"。因为在许多地方份子钱都代表着"人情"和
"面子"，我们既然作为小武的朋友参加酒席，就不能让朋友"丢

面子"。小武随即告诉我们，吃满月酒只有叔伯一类的近亲才会给钱，给多少视每家经济情况而定。以前其他亲友一般由妇女带些鸡蛋、糯米、小孩衣帽等物，但这些年每家生活水平都提高了，而且部分家庭办完酒席就会外出务工，收到的这些物品反而会成为累赘，后来大家就形成了相互不拿礼的默契。像他这样没有结婚的单身汉不需要带礼物。这与西县的情况具有相似性。随着各个家庭物资的充足，资助型互惠的规模在乡村中逐渐缩小。当前，村民并不会在这种场合公开给非近亲"随份子"，这种约定俗成的惯例一直延续并被大家认可。像我们这样第一次去的人，也可以象征性地带点礼物。随后，调研组一行三人在村中食杂店花费约200元买了牛奶等物品，跟随小武去参加黄姓村民为孩子举办的满月宴。

与西县人生礼仪的酒席已经社会化经营不同，秋阳村还会在自家摆酒招待亲友，无论家庭经济条件好坏，一般都不会选择去饭店或酒店。办酒席的黄姓村民25岁，对第一胎孩子的满月宴较为重视。从前他们夫妻两人在江浙一带务工，两人收入加起来每月1万元有余。自妻子怀孕后返回雷山县务工，丈夫骑摩托车早晚在县城与秋阳村之间通勤，收入大概仍有从前的一半。整体而言，黄家的经济条件和生活状况都不差，这也是村落家庭的普遍情况，他们办的满月宴也具有典型性。当我们到达主人家里时，房间里已经聚集了很多村民。主人居住的是黔东南乡村典型木质房屋，因为长期有人居住，所以维护保养得较好。男宾被统一安排在前面的堂屋内，孩子和母亲及女宾则被安排在后面的房屋里。堂屋的地上分散摆放了五个火炉，火炉上放着一个盛着汤底的火锅盆。盆里已经煮上了猪肉、排骨、内脏等荤菜，旁边则放着青菜、豆芽、蘑菇等素菜，这些素菜可以放在猪肉汤锅中边煮边吃。酒则是在村中买来的糯米酒，约10元一斤。不像某些乡村地区办酒席有"七盘八碗"的规格，眼前的这些就是今天酒席的所有菜品。

摆放在地上的火炉就相当于桌子，客人们围坐在火炉边的矮凳上，就形成了一"桌"酒席。地上摆放了五个小火炉，代表主人家有五"桌"客人。主人看到小武带着朋友一起来，很热情地招待我们，并安排我们同村干部、小学校长等人坐在一起。每"桌"坐几人一般也没有特别的规定，由于大家彼此相熟，并不会有明显的等级安排，来的客人较多大家就挤一挤坐下。村民也不会因有陌生人来而感到奇怪，都很自然地打招呼或选择礼貌性地忽视，没有开席时吃着瓜子、花生随意攀谈。这里的环境和设施当然比不上专业化的酒店，但也正是在一个熟悉的环境中，人们才显得更加自然、无拘无束。满月宴也不复杂，如是男婴要触摸一下笔墨纸砚之类的物品，女婴则触摸一下绣花针线之类的物品，还会给婴儿唱一些祝福的喜歌等。整个仪式都在后屋由妇女们完成，酒席期间会把婴儿抱到堂屋与客人们相见。当许多地方仍苦于名目繁多的酒席、越发高昂的办酒钱和不断攀高的份子钱时，秋阳村人仍以最简单的方式举办着他们的人生礼仪。西县虽然也是"请客不收礼"，但主人仍要在饭店里办酒席，也仍要付出较高的经济成本，且有可能为构建声誉形成"席面"的攀比。秋阳村的"不收礼"则是主客双方都无经济压力，这也使得仪式不会给村民带来经济负担与心理压力，也不会演变成敛财的工具与攀比的舞台。

二 无"礼"何以能互惠

任何社会中都存在礼物交换的行为，礼物也是社会学关注的重要主题之一。礼物的赠予并非随意性的，"礼物赠予有它的逻辑和功能，即便在最为公平的社会里，送礼与收礼的过程和方式，都受到了所在社会的逻辑的规约。这些逻辑的存在使得社会处于一种平衡甚至和谐的状态"①。在这方面最有影响力的研究成果是莫斯（M. Mauss）所著的《礼物》。莫斯从"人为什么要回

———————

① 范可：《什么是人类学》，生活·读书·新知三联书店，2021，第 125 页。

礼"的问题出发，从古式社会的礼物交换中抽离出了互惠制度。在人类社会的互惠体系中，主要包括一般性互惠和平衡性互惠。一般性互惠的礼物往往存在于家庭成员内部，如父母给孩子的东西、长辈给后辈的压岁钱等，这种礼物赠予并不期望有回报，也可以称为资助性互惠。平衡性互惠则遵循"有来有往"的原则，期望有一天能够得到与送出的礼物相应的回报。阎云翔认为，在平衡性互惠原则下，如果只收礼不还礼，最终必然导致不相往来。所以礼物的往来是维系社会关系的一种基本方式。[①] 莫斯认为，古式社会的礼物交换有三个阶段：赠予、接受和回赠。回赠是礼物接受者最关键的责任。"在被接受和被交换的礼物中，导致回礼义务的是接受者所收到的某种灵活而不凝滞的东西。即使礼物已被送出，这种东西却仍然属于送礼者。由于有它，受礼者就要承担责任。"[②] 在莫斯看来，正是基于这种赠予与回赠的互惠流通精神，群体维护了交换系统并维护了他们的社会世界。"不收礼"则是对莫斯互惠礼物体系研究的一个回应。当人们不收礼时，这种互惠体系如何维护呢？对此，笔者尝试从以下几个方面进行解释。

首先，"温馨圈子"仍然存在。在传统乡村社会中，社会成员基于亲属血缘关系，相互提供资源、机会和庇护，在承担起亲情伦理义务的同时，产生了温暖和亲密的情感圈，构成了一个一般性互惠的"温馨圈子"。秋阳村"请客不收礼"并不是不收所有人的礼，吃满月酒的叔伯一类的近亲会给钱，给多少视每家经济情况而定。这一点也与西县类似，"'不收礼'并不是指不存在礼物交换，也不是指宴请中的礼物交换彻底消失了。它只是被人们用来形容一种新的礼物规则"。宴请家庭还会收一些亲属关系较近者的礼金，但这"并不是人们对当地主流礼物规则的叙述"。[③] 这

① 阎云翔：《礼物的流动：一个中国村庄中的互惠原则与社会网络》，李放春、刘瑜译，上海人民出版社，2017，第133~138页。
② 马塞尔·莫斯：《礼物》，汲喆译，商务印书馆，2016，第18页。
③ 郑姝莉：《"请客不收礼"：一个村落的仪式性礼物交换与互惠变迁》，社会科学文献出版社，2022，第3页。

种"非主流"规则的意义在于，它意味着在近亲这里有着更强的一般性互惠，有利于保持村落"温馨圈子"的稳定性。

其次，平衡性互惠更加持久。"请客送礼"隐含了一种即时性平衡互惠模式，即只有送了礼物的人才有资格参与宴请，同时送礼者也期望得到回馈。在流动性增强的当下，送礼者只有马上收回礼金才能够真正得到回馈，这也导致了乡村中各种名目的宴请不断增多，最终导致人情压力与办酒敛财的恶性循环。从本质上说，这种循环并非真正的均衡互惠，而更像一种收受礼金的非均衡博弈。即使在西县这种"不收礼"的地方，也不能将其定义为一般性互惠。因为，宴请者为了实现构建威望或体现人情等目标，更容易追求宴请的"排面""席面""颜面"，并在社会关系网络中扩散成新攀比。秋阳村的满月酒既不需要向市场购买服务，也不需要过多村民来帮忙。低成本的宴请没有给村民增加压力，也为每位村民举办宴请活动留出了机会，消解了人生礼仪的功利性和攀比性，有利于保持一种更持久的平衡性互惠关系。

最后，保持了村落团结的传统。"一件礼物绝不仅是馈赠的物品而已。因为在所有的文化里，它还是如此有效和独特的物流工具，并且能创造社会联系和展示道德价值。"[1] 无论是秋阳村还是西县，虽然不收礼金，但可以将相互宴请视作互赠的礼物，其依然是传统均衡性互惠的当下延续，也有利于增强村社内部的团结。西县经历了一个礼金增加又消失的过程，而秋阳村的礼仪没有经历货币化礼金的过程，却在"不收礼"中保留了传统的仪式文化。与部分地区各种巧立的宴请名目不同，秋阳村的典礼宴请则更多是传统习俗的延续，它是村落日常生活本身的一部分。相互宴请的过程也是村民完成社会互动的过程，在这种制度化的互动中，社会关系再生产得以完成。

---

[1] 范可：《什么是人类学》，生活·读书·新知三联书店，2021，第132页。

三　仪式空间中的酒与歌

秋阳村满月酒的仪式非常简单，整个过程真正的主角是酒与歌。它们既作为村落社会互动的媒介发挥团结功能，也表达了村民日常生活中的欢愉精神。人类学者亦关注酒与民族文化之间的内在联系，以及其在族群生活中承担的社会功能。实际上，对于许多地方来说，酒都是人际交往必不可少的媒介，"拜访以酒为礼，迎客以酒为敬，致谢以酒示情，消仇以酒示诚……饮酒习俗表现了他们共同的热情好客、崇尚真诚、团结友好的精神特征"[1]。对于如今的秋阳村而言，酒与村民的日常生活仍有着密不可分的联系，无论是日常用餐、待客过节还是周年祭祀，都需要有酒。酒在村落中承担着建立信任、传递友情的社会功能。酒与歌总是密不可分的，祝酒歌、劝酒歌以及酒后狂歌都表达了一种狂欢精神。赵世瑜在研究传统庙会中民众的狂欢活动时总结道："所谓狂欢精神，是指群众性文化活动中表现出的突破一般社会规范的非理性精神，它一般体现在传统的节日或其他庆典活动中，常常表现为纵欲的、粗放的、显示人的自然本性的行为方式。"[2] 这里的"非理性"行为是指纯粹由感情支配的、不考虑方式和目的的率性行为。饮酒构成了秋阳村人日常生活的一部分，酒则是理性常态与非理性间歇的转换器，酒后狂歌表达了村民的间歇宣泄和释放。

从古至今，酒都是礼俗仪式空间内不可或缺的主角之一。古代祭祀或祭奠必以酒行祭礼。当今在西江千户苗寨景区入口处，站立着两排村民边唱苗歌边向游客敬酒，大大增强了苗寨的仪式化色彩。秋阳村现在仍有"客到无饭菜可，无酒则不可"之说。当调研组应邀来到黄姓村民办置的满月宴时，就看到了主人提前准备好的糯米酒。当地人一般会饮用米酒、苞谷酒、高粱酒，雷

---

[1]　何明：《少数民族酒文化刍论》，《思想战线》1998 年第 12 期。

[2]　赵世瑜：《狂欢与日常：明清以来的庙会与民间社会》，北京大学出版社，2017，第 98 页。

山县一带的苗族人尤其爱糯米酒。这种酒是由大米或糯米发酵而成的原汁水酒，酒精度一般在 15 度左右。由于糯米酒含糖量高且微带酸味，所以口感较佳，易下口，村民常用此佐餐。但不熟悉该酒特性的人容易饮用过量，不知不觉间就醉了。秋阳村素有酿制糯米酒的传统，曾经各家几乎都是自酿自饮。当前许多人家不愿意再处理复杂的酿酒程序，村中也就有了专门以制酿米酒出售为业的家庭。村民认为只有土法制作出来的糯米酒才最纯正，因此一般都会向本村人或熟人购买米酒，而不会购买工业化酒厂生产的产品。办满月酒的黄姓村民就是在村内购买的米酒，约 10元一斤，共购买了 20 斤，装在几个塑料桶内。酒杯使用的是一次性塑料杯，由于没有桌子，每个人都把酒杯放在自己脚边，由主人或其近亲属为客人们倒满。

与很多地方一样，秋阳村喝酒也要将前三杯一饮而尽，之后就开始了彼此相互敬酒的环节，酒席自此也逐渐进入了最热烈的阶段。小武私下告诉笔者：

> 酒是村寨表达情感的最直接方式，你喝酒的态度会影响他们对你的态度。我就是不怕喝酒，还学会不少当地的敬酒歌，村里有很多人家里来了客人都喜欢把我也叫上。如果有老人向你敬酒一定要喝，这代表了客人最高的尊重。（贵州省黔东南苗族侗族自治州雷山县秋阳村武姓教师，男，25 岁）

说话间，一位长辈走过来向笔者敬酒，这是村中最高的待客礼仪，客人也应一饮而尽以示尊重。此刻的敬酒就有特定的仪式程序：长辈以手捏住一侧杯口将酒送到客人的口边，此时被敬酒者手不能接触酒杯，只能用嘴接住送过来的酒杯，长辈会把酒缓缓倒入对方的口中。在这个过程中如果客人的手接触了酒杯，就会被再罚一杯酒。由于笔者不熟悉这种敬酒的程序，直到喝到第三杯时，才在周围村民的大笑中勉强过关。这种敬酒仪式在某种程度上是对长者权威的再确认。古代祭酒者即最被尊重的长者。《史记·孟荀列传》记载："荀卿最为老师。齐尚修列大夫之缺，而荀卿三为祭酒焉。"大意为饮酒过程中，选择席中最尊贵者主持仪式。后来祭酒逐渐演化为一项官职，最早得到"祭酒"一职的就是荀子。秋阳村饮酒仪式中仍以老年长者为尊，这是对村落传统权威的再确认，也会对日常生活中的社会秩序起到积极作用。有时村里的两家人发生了小矛盾，在酒席现场由老年长者从中调解，矛盾双方碰杯喝酒，小问题也就自然解决了。

在文学人类学中，酒是典型的感性文化符号。它象征着放纵、失迷、癫狂、病态，但同时也有开朗、奔放、豪迈、热烈的意向。西方世界中酒神的形象就是一个英俊小生，永远被常春藤和葡萄藤装饰着，被赋予生命和青春的气息。礼俗仪式中的酒总伴随着欢乐畅饮。秋阳村满月宴氛围简单而热烈，喝到酣处先用杯再用碗，据说隆重时还会用牛角。敬酒、交杯酒、扯碗酒，大家都开怀畅饮。村落中的女性日常生活中较少饮酒，但在某些仪式上饮酒却颇为豪放。酒席期间，后屋内的女性会过来敬酒，还会对外地客人唱劝酒歌，有时也会与客人一道一饮而尽。村民向外地客人敬酒既有款待之意，也有考量之意。客人放量尽情豪饮代表着对主人的真诚，不论酒量大小只要放量去喝都可过关。尤其看到由于不胜酒力而醉倒的客人，村民并不会嘲笑，而是有某种程度的自豪感。

> 你们外地人不晓得我们这米酒的厉害。你喝起来又甜又好喝，感觉不出来它的厉害。可是喝了不能吹风，你一出门吹风就倒了！你们外地人很少没有倒下的，（酒量）不行，喝不过我们！（贵州省黔东南苗族侗族自治州雷山县秋阳村黄姓村民，男，53岁）

酒与歌又总是相伴。酒神的祭祀仪式就是西方戏剧的来源之一。亚里士多德认为，"史诗和悲剧、喜剧和酒神颂以及大部分双管萧乐和竖琴乐——这一切实际上都是模仿"①。"模仿"道出了艺术与酒神祭祀仪式之间的原始关系，"戏剧事实上乃借助各种媒介，即有节奏、歌曲和'韵文'的戏剧种类（悲剧和喜剧）而进行的酒神仪式的移植和变形"②。中国民间礼俗仪式活动也常与歌舞相伴。从关于传统庙会的文献记载中可看到，参与庙会的人在歌舞中表达狂欢的情绪，在狂欢中实现了娱神和娱己的双重目的。襄城县首山庙会就是以酒为主题的酒会，庙会中参与者登山饮酒，常常是烂醉如泥。其间也要搭上戏台，各村大多有自己组织的剧团，演员有时甚至不化妆就演起来了，只图个快乐。③秋阳村人酒后的歌舞更多是日常生活中的自我释放。满月酒席持续了大概 2 个小时，酒毕大家又来到另一房间。房间内摆设了一套简易的音响，还放置了两个旋转的霓虹灯。所有的设备都是下午才租来，房间被布置成了一个临时的小"迪厅"。黔东南地区少数民族较多，村民大多能歌善舞，所唱歌曲既有民族歌曲也有流行歌曲，所跳舞蹈既有传统舞蹈也有流行舞蹈。酒后的歌舞是一次尽情的释放，"酒神所代表的感性更感人、更感动。生命中的任何恐惧、烦恼、悲伤、无助等都可以在酒中找到寄托和宣泄"④。人们在霓虹灯的闪烁中纵情欢乐，在酒与歌中获得欢悦。

关于乡村地区的酒文化争议颇多，持有否定态度的一般为文化进化论者，他们将饮酒传统视为安于现状、不思进取的贫困文化，是社会进化中需要予以改造的对象。在许多驻村干部眼中，许多村落还存在屈从自然、听天由命、惯于享乐的"落后传统文化"。

① 亚里士多德：《诗学》，罗念生译，人民文学出版社，1982，第 3 页。
② 彭兆荣：《文学与仪式：酒神及其祭祀仪式的发生学原理》，陕西师范大学出版总社，2019，第 161 页。
③ 高有鹏：《狂欢季节：庙会中的信仰与生活》，生活·读书·新知三联书店，2015，第 93 页。
④ 彭兆荣：《文学与仪式：酒神及其祭祀仪式的发生学原理》，陕西师范大学出版总社，2019，第 1~2 页。

现在不少传统村落和特色村寨经济发展还比较落后，根本的原因还是在文化。典型的例子就是"吃酒"，村里每天都有人"办酒"。家里有事不仅自己要办，父母兄弟姐妹也要办。常常"吃酒"都要赶场，吃完这家就要去下家吃。这些习俗不仅浪费了金钱，也浪费了时间。（重庆市酉阳土家族苗族自治县松岩村驻村扶贫干部，男，35岁）。

然而，主张以互为主体性视角看待地方文化的人类学者则认为，在国家倡导的主流文化得到认同的基础上，理解村落或村寨独特的风俗、仪式、符号和地方性知识，有助于铸牢中华民族共同体意识。"'文化的互为主体性'指的是一种被人类学家视为天职的追求，这种追求要求人类学家通过亲身研究来反观自身，'推人及己'而不是'推己及人'地对人的素质形成一种具有普遍意义的理解。"[1] 依据此视角，就要从地方性知识的角度理解地方文化，而不能用某种文化范式对其进行评判或裁剪。就此方面而言，与许多乡村地区形成的大操大办、借机敛财模式相比，秋阳村的礼俗仪式仍保持着人类童年期的生活习俗及文化心理，其酒与歌更多是基于日常生活的自我表达与释放。人生礼仪中的狂欢，"一方面是平日单调生活、辛苦劳作的调节器；另一方面是平日传统礼教束缚下人们被压抑心理的调节器"[2]。其实际上在社会控制中起到了"安全阀"的作用，同时也促进了村落人际关系再生产和社会团结。

第三节 现代性与礼俗仪式空间收缩

随着现代性在全球范围内的扩张，乡村地区也越发呈现出

---

① 王铭铭：《人类学是什么》，北京大学出版社，2016，第22页。
② 彭兆荣：《文学与仪式：酒神及其祭祀仪式的发生学原理》，陕西师范大学出版总社，2019，第115页。

"无地方"的色彩,具有地方特色的钟鼓楼、宗祠、村庙等礼俗仪式空间迅速收缩。一方面,从村民观念和认知方面来看,通过破除封建迷信的运动,多数村民基本接受了彻底的无神论教育,也基本知道生与死都是自然现象,并不存在神明和天堂地狱,人们对礼俗仪式的敬畏感在逐渐减弱;另一方面,从政策规定方面来看,多部精神文明建设的政策文件,都提出对乡村风俗习惯进行引导和管理的要求。乡村文化振兴战略也明确提出,要深入推进移风易俗,加强无神论宣传教育,抵制封建迷信活动。在观念和政策的双重影响下,乡村地区的礼俗仪式空间正在迅速收缩。

一　现代性冲击下传统节日体系的解体

仪式与节日密切相关,节庆活动中总有着各种形式的礼俗仪式。尤其是传统村落和特色村寨的传统节日,涵盖了礼敬天地、祖先祭祀、神明崇拜、自我娱乐等各个方面,这些内容通常都要通过礼俗仪式的方式呈现出来,具有鲜明的地方与族群文化烙印。以苗族为例,只是苗年就有小年、中年、大年三次节庆,此外还有春社节、"六月六"、吃新节、鼓藏节等节日,这些大大小小的节日穿插在村落农事的间隙,从一月到十二月几乎每月都有,甚至一个月内会有多个节日。从社会人类学的观点来看,"任何社会或文化都没有例外地需要某种生活的节奏感,而设置年节,把时间分类,正是创造出节奏感的最通常和最简便的方法"[①]。农耕时代的节日是地方社会时间与空间高度结合的产物。地方常常会以农作物生长周期为依据,为自己的生活设置节奏感。如前所述,云南和四川彝族火把节的传说与英雄支格阿鲁相关,该节日是为了纪念英雄带领村民战胜恶神安天古兹而设立。如果以现代农业科学的眼光来看,火把节设在六月大概是因为此时稻谷灌浆、洋芋结薯、荞麦花开,庄稼比较容易遭受病虫害。该节日的传说与害虫相关,烧火把则大概是由于当时缺乏有效防治虫害的

---

① 周星:《关于"时间"的民俗与文化》,《西北民族研究》2005年第2期。

方法，只能以此巫术化的仪式祈求庄稼免遭灾害。同样与害虫相关的节日还有云南哈尼族的"耶苦扎"，该节日亦是在农历六月举办，目的是纪念为村民除掉害虫的老人阿陪明耶。从地方性的农业生产来看，六月一般为当地农作物半成熟时期，田地中需要的劳动力相对较少，村民有闲暇时间在这个时期举办节庆活动。总之，许多民间节日和民俗仪式只有放到特定的时空结构中才能得到解释和理解。

在前工业化时代高度结合的时空结构中，西南地区乡村社会的节日呈现出较强的地方性色彩，即使是同一民族在不同地域也会出现不同的节日，或是同一节日在不同地域也会遵从各自的习俗。武陵山片区的土家族会在不同时间过年。湖南省龙山县绿河村、纳苏村的土家年时间为腊月二十八、二十九，永顺县绵凤村、双流村等则为四月十七、十八。渝东南秀山土家族苗族自治县沙岚镇的彭、白、李、马、田等姓也在四月十七、十八过年，而酉阳土家族苗族自治县和雅乡、砾石乡等地的部分土家族则在七月初一过年。黔东北地区的土家族多在腊月二十八、二十九过年。① 不同地区苗寨过年的时间也常不相同。黔东南雷山县的苗族多在农历十月过年，依朵村的苗年从农历十月卯日开始持续十日。该州的从江县则在农历十二月过年，托巴村的苗年一般在农历十二月初一，如果遇到闰十二月就要过两次苗年。有学者总结了雷山县"苗年"节的三种类型：一是以南山镇等地中长裙苗的村寨为代表，按照大年、中年、小年举行三次年庆活动；二是以禹华村等地中裙苗的村寨为代表，按照大年、小年举行两次年庆活动；三是以河岸村等地短裙苗的村寨为代表，从每年农历十月卯日开始一次性完成苗年庆典。② 每一次年庆都有丰富多样的礼俗仪式活动，如打糍粑、烧酒、守棚、关棚忌寨等祭祖活动，还有若

① 参见黄柏权、崔芝璇《土家年的文化空间建构及其变迁研究》，《三峡论坛》2018年第1期，并结合笔者实地调研整理。
② 彭兰燕：《坚守与突破：雷山"苗年文化节"的发展和变迁》，《民族艺林》2019年第3期。

干个村寨共同组织的吹芦笙比赛，以及"踩花山""跳场""跳月""吃排家饭"等民俗活动。

如前所述，时间与空间相分离是现代化的动力机制之一，乡村社会也从"地域化"情境中脱离出来，越来越多地受到"缺场"的社会关系的影响和控制。从传统文化的角度看，"在一定程度上，中国各民族和各地域生活方式的独特性，其实就表现为'民族'的和'民俗'的时间观念的多样性"①。在现代性条件下，时间无须在空间中定义自我并确定秩序，钟表、日历等确定了一种标准化的"虚化时间"，打破了传统社会中高度结合的时空结构。在现代化浪潮中，以公历和时钟标刻为表象的时间观念及其基本制度，显然已经基本上在世界范围内占据了上风，也打破了传统乡村社会以空间环境配置时间秩序的文化，快速地解构着地方性的节日体系及传统仪式。在现代性的时空结构中，乡村生活也被安排在统一的时间表中。即使是在传统保留得较为完整的传统村落和特色村寨中，"五一"、国庆、元旦等法定节假日的影响力更大，而地方性和民族性的节日则逐渐简化、淡化甚至消失。

以西南地区为例，传统乡村社会中的节日遵循地方性时间，因而人们可以根据自身的时间节律设置节庆活动。在时间与空间分离的现代化社会中，乡村生活更受"脱域"动力机制的影响。"虚化的时间"将乡村生活拉到了自身之外的世界，也为人们的生活设置了另一张不得不遵从的时间表。在调查的村落中，许多年龄较大的村民还保持着日升日落的生活习惯，遵循着他们自己的时间节律。例如，冬天时候的早饭可能会开始得较晚，下午感觉饿的时候再吃一次，晚饭可能会吃也可能不会吃；身体不舒服、天气不好或是有亲友来访时，都可以随时放下自己手中的活计。但是有孩子在上学的家庭则完全不同，他们的寝食都必须根据学校上下学时间来安排。与此类似，许多外出务工者已经无法

---

① 周星：《关于"时间"的民俗与文化》，《西北民族研究》2005 年第 2 期。

遵守村落传统的时间节律，而是被编织进了现代社会统一的时间表中，部分地方性和民族性的传统节日也因此失去了存在的基础。即使是留在村落里的人也无法摆脱标准化时间的安排。随着乡村产业振兴中下乡资本的增多，越来越多的村民被雇用到产业体系中，必须遵守固定的上下班时间，早晚的通勤则成为他们生活节律的一部分。

> 为了产业振兴，镇里引来社会资本建了一个茶叶加工厂，也为当地村民提供了很多就业岗位。但其中也产生了一些问题。当地有很多民族节日，每到这些日子就有一些工人要请假，影响生产进度。文化振兴要移风易俗，对一些节日也应取其精华、去其糟粕。（贵州省黔东南苗族侗族自治州雷山县江原镇干部，男，36 岁）

在工业化时代，"虚化的时间"与地方时间存在冲突，而且常以强势的姿态抹去与其不一致的内容。

时空转型与脱域机制共同使村落脱离了固有时间节律，也在解构传统乡村社会的节日体系。当前，许多地方性和民族性的节日体系已经简化，尤其像渝东南这种散杂居特征较明显的地区，除部分与旅游产业相关的传统民族节日外，大部分节日已经与汉族及国家法定节日相重合。此外，从精准扶贫到脱贫攻坚再到乡村振兴，西南地区的乡村产业结构发生了很大变化，尤其随着"一村一品、一村一产"政策的实施，许多村落发展起了特色产业。许多新兴的产业与传统农时节奏并不合拍。例如，石柱土家族自治县月梅村引入了木瓜种植产业，这与传统种植节奏完全不同，以农时为基础的节日体系与当下的时间节奏已经无法吻合。在村落的"三变"（资源变股权、资金变股金、农民变股民）改革中，许多村民已经基本脱离了传统农业，甚至在某种程度上成为农业产业工人，即使在村中生活也要严格遵守企业的作息时间。在这种生产关系下，适应传统农业种植规律的节日体系已经失去了基础。除一些重要节日外，许多普通节日自然无法进入村民的日常生活视野。

除节日体系简化之外，节日礼俗仪式的程序也发生了极大程度的简化，年节中最富特色风情的民俗文化也在逐渐淡化。曾经作为土家年核心的祭祀活动，如祭灶神、四官神、屋檐童子等，目前已经越来越少。如吉登斯所说："由某地区或社区中的影响创造出来的地方风俗是真正的集体习惯，但作为更传统的习俗之残余的风俗很可能会退化为有人称之为活的博物馆的东西。"① 当前渝东南片区土家族村落过年时，大多数家庭只在堂屋祭祀祖先，很少再祭祀其他神祇。黔东南苗族侗族自治州台江县松柏村过苗年的时间是农历十月的第一个丑日，节庆持续两三天。从前该地每年有三次苗年，而且还有大小年之分，即农历十月第一个丑日为大年，第二和第三个丑日为小年，但是现在该地的苗年逐渐演变为只过一次，而且没有了大小年之分，年庆持续的时间也略微缩短。总之，在流动性增强的现代社会中，乡村地区的传统节日体系逐渐解体，除部分旅游产业发展较好的村落外，传统节日中那些礼俗仪式也逐渐简化。

二 移风易俗运动与礼俗仪式空间收缩

在传统乡村社会的礼俗仪式空间中，一直存在与神灵甚至巫事相关的内容。然而随着现代科学知识的普及，多数村民逐渐接受了无神论。加上精神文明建设中的政策引导和规制，神与巫在日常生活空间中已经逐渐退场，传统意义上的礼俗仪式空间因此收缩。在观念层面，自"五四"启蒙运动以来，科学成为最高的评价词，而与传统相关的习俗和惯例则被视为迷信，被置于科学

---

① 安东尼·吉登斯：《生活在后传统社会中》，载乌尔里希·贝克、安东尼·吉登斯、斯科特·拉什《自反性现代化：现代社会秩序中的政治、传统与美学》，赵文书译，商务印书馆，2014，第127~128页。

的对立面。现代人仍存在依赖命运把握确定性的心理，例如，"从事具有终生风险职业的人（如登高作业的人），或者是从事从性质上看后果不确定的职业的人（如体育运动员），就经常求助于符咒或迷信仪式。但是如果他们不顾一切地在大庭广众之下去搞这些名堂，很可能就会遭到其他人的嘲笑"①。这种判断同样适用于西南地区的乡村情况。在政策层面，历次精神文明建设的政策文件都会提出对乡村民间风俗习惯进行管理的要求。《乡村振兴战略规划（2018—2022年）》明确提出："深入推进移风易俗，开展专项文明行动，遏制大操大办、相互攀比、'天价彩礼'、厚葬薄养等陈规陋习。加强无神论宣传教育，抵制封建迷信活动。深化农村殡葬改革。"② 地方层面则进一步细化落实了中央的要求。根据《重庆市实施乡村振兴战略2019年工作要点》，重庆市大力开展移风易俗"十抵制、十提倡"活动，其中包括抵制婚嫁恶俗、抵制丧葬恶习、抵制乱摆酒席。云南省纪委强调，若各级政府部门对管辖范围内大操大办、相互攀比、铺张浪费、封建迷信等不良风气听之任之，要依纪依规追究主体责任、监督责任和相应领导责任。贵州省2020年《政府工作报告》也明确提出，扎实开展"推进移风易俗，树立文明乡风"专项行动，加强对农村大操大办、厚葬薄养、封建迷信等陈规陋习的治理，稳妥推进殡葬改革。

在观念和政策的双重影响下，西南地区村落礼俗仪式空间趋于收缩，尤其是祠堂、庙宇等与民间信仰相关的空间更是如此，几乎每个样本村落都有宗祠或庙宇消失的记录。黔江区青泉坪三圣庙在"破四旧"时期被拆除，当时究竟供奉着何方神圣，是阿弥陀佛、观世音、大势至西方三圣，还是元始天尊、灵宝天尊、道德天尊道教三圣，抑或是伏羲、神农和黄帝东方三圣，现在已经很少有人能够说得清楚。在青泉坪老街修复及景区化打造规划

① 安东尼·吉登斯：《现代性的后果》，田禾译，译林出版社，2011，第114页。
② 《乡村振兴战略规划（2018—2022年）》，人民出版社，2018，第72页。

中，关于是否要重修三圣庙曾有过讨论。有意见认为，青泉坪要凸显的是以红三军为主题的革命文化，庙宇作为从事"封建迷信"活动的场所与老街要突出的主流文化不协调。在诸多因素的影响下，青泉坪最后选择暂不重修三圣庙。与三圣庙相对，多数村落消失的宗祠和庙宇并没有名称记载。松岩村的祠堂以前发生过火灾，由于缺乏救火的条件被完全烧毁。在目前的观念和政策的导向下，村落并没有对其进行重建的意愿和打算。柳溪村的村庙在反封建迷信时期被拆除，虽然在发展旅游的过程中有重建的计划，但因成本和政策的限制并未实施。长岭村祠堂被毁的年代已不可考，但多数村民仍记得村后山路尽头平坝上的菩萨庙，其在移风易俗运动中被拆除。

> 以前村后面有个庙，供奉着观音菩萨，还有别的一些我也说不上。老年人初一、十五都喜欢去，我也曾经跟着老人家去过几次。就是烧烧香，求保佑吧！（笑）好像是（20世纪）九几年的时候被拆掉了，拆下来的那些木料都拉去盖了小学。（重庆市秀山土家族苗族自治县长岭村冉姓村民，女，40岁）

在西南地区，除少部分具有佛教信仰的民族之外，多数村民没有纯粹宗教意义上的信仰。他们很少关注彼岸世界、超越性价值和终极关怀，也不是要在此岸与彼岸之间建立联系，更多是要获得超现实生活的心理慰藉。从新中国成立初期的"破四旧"，到改革开放后的精神文明建设，及至21世纪的美丽乡村建设和乡村振兴中的移风易俗倡导，乡村地区的宗祠、寺庙等已经被大量拆除。但与此同时，部分村民为获得这种超现实生活的心理慰藉，又在日常生活中重建了上述礼俗空间，如简易的土庙，山间的神像、神石、神树等。

在西南地区，村落土庙一般设置在山路的旁边，形式十分简单。这些土庙有的是用砖搭建的小空间，大小只够摆放几尊小神像，有的则直接把神像摆放在石壁凹陷处，总之只要能够遮风挡雨就好。土庙里供奉的对象也各种各样、五花八门，佛教、道教和民间传说中的神都可能在这里看到，有的干脆把几个门类的神、佛、仙都放在一起。这些雕像一般出自作坊的统一加工，大的有 1 米左右高，小的只有二三十厘米。多数制作粗糙、缺乏细节，甚至完全偏离了宗教叙事中的神佛形象。比如在这里可以看到骑着只有一对象牙的大象的普贤菩萨。然而在佛教叙事中，普贤菩萨的坐骑为灵牙仙的六牙白象，白象代表愿行殷深、辛勤不倦，六牙则代表六波罗蜜：布施、持戒、忍辱、精进、禅定、智慧。但对前来供奉的村民来说，这些深奥的教义并不重要，无论什么菩萨都可以满足他们那些日常生活之外的心理慰藉需要。

重庆市涪陵区安宁村原为安宁场驻地及古驿道，宋代在此修建文昌宫时于石壁上发现一幅"牧羊图"，该地又被命名为"青羊"，至今留有苏轼在岩壁上题下的"桂岩"二字。正是因为留有这些传说，当地人将其视为具有灵气之地。当年修建的文昌宫早已只能见到残垣破瓦，但该地却成为当地的民间信仰习俗空间。一些神佛雕像被摆放在石壁凹洞或地上，这些雕像不知来自何处，有佛，有道，亦有无法辨识的神圣，且多已残缺不全、面目全非。不仅部分缺失了手足，有的甚至连头部都已经不见，几乎没有一件是完整的（见图 4-1）。来土庙供奉的一般为老年人，也有中年村民（尤其是中年妇女）。每月初一、十五或特定日子都有人来此添香火，遭遇家庭变故或困难时也会来此祈福，小而简易的土庙成为乡村民间信仰习俗的仪式空间。值得一提的是，当地政府并没有"一刀切"地清除此空间，而是在这里摆放了可放置香烛的铁槽，这使得残余下的香烛不至于破坏该地人居环境，很好地做到了对当地民俗习惯的规范和管理。

图 4-1 安宁村土庙中的雕像

资料来源：笔者摄于 2021 年 7 月。

如果村落中连最简陋的土庙也没有，部分村民可能会回到树木或山石崇拜。树木崇拜是人类最古老的崇拜形式。关于宗教仪式最著名的研究成果当属弗雷泽（J. G. Frazer）的《金枝》，书名来自罗马神话中一枝可以决定命运的"金枝"。《金枝》大量讨论了传统社会中的树木崇拜现象，从泛神论到多神论都相信树神有造福于人的能力。"作为树的精灵所能运用的能力都在树身上体现出来，它具有树神的能力……首先，树木被看作有生命的精灵，它能够行云降雨，能使阳光普照，六畜兴旺，妇女多子；其次，被看作与人同形或者实际上被看作化为人身的树神，同样具有上述能力。"① 在西南地区没有村庙的村落中，经常会看到有树木崇拜的现象：一棵古老大树上系着大量红色布带，下面摆放着可以插香烛的香炉，其同样为村民提供了安顿心灵秩序的空间。虽然现代社会总将科学与迷信置于对立的两端，但就终极层面而言，"科学与巫术的共同之处，只在于两者都相信一切事物都有内在的规律"②。现代性虽然会压缩民间信仰的空间，但它常常会在日常生活之中再生。

三 旅游中礼俗仪式空间的解构与建构

乡村振兴战略实施以来，乡村旅游被赋予了更重要的价值和功

---

① J. G. 弗雷泽：《金枝——巫术与宗教之研究》，汪培基等译，商务印书馆，2013，第 201 页。

② J. G. 弗雷泽：《金枝——巫术与宗教之研究》，汪培基等译，商务印书馆，2013，第 1099 页。

能。2018 年，中共中央、国务院印发的《关于实施乡村振兴战略
的意见》明确提出，要实施休闲农业和乡村旅游精品工程，创建一
批特色旅游示范村镇和精品线路。同年印发的《乡村振兴战略规划
（2018—2022 年）》进一步提出："历史文化名村、传统村落、少
数民族特色村寨、特色景观旅游名村等自然历史文化特色资源丰
富的村庄，是彰显和传承中华优秀传统文化的重要载体。……合
理利用村庄特色资源，发展乡村旅游和特色产业，形成特色资源
保护与村庄发展的良性互促机制。"① 文旅资源是西南地区传统村
落和特色村寨最独特的产业发展资源，各地方政府也高度重视旅
游对此类村落振兴的作用，并制定出台了相关支持性政策文件。
例如，云南省 2020 年印发的《云南省人民政府办公厅关于加强
传统村落保护发展的指导意见》强调，要充分挖掘传统村落优势
资源，打造一批传统村落特色旅游线路，大力发展以传统文化和
民族风情为主题的旅游文化产业。② 贵州省 2022 年印发的《贵州
省"十四五"民族特色村寨保护与发展规划》提出，推进特色村
寨与旅游产业相融合，推出 100 个以上民族文化旅游村寨、特色
产业村寨、乡村旅游重点村等，助推全省经济社会高质量发展。③
在政策的支持和鼓励下，西南地区有条件的村落都开始发展或筹
划发展文旅融合产业。

　　在乡村文旅深度融合发展的过程中，旅游全面进入乡村的产
业发展、日常生活和习俗惯例，广泛地嵌入村落公共空间的各个
领域，深刻地影响着村落公共空间的生产和再生产。"在全球化
背景下，民族文化旅游所涉及的舞台化与原真性、旅游场景生
产、符号消费、文化体验、文化遗产的保护与开发利用等问题，

---

① 《乡村振兴战略规划（2018—2022 年）》，人民出版社，2018，第 22~23 页。
② 《云南省人民政府办公厅关于加强传统村落保护发展的指导意见》，http://
　　www.yn.gov.cn/zwgk/zcwj/zxwj/202005/t20200525_204539.html，最后访问日
　　期：2024 年 3 月 18 日。
③ 《省民宗委关于印发〈贵州省"十四五"民族特色村寨保护与发展规划〉的
　　通知》，https://mzw.guizhou.gov.cn/zfxxgk/fdzdgknr/zdlyxx_5685707/mzdqjjfz/
　　202112/t20211230_72160336.html，最后访问日期：2024 年 3 月 18 日。

都与空间生产息息相关。"① 空间是社会的产物，由政治经济的运作所创造，也是各种利益主体角逐的结果。在西南地区旅游产业逐渐与市场对接的进程中，空间越发成为资本的载体，也成为资本积累与循环的场域。与村落公共空间传统生产的内生路径不同，文旅融合下的村落公共空间生产更多受到资本、权力和利益等外生要素的影响，其主要着眼点并非满足村落居民自身的需求，而是满足投资者和外来旅游者的需求，这在某种程度上解构了村落传统公共空间的结构与功能。从实践中可以看到，部分投资者在旅游开发过程中，往往按照自己的意图进行空间建设，抽离了本地的生活场景、生活经验和历史语境，将村落的祠堂、戏台等特色公共空间异化为展示性空间、娱乐空间，沦为旅游消费的文化符号。其迎合了游客的偏爱和喜好，却往往远离了村民的真实生活。就此方面而言，旅游对于乡村社会礼俗仪式空间有解构的影响。

青云古镇在发展旅游产业的过程中，地方政府与旅投、文化歌舞、房地产开发等公司合作，成规模地打造具有民族传统风格的建筑群。其旅游规划常具有标准化、现代化、国际化的特点，它们在取用自身需要空间的同时，会消除妨碍其发展的其他空间。青云古镇的旅游规划保留了青云街沿街的传统民居建筑，包括几处标志性大院和祠堂，但同时也将核心景点之外的一些祠堂、大院、风水林等改造成旅游配套空间，如修建了游客中心、民俗展演厅等，并在此有组织地开展民俗仪式展演。这与西江千户苗寨游客中心前的敬酒仪式十分相似，它通过有组织性的民俗表演赋予了该空间以仪式感。地方性的礼俗仪式能强化人们对一个地方的持久感知，防止地方的消失和意义的衰退。游客中心以及其中的仪式展演虽然采用了传统的样式，但它们仍然是典型的"非地方"。游客中心的主要使用者是游客，商业化的标签和针对

---

① 桂榕、吕宛青：《民族文化旅游空间生产刍论》，《人文地理》2013 年第 3 期。

特定对象的服务功能，使该空间内的礼俗仪式常常脱离了村民真实的情感和生活，"它们都已经失去了原有的意义，或成为游客、过路人、旁观者的休闲地仅供参观而已"[①]。

旅游在解构礼俗仪式空间的同时，也在重新建构该空间。西南地区的许多村落都受到了较强的现代性解构，民间习俗及其仪式也在现代化和政策规制的双重影响下逐渐淡去。然而，旅游至少首先在物质层面再建了村落的礼俗仪式空间，使钟鼓楼、祠堂、庙宇等以景观的形式得以复活或存续。在旅游产业发展的过程中，青云古镇原本已经逐渐破旧的祠堂和寺庙，在旅投公司的精心打造下成为特色景观。比如临江的庆忠堂、禹王宫，山腰处的桓侯宫，山顶上的关帝庙等，都依据各自历史得到修缮或重建。很难想象没有旅游资本力量的介入，这些空间能够保存得如此完好。尽管这些空间对于当地居民的意义已经不再如传统社会那般强烈，但其实在地为整个古镇装饰上了鲜明的地方性文化符号，在部分实现了地方社会的空间延续的同时，也满足了游客对传统地方社会的想象。

旅游发展下礼俗仪式空间生产是文化复原与文化想象的结合：既是对既往生活情境和生存状态的复原，也是投资者基于满足游客想象的文化构建。在"复原"与"想象"的生产机制下，青云街还模拟巴盐古道上的旧有生活方式，再现了背盐工、剃头匠、补鞋匠、打铁匠、弹花匠等传统角色，复原了古道兴盛时期的"赶场"场景。在旅游构建的社会剧场中，传统的日常生活在当下呈现出仪式感。在西南地区，许多村落都通过旅游再现了传统的民俗仪式，如斗牛、抬滑竿、坐花轿、赛龙舟，以及逢年过节互动性较强的摆手舞、篝火晚会等。酉阳土家族苗族自治县长岭村组建了专门的村文艺演出队伍，举办了"龙灯闹春"活动，编排了土家摆手舞、跳花灯、舞龙灯、打金钱杆等特色民俗节

① 爱德华·雷尔夫：《地方与无地方》，刘苏、相欣奕译，商务印书馆，2021，第51页。

目，还推广了"三月三"打粑粑、供奉"火星菩萨"、"四月八"等土家族特色节庆风俗。土家族的许多传统集体活动原本具有娱己和娱神的双重功能，但在旅游展演过程中已经世俗化。"通过表述的简单化、节日的日常化和仪式的世俗化等手段，传统文化在旅游开发过程中便得到了再组合、再建构或者再塑造。"① 如云南傣族的泼水节在传统社会中每年只有一次，但在旅游目的地几乎每天都在上演。旅游在更广阔的时空中重构了乡村社会生活，也改变了礼俗仪式空间的生产路径。

---

① 孙九霞、许泳霞、王学基：《旅游背景下传统仪式空间生产的三元互动实践》，《地理学报》2020 年第 8 期。

第五章　服务与政治空间中的主流
文化传播

　　服务与政治空间是提供公共文化服务与承载政治生活的空间，典型形态为便民服务站、农家书屋、村民议事厅和革命纪念馆等。在空间政治学视角下，空间是权力运行的重要载体，权力通过塑造空间来发挥作用，空间的塑造因此遵循着权力的逻辑，空间也常被规划为实现治理目标的工具。主流文化是在社会中占主导地位的文化，其通常以政权为基础、由权力捍卫，并在长期的政治社会化过程中成为社会的思想潮流和生活风尚。公共文化服务一方面满足了村民对美好文化生活的追求，另一方面也将国家倡导的主流文化下沉到基层。就此方面而言，公共文化服务空间也具有政治属性。政治生活空间是指与村落正式权力相关联的空间，政府、村组织和村民在此空间内互动，完成对村落公共事务的治理。此空间内的文化符号表达着国家意志，国家也通过该空间实现文化治理，因此政治生活空间也具有文化属性。

第一节　文化需求满足与政治社会化

　　供给优质公共文化服务是乡村文化振兴的重要内容，也是实现乡风文明的重要保障。《乡村振兴战略规划（2018—2022 年）》明确提出："推动城乡公共文化服务体系融合发展，增加优秀乡村文化产品和服务供给，活跃繁荣农村文化市场，为广大农民提供高质量的精神营养。"① 从公共空间视角来看，公共文化服务空间一方面作为民生乐园，通过供给产品和服务满足村民的文化生活需求；另一方面作为治理阵地，通过下沉国家倡导的意识形态和价值观念推动政治社会化。

一 美好生活与公共文化服务供给

党的二十大报告指出："以社会主义核心价值观为引领，发展社会主义先进文化，弘扬革命文化，传承中华优秀传统文化，满足人民日益增长的精神文化需求，巩固全党全国各族人民团结奋斗的共同思想基础，不断提升国家文化软实力和中华文化影响力。"② 随着全面打赢脱贫攻坚战和全面建成小康社会，乡村地区对美好文化生活的需求日益高涨。在新时代的乡村振兴战略中，公共文化服务能满足乡村追求美好文化生活的需要，其"既是村民过上美好生活的精神食粮，也是焕发乡风文明新气象、构建乡村文化自信的重要保障"③。党的十九大报告对新时代社会主要矛盾做出了判断，即人民日益增长的美好生活需要和不平衡不充分的发展之间的矛盾。文化生活曾长期是乡村建设的短板，尤其在经济欠发达地区经常会出现忽视文化发展的情况。例如西南地区的经济欠发达乡村，由于相当长的一段时间都戴着"贫困"的帽子，脱贫攻坚和经济发展一度是当地需要完成的首要任务。这些地区原本有大量的民俗文化活动，但这些活动具有明显的自发性特征，对于国家下沉到基层的文化资源享受得较少。在经济增长和物质民生发展的主导下，部分原生态民俗文化活动在逐渐减少，甚至有消亡的风险。当前，随着西南地区全面建成小康社

---

① 《乡村振兴战略规划（2018—2022 年）》，人民出版社，2018，第 21 页。
② 习近平：《高举中国特色社会主义伟大旗帜 为全面建设社会主义现代化国家而团结奋斗——在中国共产党第二十次全国代表大会上的报告》，《人民日报》2022 年 10 月 17 日，第 1 版。
③ 李锋：《农村公共文化产品供给侧改革与效能提升》，《农村经济》2018 年第 9 期。

会，村民追求美好生活的内容也更加丰富多元，除传承和创新性地转化乡村优秀传统文化外，还应该充分平等地享受基本公共文化服务。

　　基本公共文化服务均等化是满足乡村地区文化需求的重要途径，其目标是缩小地区、城乡、群体间享有政府提供公共服务的差距，使该地区人民能够共享改革发展的成果。实际上，部分乡村地区享有的公共文化服务不足，是改革发展过程中经济社会的结构性偏差在文化领域的投射，文化生活差距的实质是经济生活的分化。从地区差距来看，以 GDP 为导向的社会发展目标必然会把大量资金引导到城市和发达地区，客观上回避了农村和经济欠发达地区，进而加剧了城乡二元化的局面，拉大了发达地区与欠发达地区的差距。在这种局面下，经济发达地区有相对充裕的资金投入文化事业领域，而许多农村和欠发达地区甚至会陷入"无书可读""无报可看"的困难境地。从 2013 年公共文化投入的区域对比数据中可以看出，经济发达地区有能力将更多的财政收入投入公共文化服务领域，而经济欠发达地区则总量投入相对有限，人均表现更不理想。①

　　基本公共服务均等化可以有效保障社会成员的基本权益，是让人民共享改革发展成果的现实举措。党的十八届五中全会就明确提出，"坚持共享发展，着力增进人民福祉""必须坚持发展为了人民、发展依靠人民、发展成果由人民共享，作出更有效的制度安排，使全体人民在共建共享发展中有更多获得感"。② 党的十九届五中全会进一步强调："坚持人民主体地位，坚持共同富裕方向，始终做到发展为了人民、发展依靠人民、发展成果由人民共享，维护人民根本利益，激发全体人民积极性、主动性、创造性，促进社会公平，增进民生福祉，不断实现人民对美好生活

---

① 参见刘新成、张永新、张旭主编《中国公共文化服务发展报告（2014～2015）》，社会科学文献出版社，2015，第 2～6 页。

② 《中共中央关于制定国民经济和社会发展第十三个五年规划的建议》，《人民日报》2015 年 11 月 4 日，第 1 版。

的向往。"① 让人民共享改革发展成果遵循了以人民为中心的发展理念，是解决美好生活需要和不平衡不充分的发展之间的矛盾的有效路径，对于公共文化服务领域同样也有着重要的意义。尤其对于经济欠发达地区而言，在从前物质民生主导下的社会发展阶段，公共文化生活差距不会受到各界的普遍重视。当全面小康社会建成之后，村民则有了更多和更高的文化生活要求。

> 要是比起来，肯定是现在比过去好多了！我们这里太穷了，有病了都是硬挨着。村里也没有医生，翻山去镇里都要走半天的时间。也没有钱买药看病，还要吃饭的嘛！现在生活真是太好了！村里也有医生，还有医保！我现在平时就教人唱唱苗歌，政府还认定我是苗歌非遗传承人，文化部门、大学教授都来找过我，我就唱给他们听！（重庆市秀山土家族苗族自治县梅江村石姓村民，女，75 岁）

当村民的需求逐渐上升为精神文化层面时，如果文化服务和产品供给差距过大，就会给村民造成相当强的相对剥夺感。

党中央、国务院在全面部署实施乡村振兴战略时明确提出，"深入推进文化惠民，公共文化资源要重点向乡村倾斜，提供更多更好的农村公共文化产品和服务"②。新时代以来，理论和现实层面都为优化乡村基本公共文化服务提供了动力。在理论层面，"文化权利论"和"文化需求论"是基本公共文化服务均等化的主流理论。文化权利论从公民的基本权利出发，强调《世界人权宣言》中倡导的"人人有权自由参加社会文化活动，享受艺术，并分享科学进步及其产生的福利"。文化需求论则从人民需求的

---

① 《中共中央关于制定国民经济和社会发展第十四个五年规划和二○三五年远景目标的建议》，《人民日报》2020 年 11 月 3 日，第 1 版。

② 《中共中央 国务院关于实施乡村振兴战略的意见》，《人民日报》2018 年 2 月 4 日，第 1 版。

变化出发，强调在物质生活水平提高、文化需求增长的背景下，基本公共文化服务提供了一种公益的、共享的、普惠的文化福利。两种理论都强调了政府在公共文化领域的责任，回应了以人民为中心的发展理念。在现实层面，新时代以来我国开始逐步化解改革开放以来积累的矛盾，坚持全体人民共享改革发展成果，把保障和改善民生作为社会工作的出发点和落脚点，以公共服务为抓手全面提升社会成员的民生水平。在此背景下，一场规模空前的文化惠民建设热潮席卷全国，为乡村公共文化空间建设带来巨大的改变。实际上，在基本公共文化服务城乡均等化的发展要求下，公共文化产品供给重心逐渐向经济欠发达地区的乡村倾斜。大部分乡村地区的公共文化服务空间也逐渐拓展，基本形成了以乡镇文化服务中心和村便民服务站为主体、各类专项文化设施相配套的农村公共文化空间网络体系，图书报刊、广播影视、数字信息等产品的数量也快速增加，极大地丰富和服务了村民的文化生活。

二　文化阵地与文明生活新风尚

公共文化服务空间是传播主流思想和文化，实现主导意识形态政治社会化，塑造乡村文明生活新风尚的重要阵地。文化不是单纯的享用品，它还有着强大的治理功能。从治理层面来看，"文化实际上是涉及组织和形成社会生活以及人类行为的权力技术、程序规则等，并且作为它的一部分而运行，涉及体制实践、行政程序和空间安排等问题"[①]。应该注意到的是，一个社会中常常同时存在主文化、亚文化和反文化。价值体系作为文化的核心内容之一，在传统到现代的转向过程中不断被再造与重塑，并建立了在某种同一价值观上的亚文化体系。并非所有的亚文化都与主流文化体系相容。"主文化的消解总是由亚文化的崛起造成的。

---

① 夏国锋：《从权利到治理：公共文化服务研究的话语转向》，《湘潭大学学报》（哲学社会科学版）2014 年第 5 期。

如果一种亚文化所代表的价值观和行为方式站到了主文化的对立面，它在学术上就被称为反文化。"① 反文化的存在可能会解构统一的社会价值体系。反文化是"一种文化体系内部的某个集团抛弃了本体系的根本价值观，用别的价值观来与之对抗。……它激烈地摒弃包括它（文化体系）在内的文化价值，激烈地嘲弄或反对这些文化价值"②。迪韦尔热（M. Duverger）认为，虽然所有文化实际上都容忍一定程度的偏离和允许最低限度的改变，但程度和限度相差很大。"如果有人整个地抛弃了一种文化制度，那么他们是否真正属于这个集体的成员就值得怀疑了，尽管表面上他们属于这个集体。"③ 可以说，亚文化发挥的功能既可能与国家治理相容，提高国家的治理能力和治理水平；也可能与国家治理相抵触，消解国家治理的效果。任何一个政府要获取政治认同和实现社会整合，都不能对文化采取放任自流的态度，而是要通过引导文化发展达到政治社会化和价值观念塑造的目标，所以公共文化服务空间还作为"治理阵地"而存在。

首先，推动政治社会化与社会秩序化。政治文化作为文化体系的重要组成部分，是社会秩序和社会团结得以连续和持久的基础。政治文化研究的代表学者阿尔蒙德（G. A. Almond）认为，"政治文化是一个民族在特定时期流行的一套政治态度、信仰和感情。这个政治文化是由本民族的历史和现在社会、经济、政治活动进程所形成。人们在过去的经历中形成的态度类型对未来的政治行为有着重要的强制作用"④。一个社会中的政治文化可能是高度一致的，也可能是两极分化的，甚至是多极分化的。当社会

---

① 高丙中：《主文化、亚文化、反文化与中国文化的变迁》，《社会学研究》1997年第 1 期。

② 莫里斯·迪韦尔热：《政治社会学——政治学要素》，杨祖功、王大东译，华夏出版社，1987，第 76~77 页。

③ 莫里斯·迪韦尔热：《政治社会学——政治学要素》，杨祖功、王大东译，华夏出版社，1987，第 82 页。

④ 加布里埃尔·A. 阿尔蒙德、小 G. 宾厄姆·鲍威尔：《比较政治学——体系、过程和政策》，曹沛霖等译，东方出版社，2007，第 26 页。

中存在多个与统治阶级主张的政治文化相抵触的亚文化类型时，国家的认同意识危机将不可避免，其结果可能是政治体系的解体和统一国家的分裂。因此，塑造社会成员政治心理的政治社会化过程就十分必要。从历史上看，西南地区多民族集聚与散杂居的格局十分明显，民族文化的构成与关系也十分复杂。如彝族属于人口较多的少数民族群体，同属彝语系的还有哈尼族、拉祜族、纳西族、基诺族、傈僳族等民族，但各民族之间仍存在较大的文化差异。即使彝族内部也有撒尼、罗武、诺苏等不同支系。"彝族所居住的横断山脉，山谷纵横，构成无数被高山阻隔的小区域，其间交通不便，实际上属于同一族类的许多小集团，分别各自有他们的自称，也被他族看成不同的民族单位。"① 然而，中华民族始终存在一个凝聚核心，各民族因此像石榴籽一样紧紧抱在一起，形成多元一体的中华民族共同体。政治社会化是一个过程，公共文化服务则是使社会成员实现政治社会化的过程。政府可以通过主导公共文化服务的方向，把政治体系中主流的价值传递到社会层面，矫正与主流政治文化相偏离的亚文化，为统一的民族国家提供凝聚核心。

其次，提高政治认同与治理合法性。政府承担公共文化服务供给的主导责任，既可以通过均等化实现社会公平，也可以塑造高度一致的政治文化，进而提高政治认同和治理合法性。公共管理学者认为，好公民"要能够理解立国的重要文件"，必须坚信国家政体的价值是真实的和正确的，"要相信这些价值，没有商量余地地接受这些价值"。② 一方面，社会成员参与公共文化生活的过程也是个人训练的过程。通过参与共同体的文化生活，个人与其他社会成员联系起来，感知到政府对个人的期望，习得社会主流价值观，学会遵守社会规则，愿意参与地方公共事务，从而

---

① 费孝通：《美好社会与美美与共》，生活·读书·新知三联书店，2019，第232 页。
② 乔治·弗雷德里克森：《公共行政的精神》，张成福等译，中国人民大学出版社，2003，第40~41 页。

通过文化融入政治体系。另一方面，一致的文化观念有助于维持政治系统的稳定。"在高度一致的文化中，公民对关键性的问题持普遍一致的看法。在这种情况下，任何政治领导人的政策建议只要符合民心，就会取得大多数公民的支持，政局非常稳定。"①政府主导下的公共文化服务供给有助于形成一致的政治文化，引导社会成员遵守法律制度和社会规范，进而维持政治体系和社会秩序的稳定。对样本村落的统计发现，党的十八大以来，各级政府开展文化下乡活动的频次增加，村落举办群众文化活动的频次也大幅提升。46.9%的村民认为政府有更多的资金和人力，有能力组织起更大规模的文化活动，有利于满足自身精神文化需求，也有利于本村特色文化的展示与传播。村落举办特色文化活动的次数增加，不仅体现了政府对乡村文化活动的重视，也增强了村民在文化方面的满足感和获得感，提升了他们对国家治理的认同感。

最后，塑造文明生活方式与社会新风尚。精神文明建设始终是我国文化工作的核心任务。乡村文化振兴要求，"持续推进农村精神文明建设，提升农民精神风貌，倡导科学文明生活，不断提高乡村社会文明程度"②。我国现代公共文化服务体系建设明确提出，"以社会主义核心价值观为引领，发展先进文化，创新传统文化，扶持通俗文化，引导流行文化，改造落后文化，抵制有害文化，巩固基层文化阵地，促进在全社会形成积极向上的精神追求和健康文明的生活方式"③。"提高公民思想道德素质，培养新时代合格公民"一直是我国文化建设的重要目标之一。新中国成立之初，政府就通过"扫盲""破四旧"等运动塑造"社会主义新人"。但是，在相当长的一段时间内，对公民的再教育形式都是单纯的宣教。随着市场化改革和社会转型的深入，这套方法收效甚微。相反，通过鼓励社会成员参与公共文化活动，不仅可

---

① 毛寿龙：《政治社会学》，中国社会科学出版社，2001，第99页。
② 《乡村振兴战略规划（2018—2022年）》，人民出版社，2018，第60页。
③ 《关于加快构建现代公共文化服务体系的意见》，人民出版社，2015，第3页。

以培养他们参与公共生活的理性精神，还可以使其在享受生活的同时潜移默化地受到引导。例如，西南地区素来流行"牌文化"和"酒文化"。

> 每年过年村里简直就成了一个大麻将馆！从前过年村里还有很多民俗，如杀年猪、熏腊肉、打糍粑等。现在这些都可以在市场上买到，闲下来的村民就喜欢打麻将，打完之后就聚在一起喝酒，引起了很多家庭矛盾。这几年我们联合村委会和一些有经济实力的村民，连续三年在松岩村举办了"村晚"，鼓励村民自己排练节目，这对抑制当前存在的一些不良生活习惯起到了一定作用！（重庆市酉阳土家族苗族自治县松岩乡文化站何姓干部，男，43 岁）

政府通过主导公共文化服务供给，推动文明生活方式与社会新风尚的形成，也重新构建了村落的集体记忆，强化了村民的认同感与归属感。

三　公共文化服务空间的标准化

公共文化服务空间是政府为满足社会成员文化需求提供的公共产品，它向全体社会成员非排他性地、平等地、无偿地开放。公共文化服务空间在物理形式上可以分为两类。一类是没有设置边界或边界开放的室外空间。最典型的空间形态是广场、公园、亭廊、步道等。调研发现，所有样本村落都修建了广场，且多设置在村便民服务站或村"两委"用房之前，常命名为文化广场、振兴广场、思乡广场、兴业广场等。松岩村、青云街、镇山村等地还修复了古戏台、戏楼，作为文化下乡或文化会演的舞台。另一类是由建筑物封闭起来的室内场所。最典型的空间形态是农家书屋、信息共享室、文体活动室等。此类空间虽然是室内的封闭场所，但它们并不设置进入限制，并且平等和无偿地向每位村民开放。部分村落还修建了村史馆、乡情馆、崇德堂等场馆，凸显出本村的文化特色。随着 21 世纪以来基本公共文化服务均等化的推进，尤其是乡村振兴进程中公共服务资源向乡村下沉，村落公共文化服务空间逐渐趋于完善。

公共文化服务空间的特征是标准化。党的十八届三中全会明确指出，要促进基本公共文化服务标准化、均等化。随后中共中央办公厅和国务院办公厅印发的《关于加快构建现代公共文化服务体系的意见》也强调，要建立基本公共文化服务标准体系，确立国家基本公共文化服务指导标准。标准化建设对于完善村落公共文化服务空间十分重要，其不仅可以保障公共文化场馆场地和设备设施在乡村落地，而且可以保障村民的基本文化权益和需求得到满足。按照《标准化工作指南第 1 部分：标准化和相关活动的通用术语》（GB/T 20000.1—2014）的界定，标准化是指"为了在既定范围内获得最佳秩序，促进共同效益，对现实问题或潜在问题确立共同使用和重复使用的条款以及编制、发布和应用文件的活动"。目前，学术界对基本公共文化服务标准化没有统一界定，一般是借用上述定义，并加入公共服务的对象和内容进行定义："基本公共文化服务标准化是指，政府为了保障公民的基本文化权益，提高公共文化服务的能力，按照标准化工作的流程与要求，针对基本公共文化服务领域内重复性的行为、技术和产品，制定、发布和实施相关标准，并通过合理机制和手段实现其目标的过程和行为。"①

标准化对村落公共文化服务空间建设的意义在于以下几个方面。首先，明确公共文化服务供给规范，保障边缘地区和人群的基本文化需求。标准化对公共文化服务空间建设提出了最低要求，即使是经济欠发达地区也必须达到此标准。其确保了公共文化服务资源向经济洼地流动和倾斜，从而保障了每个地区的基本文化需求都能得到满足。其次，明确基层政府的供给责任，降低

---

① 李锋：《均等与效能：社区公共文化服务供给模式研究》，武汉大学出版社，2017，第 64 页。

供给过程中决策的随意性。从政府行为角度看，部分地区村落公共文化服务空间建设不足的原因主要有两个：一是基层政府缺乏提供基本公共文化服务所必需的资源；二是某些基层政府不愿把资源投入文化建设领域。标准作为规范性文件，可以约束政府行为，解决政府回避公共文化服务空间建设责任的问题。对于前者，标准化建设对政府间的转移支付提出了要求，明确了不同层级政府的文化资源均衡化配置责任，为村落公共文化服务空间建设提供了资金保障。对于后者，标准为地方政府规定了"硬指标"，可以有效约束基层政府的供给行为，避免了其逃避供给责任的风险，为村落公共文化服务空间建设提供了动力保障。最后，提高基本公共文化服务均等化效能，增强公共文化服务空间建设的社会认同。公共文化服务空间建设标准发挥着规范性文件的普遍约束效力，为"不会做""做不好"的部门提供了指导和遵循，使村落公共文化服务空间的类别、规模和质量等都有了保障。同时标准也为村民提供了衡量公共文化服务空间建设的明确依据，有利于监督村落公共文化服务供给的政策效果。

　　住建部、国家发展改革委联合编制的《城市社区服务站建设标准》（建标 167—2014，农村参照执行），设置了文体活动室、阅览室和多功能室等文化活动用房规定，并规定了各类文化活动用房使用面积占整个服务站的比例。标准还根据各地开展的文艺、棋牌、健身、小型球类等项目，测算了各类文化活动用房的使用面积（见表 5-1）。以中央部委编制的行业标准为依据，地方也根据本地情况编制了相应的地方标准。重庆市编制的地方标准《城市社区服务站设置规范》（DB50/T 586—2015）明确提出，发展面向基层的公益性文化事业，逐步建设方便居民读书、阅报、健身、开展文艺活动的场所。文化活动用房是城乡居民开展文化、体育活动的用房，主要满足居民文体休闲的需要，为居民提供文化、体育等便民服务。阅览室作为居民图书阅览和电子阅览的用房，也可作为学生课后读书学习的场所。重庆市社区服务站文化活动用房配置规范如表 5-2 所示。

表 5-1 城市社区服务站文化活动用房标准 （农村参照执行）

单位：平方米

类别	功能	用房面积		
		一类社区 6000～9000 人	二类社区 3000～6000 人（不含）	三类社区 3000 人以下（不含）
文体活动室	开展舞蹈排练、声乐练习	45	36	30
棋牌室	从事棋牌类活动	15	15	15
健身室	摆放必要体育健身器材	36	36	36
乒乓球室	开展乒乓球等小型球类活动	81	111	144
阅览室	图书阅览、电子阅览及课后学习	40	58	80
多功能室	召开居民代表大会，开办党员学校、法制学校、人口学校	60	80	92

表 5-2 重庆市社区服务站文化活动用房配置规范 （农村参照执行）

类别	项目设置	承担功能
文体休闲	阅览室	书报借阅、电子信息检索与浏览
	文体活动室	从事棋牌、影音、美术、社交、室内健身活动
教育培训	多功能室	社区教育及培训，兼作召开居民代表会议和开展居民集体活动的用房
社会服务	社会组织活动室	社区社会组织开展活动和社区志愿者活动
	社会工作室	社会工作者开展社区服务

标准化建设推动了村落公共文化空间的完善。在西南地区调研的样本村落均建有便民服务站，并设置了农家书屋、文体活动室等文化活动用房，配备了图书、电脑、棋牌、球拍等各类设施设备，既为村民的日常文化活动提供了稳定的空间，也为主流文化下沉乡村社会提供了阵地。贵州省凯里市开展了"一站一室一中心"的标准化建设，即每个行政村都要有便民服务站、阅览

室、文化活动中心。在各类公共文化服务空间中，农家书屋的建设最普遍和便捷。截至 2022 年，凯里市已建成农家书屋 166 个，实现了全市行政村全覆盖。该市下辖城镇就以凯里市的村级活动室标准化建设为契机，在全镇的 17 个行政村建成了农家书屋。该镇还要求农家书屋设在便民服务站一楼，对书进行分类，建立管理台账等，以使村民更方便地获取图书资源。该镇除完成村级活动室标准化建设外，还在全镇范围内建成了 1 个综合文化站、14 个文化广场和 1 个仫佬族文化馆。云南省保山市制定了村级文化建设十条指导性标准，提出要把村级综合文化室建成本村规划建设的"亮点工程"、精神文明建设的"窗口工程"、满足村民文化生活需要的"民心工程"和文化与经济一起抓的"示范工程"。该市规划的村级综合文化室包括多功能展示厅、多功能学习培训室、文体工作室等功能空间，以及与综合文化室结合建设的多功能文体小广场等。

在村落室内公共文化服务空间加快建设的同时，开放性的室外公共文化服务空间也日益丰富和完善，其中以小型广场及文体设施建设最具有代表性。重庆市黔江区青泉坪老街 2014 年入选第三批中国传统村落名录。老街广场建成后向全镇征集了名称，最后融合了红三军的革命历史文化元素，将广场定名为红军树广场。广场上有红军树、红军纪念亭、贺龙雕塑等红色景观，经常用来作为革命传统教育和爱国主义教育的课外讲堂。广场周围还设置了健身器材和休闲座椅，摆放了村规民约、文明公约、科普宣传、村务公开等展示板，配备了 LED 电子屏、高杆灯、景观灯等亮化设施。既展示了革命历史等主流文化，也为村民提供了休闲娱乐场所，集合了休闲、娱乐、健身、美化、德育等功能。

第二节　政治空间生产与政治社会化

依据空间政治学的观点，人们对空间进行政治性的加工、塑造，空间也因此具有政治性、意识形态性。空间是开展政治生活的载体，赋予政治生活以不同的形态和意义。空间也被政治生活塑造，成为政治权力实施战略的工具。从广义上讲，政治是以权力为核心的社会关系，是关于统治、支配、控制和主宰的行动。[1] 就此层面而言，政治广泛地存在于政府行政过程和日常生活之中，时时刻刻地影响着社会生活的方方面面。也就是说，既存在村委会、村民议事厅中的正式政治生活，也存在街头、院坝、广场中的日常政治生活。因此，国家权力既要通过正式政治空间内的规范化运作加强政权建设，同时也要通过非正式政治空间内的符号表征推动政治社会化。

一 空间中的权力与政治

空间是权力运行的载体和权力获得合法性的场域，影响并塑造着人们的思维观念、角色意识和交往方式。在勒菲弗看来，空间已经被政治化了，因为它被纳入了各种有意识的或者无意识的战略中。"空间是一种在全世界都被使用的政治工具。它是'每个人'手中持有的工具，不管是个人还是群体。也就是说，它是某种权力（比如，一个政府）的工具，是某个统治阶级的工具。"[2] 正是因为空间具有这种权力生产的功能，我们可以通过分析空间来研究政治生活。

福柯也将空间视作权力的工具。空间组织和分配实则是权力实施的过程，它可以完成对肉体甚至精神的规训。福柯对监狱、军营、医院和精神病院等纪律空间做了详细分析，充分展示了"空间—权力"技术的规训力量。《规训与惩罚》开篇就向读者展

---

[1] 从新韦伯主义角度来看，X 拥有对 Y 的权力可表示为：①X 有能力通过某种方式让 Y 采取行动；②这些行动遵循 X 的意愿；③如果没有 X 的意愿，Y 则不会采取这些行动。参见罗伯特·古丁、汉斯–迪特尔·克林格曼主编《政治科学新手册（上册）》，钟开斌等译，生活·读书·新知三联书店，2006，第 8 页。

[2] 亨利·勒菲弗：《空间与政治》（第二版），李春译，上海人民出版社，2008，第 29~30 页。

示了一场惊心动魄的酷刑："用烧红的铁钳撕开他的胸膛和四肢上的肉，用硫黄烧焦他持着弑君凶器的右手，再将熔化的铅汁、沸滚的松香、蜡和硫黄浇入撕裂的伤口，然后四马分肢，最后焚尸扬灰。"[1] 在福柯看来，这种残忍的酷刑只能算作展示或炫耀权力，不但不能实现权力有效支配和控制的目标，而且还可能因血腥和暴力引发骚乱和暴动。现代社会要求更"人道"地对犯人进行惩罚，但这并不是什么价值理念方面的进步，而是为了减少惩罚的经济和政治代价，采用一种更高效的空间规训技术，使惩罚变得更规范、更精巧、更普遍。监狱的"全景敞视"设计是现代权力规训的典型空间结构：四周是一个被分成很多隔间的环形建筑，中心是一座有一圈大窗户的瞭望塔，从瞭望塔可以清楚地观察四周房间里的一举一动，而周围房间就是"许多小笼子、小舞台"，瞭望塔则可以通过诸如设置百叶窗等装置避免被外部观察到。由此产生的全景敞视建筑的主要后果是：在被囚禁者身上造成一种有意识的和持续的可见状态，从而确保权力自动地发挥作用。"全景敞视建筑是一个神奇的机器，无论人们出于何种目的来使用它，都会产生同样的权力效应。"[2] 一种权力构建的空间结构产生了真实的征服感，无须任何人有意操纵都能时刻自动发挥规训的功能，权力与空间相结合展示出了其巨大的政治能力。

空间权力技术同样存在于古代社会中。段义孚认为："在文字被广泛使用以前，人们通过象征性的建筑物去维护某一套世界观。"[3] 根据希罗多德《希腊波斯战争史》的描述，狄俄塞斯修建的埃克巴坦那城地表是一个缓丘，建造者迎合空间布局将城市设计成一个巨大的穹顶：一环套着另一环，从外向内逐渐升高。城市用不同颜色的七道城墙围成从高到低的不同圈层，狄俄塞斯

---

[1]　米歇尔·福柯：《规训与惩罚》，刘北成、杨远婴译，生活·读书·新知三联书店，2012，第3页。

[2]　米歇尔·福柯：《规训与惩罚》，刘北成、杨远婴译，生活·读书·新知三联书店，2012，第224~227页。

[3]　段义孚：《恋地情结》，志丞、刘苏译，商务印书馆，2018，第226页。

居住在最内一圈的金色城墙之中，这里也是整个城市地势最高点。社会阶层不断降低、人口数量不断增加的居民，依次居住在向外扩散的各个圈层内，同时地势也随居住阶层的下降不断下降，普通民众只能居住在最外圈的城墙之外。于是整个城市呈现出阶梯式上升的空间结构，既象征着宇宙的普遍秩序，也区隔出了不同的社会阶层。中国古代崇尚"天人合一""君权神授"的政治观，各朝代都城的空间布局都展现了这种政治观念。商周时代严格界定了中心与外围，并通过一系列的政治景观将其神圣化。如设计成方形的城墙、社稷坛和太庙，是为了与大地的方形相吻合，表达自身具有宇宙缩影的意义。在其后的城市空间设计中，尽管面临剧烈的社会经济变迁，中国的城市设计依然保留着大量的古老象征元素。西汉的长安城也基本保持了与主要方位对齐的结构，但它的城墙又不完全呈现矩形，西北方的一角尤其不规则，一些研究认为这种弯曲正好对应了南斗与北斗的形状。皇城主殿未央宫并未坐落于中心的位置，但它是相对高度最高的建筑物，其夯土台基比周围区域高出了 15 米。"这种手法采用了多层高台基以凸显整座宫殿的高度，同时它与天空相连接的意境也表现了出来。"[①] "天人合一""君权神授"的政治观在这种空间结构中被凸显出来。

中国古代也形成了一套空间规训技术，以此对行政系统进行控制，对民众进行统治。掌权者通过高墙隔离出不同的空间单元，保证不同层次、部门的建筑与公众之间的隔离，在行为和心理上使政治系统与庶民之间产生距离，并从而产生压迫感。宫殿或衙署往往是区域内的最高建筑，城市的中心往往设有楼阁式的"旗亭"，管理者可以在此处俯察整个城市，使普通民众总能感觉到规训力量时刻在注视着自己。民族地区亦是如此。历史上，土司曾是民族地区的权力持有者，土司衙门也常会修建在聚落空间的最高处，但这并不意味着治下村民可以观察到土司的日常，因

---

① 　段义孚：《恋地情结》，志丞、刘苏译，商务印书馆，2018，第 251~252 页。

为这些土司衙门被高墙大院包围，并被分成不同的空间功能区，外来者会按类别被引领至特定的区域。如鲁土司衙门就沿中轴线展开，利用地基使建筑依次抬高，造成数门直线贯通，院落相连，烘托出权力的威严气势和规训意味。云南省红河州建水县回新纳楼司署曾为纳楼茶甸千户"临安九属"之首，该司署同多数土司衙门一样坐落于村落的最高点。土司可以在此向下俯瞰他的属民和属地，而村民们只能仰视这座宏大而神秘的建筑物，这种空间上的势差强烈地突出了土司至高无上的权力。回新纳楼司署正门也采用了多梯级设计。这些阶梯象征着通往中心和向上的天梯，其上就是主宰众生的权力宝座，来访村民在"天梯"前感受到自身的卑微，要行跪拜礼才能通过阶梯进入司署，从而体现出了土司衙门的空间规训功能。个人的绝对权威在现代政治社会中已经瓦解，但是国家正式权力的绝对权威必须予以维系，现代政治权威仍需要借助空间符码的标识。在现代乡村地区中，公共广场经常给人留下深刻的印象，不仅是因为它占据了村内最显著的位置，而且还因为它与村"两委"毗邻。村"两委"悬挂的国旗、党旗、牌匾等符码，使广场具有了政治含义，个体身处空旷广场中时则会有被政治空间包围之感，不由自主地产生出对政治权力的敬畏之感。

现代社会中政治权力运作仍需要借助空间构建实现，空间治理已经成为国家治理的重要手段。随着基层政权建设的完善，村落中家族政治的组织方式逐渐解体，以大院、邻里等空间为单位的网格化管理逐渐普遍。网格化是一种空间治理技术，它是通过村落治理单元的重构，将从前以家族为主导的政治转化为以地缘为单位的政治。有研究认为，"网格化管理模式可以视为国家对基层治理结构的重建途径，它透过信息平台进行权威整合与行政力量下沉，实现社会控制的目标"[①]。国家通过对大院、邻里等地

---

① 孙柏瑛、于扬铭：《网格化管理模式再审视》，《南京社会科学》2015 年第4 期。

缘居民的再组织，使其意志有效下沉到乡村社会，从而实现了对地方社会的重新整合。重庆市黔江区社民街道所属村社在人居环境整治过程中，以院落为单位进行了网格化再组织，出台了强化网格责任、"门前三包"责任制、院落环境评比等一系列制度。街道每月以院落为单位进行人居环境评比，不仅要评比出每月的最清洁院落，还要评比出最不清洁院落，评比结果作为评选"乡贤""十星级文明户"的参考依据。

> 一开始搞院落卫生评比，有的（家庭）还没有当回事。没想到上面还动真格了！第一个月就有人家门口被贴上了"不清洁户"的牌子。有的人就很生气，一下就把牌子扯下来甩到地上，还说："我就不管这些，看你怎么样！"街道上来检查的人也不生气，反而还高兴呢！那个干部说："这说明老百姓在乎评比，在乎的话就会改正！"大家都要个面子的嘛！而且总是连累邻居心里头也不安逸。几轮评比下来，那些"不清洁户"也都改正了！（重庆黔江区社民街道李姓居民，男，43岁）

以院落为单元的网格化使邻里成为一个利益共同体，在评比中拖后腿的"不清洁户"会受到来自周围的道德压力，而政府的人居环境整治任务则在这种治理空间的再组织中得以推进。

二　政治景观与政治社会化

景观是人依据自身的现实需求、文化理解、美学观念，对自然空间加工、改造和修饰而成的综合空间，是特定群体的信仰、价值观与审美意义的呈现。新文化地理学强调景观在文化层面的意义，认为景观作为人类创造物实际上就是文化景观，它虽然作为物质存在，却可以折射地方文化。"新文化地理学对文化景观的研究已超越对物质形态的研究，延展到对景观意义的分析，景观意义不一定来自景观的设计者和建造者，还来自在这里发生的历史事件，由历史事件赋予的景观意义有时有悖于景观设计者和建造者赋予的意义。"① 景观一旦形成就对人的心理、行为、价值和观念产生微妙的影响。米切尔专门研究了景观（风景）与权力之间的关系，认为景观作为一个形象、形式或者叙述行为出现的背景，"在人身上施加了一种微妙的力量，引发出广泛的、可能难以详述的情感和意义"②。因此景观的意义不仅在于文化层面，更在于社会和政治层面。在西南地区，村落一方面相对完整地保留了传统聚落空间形态，也保存了许多自然演化形成的传统乡土景观；另一方面随着国家权力逐渐向乡村地区下沉，村落中也逐渐出现了大量的新政治景观。

政治景观是基于政治需求和政治导向构建的景观，其反映了权力结构、意识形态、主流价值等政治要素。从狭义层面来讲，政治景观是指"特定的场所和空间讨论公共事务的场景、遗址，形成或产生政治权力（公权力）的特定形制"③。从广义层面来讲，政治景观则可以泛指受到正式权力形塑的空间，该空间往往表现出权力的力量或装配了大量的政治符号。约翰·布林克霍夫·杰克逊（J. S. Jackson）区分了栖居景观与政治景观。前者是作为栖居动物的人将景观看作一种久已存在的栖息地，并将自己视为景观的一部分，这种景观伴随着人类试图与自然环境和谐共处的过程不断演化；后者则是作为政治动物的人将景观看作由自身一手创造的，并将景观视为属于他的一部分，这种刻意创造出来的景观能够赋予群体以不同的地位。"政治景观要素包括墙、边界、高速公路、纪念碑以及公共空间；这些要素在景观中扮演着特定的角色。它们的存在明确了秩序、安全与延续性，赋予市民一种可见

---

① 周尚意：《触景生情：文化地理学人笔记》，商务印书馆，2019，第48页。
② W. J. T. 米切尔：《空间、地方及风景》，载《风景与权力》，杨丽、万信琼译，译林出版社，2014，再版序言第1页。
③ 彭兆荣、田沐禾：《作为政治景观的广场》，《文化遗产》2018年第1期。

的地位。它们时刻提醒着我们的权利与义务，以及我们的历史。"① 无论在古代还是在现代社会中，政治景观都发挥着政治社会化的功能。政治社会化是一个过程，"在一个特定的社会体系中个人依次学到关于政治以及个人与政治体系关系的价值、规范、概念和态度"②。政治景观既作为人行动的背景，也作为人敬仰与崇拜的对象，潜移默化地影响人的政治认知，完成政治社会化的过程。

在中国古代"皇权不下郡县"的权力模式下，基层社会保持了相对较强的地方性特征。王笛在对晚清和民国时期成都的街头和茶馆进行研究时认为，成都街头的传统公共空间是由普通民众自我掌控的，"日常生活不用劳官吏大驾，清廷更是遥不可及，真有点天高皇帝远的感觉"③。城市日常生活空间尚且与权力保持着距离，远在山地大川的村落则更少受到政治权力的规制。虽然如此，土司衙门、钟鼓楼、祭祀塔、寨墙门等同样彰显着权力意识，这些政治景观在规模上与远在皇城的宫殿自然无法相比，但其追求恢宏、雄壮、威严的意识却不遑多让。当前，这些古老政治景观的遗迹正在一处处地消失，或已经成为旅游过程中供游客凝视的博物馆，失去了其政治社会化的功能。与此同时，随着乡村改造过程中正式权力的进入，新的政治景观在村落中占据了重要位置，同样也在塑造着村民的政治观念。这些政治景观既包括政务场所、广场、纪念碑、博物馆等正式空间，也包括各种政治符号营造出的政治氛围空间。

广场是一种政治空间。"它过去是，在许多地方现今仍然是，一种当地社会秩序的表征，展现了市民之间、市民与当局之间的关系。广场彰显个人在社区中的角色，让我们明确了自己在民

① 约翰·布林克霍夫·杰克逊：《发现乡土景观》，俞孔坚等译，商务印书馆，2016，第 23 页。

② 毛寿龙：《政治社会学》，中国社会科学出版社，2001，第 109 页。

③ 王笛：《茶馆——成都的公共生活和微观世界，1900~1950》，社会科学文献出版社，2010，第 4 页。

族、宗教、政治或消费导向的社群中的身份，广场的结构和功能就在于加强这种身份认同。"① 广场作为典型的政治空间是在古希腊时期，雅典公民在这里投票决定重要公共事务，它构成了雅典直接民主不可缺少的一部分。恺撒扩建的罗马广场曾耸立着皇帝的巨大雕像，周围环绕着神庙、圣墓、法庭、行政机构等公共建筑，这些建筑使整个广场成为一个水平放置的巨大纪念碑，恺撒用来炫耀自己的功绩和彰显自己的权力。这些政治景观都尺度恢宏、亘古不变、易于识别，而栖居景观相比之下则卑微、渺小、微不足道。"正是借助这种官方的公共地方，中央集权的政府与组织机构才能彰显它们自身的地位与权威。"② 当代城市中的市政广场同样尺度恢宏，追求强烈的视觉冲击效果，集中了多种政治元素，体现出政治景观的鲜明空间特征："它占据了中心城镇最显赫的位置，周围环绕着极富政治意义的建筑物——法庭、档案馆、财政厅、立法院，有时还会有军事机构和监狱。广场本身还装饰有当地英雄和神明的雕像，以及重大历史事件的纪念碑。所有的重要仪式都在这里举行。"③ 比如莫斯科红场周围就环绕着克里姆林宫、瓦西里·布拉仁教堂、国立历史博物馆、列宁墓等典型的政治建筑。广场服务于各种类型的政治盛会与游行活动，比如劳动节游行、胜利日阅兵等，这些活动都在不断强化着这类空间的政治权威性。

　　一般而言，传统乡村社会中缺少这种气势恢宏的广场。西南地区许多村落中自然形成的小广场（称之为平坝更贴切）主要服务于生活，其功能包括集市、休闲、娱乐、社交和节日聚会等。在乡村振兴战略实施的过程中，村落公共空间越来越受到外部力量的形塑，集合了市政广场功能的现代广场普遍出现在村落中，

---

① 约翰·布林克霍夫·杰克逊：《发现乡土景观》，俞孔坚等译，商务印书馆，2016，第 32 页。

② 爱德华·雷尔夫：《地方与无地方》，刘苏、相欣奕译，商务印书馆，2021，第 56 页。

③ 约翰·布林克霍夫·杰克逊：《发现乡土景观》，俞孔坚等译，商务印书馆，2016，第 33 页。

发挥着潜移默化的政治功能。黔江区青泉坪老街 2014 年入选第三批中国传统村落名录，目前为 4A 级旅游景区。青泉坪老街历史上是川东南的古老集镇，原为黔江通往彭水、酉阳的必经之道，因交通便利曾作为牛马集散地。据记载，贺龙将军年轻时就来此贩卖过骡马。1934 年红三军攻打彭水时，贺龙也曾夜宿于此。正是因为与贺龙将军的渊源，青泉坪以红色文化为核心进行了景观化建设，保护和修复了革命遗址和纪念物。整个景观的核心就是红军树广场。广场上有一棵树龄 300 多年的皂角树。据说贺龙将军率红三军攻打彭水前，就是在此皂角树下举行的誓师大会，要求将士们要像这棵皂角树一样经得起风吹雨打。广场也以此树而命名。如今这棵皂角树上系着许多红丝带，突出了该树蕴含的红色文化意义。树下立有贺龙将军的塑像，表现将军站在马前作战前动员的情景。广场上还修有红军纪念碑、红军文化墙等建筑，展示着本地的革命历史。广场的一侧修建有红军纪念馆，是借用了老街的一座大院改造而成的。内部除陈设贺龙将军用过的桌椅、床铺、马灯等旧物外，还通过图文展示红军奋战的历史事迹。此类广场与村落内传统平坝场地的不同在于，其弱化甚至禁止集市、聚会等生活功能，而突出了革命文化的圣洁性和政治生活的严肃性。正如段义孚所说："为了强化忠诚感，人们建起有纪念性的景观，让后人可以看见历史。往日战斗场面的不断复述，也能使人生发出信念，相信英雄的鲜血圣化了这片大地。"① 红色景观使政治寓意外显化，也使主流文化以更为形象的方式进入乡村生活，成为政治社会化的有效载体。

政治景观还通过设置前台符号营造出象征和隐喻，把主流价值观和政治文化渗透到社会生活的内部，塑造社会成员的文化心理及价值取向，甚至能够使其获得掌握心灵和身体的力量。例如，人们看到故宫紫禁城，就会联想到旧时期的王权，看到白宫（即使是图像）则会联想到美国政治。空间剧场中的参与者或观

---

① 段义孚：《恋地情结》，志丞、刘苏译，商务印书馆，2018，第 147 页。

众对前台符号的感知，使他们从物理空间进入意象空间，最终被
征服在一种更为广泛、稳固与集体性的象征空间中。广场之所以
能够成为纪念空间，在于其中配备的权力和政治的符号，如红军
树上的红丝带、红军纪念碑上的图画和文字等。列斐伏尔认为，符
号应该是整个体系中表意的一部分，它更易于编码与解码，也隐含
了某种情感投资和情感蓄能。"符号的使用更强调的是意义：空间
可以利用话语、符号抽象地加以标记。空间于是便获得了符号化的
价值。"① 重庆市丰都县安乐乡与和平乡也有革命历史。1930 年，
四川红军第二路游击队建立以安乐寨为中心的革命根据地，并有攻
打安乐寨等战斗。同年，该游击队主力攻占和平乡，在安家院子成
立和平乡苏维埃政府。然而和平乡与青泉坪不同的是，该地没有修
建红军广场、纪念碑等红色景观的资金，而是使用红色文化符号打
造鲜明的政治景观。除利用和平乡苏维埃政府旧址的老屋进行图文
展示外，村落重点突出了革命旧址的文化符号。红军在当地留下了
许多标语，但历经岁月，大多已经模糊不清。村落在原址上重新描
绘了这些标语，并添加了当下的政治术语和口号，这使人们未进入
村落就开始体验红色文化。如进村道路一旁岩壁上留有土地革命时
期的标语"红军是为穷人打仗"大字，前行一段之后，有山石上书
写了红色的现代政治理念"初心"，之后又有山石上书写了"使
命"。实际上，当前村落公共空间中配置了大量的政治符号，如街
头路旁的横幅、标语、宣传栏等。村"两委"、村民议事厅、便
民服务平台等场所，还悬挂国旗、党旗、党徽等政治象征物。通
过把政治符号嵌入公共空间建设，国家下沉了主流政治文化，也
加强了乡村地区的国家认同，推进了乡村地区的政治社会化。

三　政治空间的合规化趋势

从历史上看，在"皇权不下郡县"的传统乡村治理模式下，

① 亨利·列斐伏尔：《空间的生产》，刘怀玉等译，商务印书馆，2021，第
206 页。

国家一直未能真正在乡村实现政权建设。在西南地区，乡村社会长期由地方精英或民族首领进行统治，各封建王朝通常采取"以土官治土民"的方式，少数民族"土治"与王朝帝治保持一定距离。然而自清代"改土归流"以来，国家加强了在西南地区的政权建设，该区域的地方治理也逐渐走上合规化道路。然而，清末民国时期中央政府在乡村的政权建设并不成功，甚至造成了乡村社会零落凋敝的内卷化困局。直到新中国成立以后，国家才成功完成了乡村地区的政权建设。21世纪以来，政府进一步加强了乡村地区治理的合规化，其主要是为了解决两个方面的问题。一是减轻基层自治组织的负担。村委会虽然不属于正式的行政组织，但在实践中却处于行政过程的末梢，不得不面对"上面千条线，下面一根针"的困局，承担了基层政府和各职能部门下沉的大量事务。合规化建设可以规范进入村社组织的公共事项，提升基层自治组织的自治和服务能力。二是加强对基层组织权力的监督。改革开放后，特别是新农村建设和美丽乡村建设时期，出现了"富人治村"①、"强人治村"② 和 "好人治村"③ 等村治形态。部分地方的乡村精英凭借比一般农民更庞大的资源、更强势的能力以及意志侵占国家的下乡资源，导致公共资源的"私人化"。④ 其结果是，政治上阻碍基层民主进程⑤、加剧基层微腐败蔓延⑥、造成

---

① 贺雪峰：《论富人治村——以浙江奉化调查为讨论基础》，《社会科学研究》2011年第2期。

② 陈辉：《从"好人治村"到"硬人治村"——免税后村干部角色变化及其解读》，《周口师范学院学报》2012年第3期。

③ 李祖佩：《村治主体的"老好人化"：原因分析与后果呈现》，《西北农林科技大学学报》（社会科学版）2013年第3期。

④ 贺雪峰：《论富人治村——以浙江奉化调查为讨论基础》，《社会科学研究》2011年第2期。

⑤ 徐勇：《由能人到法治：中国农村基层治理模式转换——以若干个案为例兼析能人政治现象》，《华中师范大学学报》（哲学社会科学版）1996年第4期。

⑥ 崔盼盼：《乡村振兴背景下中西部地区的能人治村》，《华南农业大学学报》（社会科学版）2021年第1期。

基层治理"内卷化"①。其本质上体现了对中央意愿的违背及民众利益的侵害。② 因此，基层治理合规化也是为了加强对基层权力的监督。

从空间政治角度看，村落政治空间的合规化主要表现在以下几个方面。

一是基层阵地的合规化。便民服务站是基层组织提供服务和实施治理的阵地，对其进行规范化建设是推动乡村治理合规化的基础。在 21 世纪初推进的服务型政府建设过程中，基本上每个行政村都建设了村级便民服务站。服务站既作为向村民提供公共服务的平台，也作为村党支部和村委会从事政务活动的阵地。然而，随着村级便民服务站的建成和使用，其逐渐凸显出使用功能混乱的问题。①挪用。部分村干部将服务站租赁出去，为个人谋利。②乱用。基层政府和各职能部门都想来"跑马圈地"，有时一个服务站可以挂十几块不同牌子，每块牌子背后都是任务、要求和考核。③不会用。部分服务站利用效率不高，有的功能重复设置浪费了空间，有的则不知如何使用造成了空间闲置。为了解决此类问题，各省份都出台了相应的建设规范。重庆市出台的地方标准《城市社区服务站设置规范》明确提出，村（社区）服务站是政府利用公共资源和社会力量为居民提供公共服务、便民服务的开放性综合平台，并规定单个服务站的用房建筑面积不宜低于 600 平方米，大型村社的服务站应达到 800～1000 平方米。此标准还规定，服务站的各类水牌门头、咨询台、宣传资料架、公示栏等严格按照《"中国社区"标识规范应用手册》进行设置。这些标准化的规定，都在一定程度上加强了基层治理阵地的合规化建设。

---

① 朱战辉：《精英俘获：村庄结构变迁背景下扶贫项目"内卷化"分析——基于黔西南 N 村产业扶贫的调查研究》，《天津行政学院学报》2017 年第 5 期。
② 陈亮、谢琦：《乡村振兴过程中公共事务的"精英俘获"困境及自主型治理——基于 H 省 L 县"组组通工程"的个案研究》，《社会主义研究》2018 年第 5 期。

　　二是阵地功能的合规化。标准化建设也规范了村级便民服务站的功能。《城市社区服务站设置规范》明确了服务站的六大功能：①为基层"两委"提供办公场所；②协助相关政府部门办理基层相关事项；③开展纠纷调解、公益慈善、邻里互助等自治活动；④提供文体教育、健康休闲等公共服务；⑤提供委托代办公共事务服务；⑥采集村社居民需求信息。此标准还规范了服务站功能用房（见表5-3），使基层治理过程得到规范。以社会纠纷调解为例，传统乡村社会中原本就有民间调解纠纷的机制。例如，川渝地区的"吃讲茶"就是一种民间权威调解纠纷的方式。当民众遇到日常生活中的吵架、债务等小冲突，双方会先邀请一位德高望重的长者或地方上有影响力的人做裁判，到茶馆各自讲述道理，然后让请来的人做出评判。许多纠纷在诉讼之前便已经通过"吃讲茶"化解。① 目前这种民间调解在西南乡村地区已不再常见，取而代之的是各级组织的规范化调解。例如，重庆市黔江区在全区219个村（社区）建立了纠纷调解室，并提出推动矛盾纠纷化解工作向平台化治理升级，以创建"星级调解室"为抓手，提升调解组织规范化水平。黔江区黄山乡建立"一律（1、6）来说事"服务平台②，功能是为村民"说事、评理、协调、服务、解难、纾困"。村级调解室和调解员对接乡级服务平台，建立两级常态化的群众接待制度，建立上级协调、科室联动、基层落实的矛盾解决模式。实际上，这种工作模式是对"枫桥经验"的在地化学习，以合规化的"小事不出村，大事不出镇，矛盾不上交"的调解机制，替代了在非正式政治空间中的民间调解。

---

①　王笛：《街头文化——成都公共空间、下层民众与地方政治（1870—1930）》，李德英、谢继华、邓丽译，商务印书馆，2012，第149~150页。

②　平台命名使用了谐音。重庆话中的"6"和"律"都发"lu"音，本地村民会自然地会意这种谐音的说法。

表 5-3 重庆市社区服务站功能用房的配置标准

类别	项目设置	承担功能
综合管理	办公室	社区"两委"日常办公、内部管理
	多功能议事室	会议、接待、居民议事
	辅助用房	档案存放、财务管理等
便民服务大厅	公共服务窗口	代办代理政府职能部门和街道办事处在社区的各项公共服务、代理接件并转交相关部门办理
文体休闲	阅览室	书报借阅、电子信息检索与浏览
	文体活动室	棋牌、影音、美术、社交、室内健身活动等
教育培训	多功能室	社区教育及培训、社区居民代表大会、市民学校等
社会福利	慈善物品保管室	保存、管理、发放慈善物品
	残疾人康复室	残障人士康复
社区安全	警务室	社区民警开展警务活动
	调解与矫正室	调解社区居民纠纷、承担社区矫正
社区社会工作	社会组织活动室	社区社会组织开展活动和社区志愿者活动
	社会工作室	社会工作者开展社区服务
生活服务	便民生活服务中心	提供各项无偿或低偿的便民生活服务
	公共卫生间	供社区居民、社区工作者等使用

三是窗口运作的合规化。村级便民服务站设置了"一站式"服务平台，为前来办理公共事务的村民提供窗口式服务。重庆市江津区对服务站的窗口平台进行规范，要求"一站式"服务平台采用低台敞开式设计，设置平安综治、社会救助、劳动就业、社会保险、党群服务等窗口，各村（社区）也可以结合实际情况合并或拓展窗口。重庆市对服务平台窗口标识标牌的样式、大小、颜色等也做出了规定，并要求窗口设置贴有工作人员照片的座牌，并标示出姓名、岗位、联系电话等信息。从空间政治角度来看，窗口是一种"直观—隐喻"的空间连续体，"直观表现为公共部门内部设置的对外办公场所，典型形式为各类服务窗口、咨询室、调解室等可以与公民进行'面对面'互动的工作区域，其

本质是公共服务的生产作坊，还是公共管理的操作平台"①。有研究认为，村级服务大厅的建立改变了村干部权力行使的空间结构。"服务大厅的可视化结构使得公共权力的运作得以被监督，村干部增强了服务意识，也落实了权力的公共性质。在乡村管理体制改革的背景下，服务大厅具备了发动群众监督村干部的权力隐喻，同时也实现了国家权力对村干部的软性控制。"② 笔者则认为，"服务窗口"是一个被高度规制的空间，敞开式的窗口设计使村干部的行动前台更为可视化，墙壁上悬挂的规章、纪律和流程对他们的工作提出了标准，全视角覆盖的摄像监视系统使他们的每个动作都受到约束。这一切都使窗口空间具有了福柯所说的全景敞视主义的色彩，"每个人都被镶嵌在一个固定的位置，任何微小的活动都受到监视，任何情况都被记录下来，权力根据一种连续的等级体制统一地运作着"③。窗口化的空间设计实现了对身体的规训，也促进了基层权力的规范化运作。

四是空间管理的合规化。随着乡村地区治理越来越倾向于"合规化"，便民服务厅、村委会、村民议事厅等也成为政治生活的正式空间。依据《村民委员会组织法》，村委会是村民自我管理、自我教育、自我服务的基层群众性自治组织。但是在政治实践中，村委会带有群众性和行政化的双重色彩，是一个行政化或半行政化的特殊组织，作为基层政府在乡村中执行政策的"腿"，一直都嵌入国家正式的治理体系之内。在西南地区一些经济欠发达乡村，"两委"成员还具有较强的"农民"身份色彩，许多村落的政治生活也都发生在街头、院坝等非正式场合。在 20 世纪 90 年代后期国家推进村民民主自治的过程中，西南地区的各村落基本设置了村民议事厅，作为村中民主商议和"一事一议"的场所，成为村民表达诉

---

① 李锋：《居委会角色转化的空间视角解读》，《天府新论》2018 年第 2 期。

② 邢成举：《空间变革、权力关系与监督的"实现"——基于对杨村村级服务大厅的考察与分析》，《云南行政学院学报》2016 年第 3 期。

③ 米歇尔·福柯：《规训与惩罚》，刘北成、杨远婴译，生活·读书·新知三联书店，2012，第 221 页。

求的制度性空间。这种在正式权力空间内的制度性表达，既集中收集了散落在村民中的公共需求，也减少了村民因无法表达而积蓄的愤懑。在后农业税的乡村治理结构中，国家的部分资源要借助村干部才能落地。为了加强资源使用的规范化，提升使用效率，并将国家的意志有效下达到乡村，更要把村级权力纳入正式政府过程中。在这种情况下，"村干部逐渐纳入了官僚体系之中，遵循科层制的制度逻辑"[①]。村干部不仅成为拿工资的专职干部，而且要遵守坐班制和考勤制，被固定在正式的政治空间之中。

第三节　服务低效与主流文化悬浮的风险

在脱贫攻坚和乡村振兴过程中，各类资源更多地向乡村下沉，各村基本修建了农家书屋、文化礼堂、文化广场等公共文化设施，在满足村民美好文化生活需求的同时，也传播了国家主流意识、弘扬了社会主义核心价值观。村"两委"办公室、"一站式"服务厅、村民议事厅等政治空间的完善，在推动村落公共事务治理合规化的同时，也推动了主流文化和意识形态的社会化。然而，服务与政治空间在建设过程中也暴露出部分问题。一方面，乡村中虽然增建了大量公共文化服务设施，但服务供给效能低下的问题不容忽视；另一方面，村落政治空间虽然得到了规范化建设，但科层化倾向却可能使村落政治失去活力。这两方面都可能导致主流文化在乡村的传播仅仅停留于空中横幅和墙上标语，面临悬浮化的风险。

一　公共文化服务的内卷化

"内卷化"最早是格尔茨研究爪哇岛水稻农业时使用的概念，意指系统在外部扩张条件受到严格限定的条件下，停滞不前或无法转化为新的形态，只在内部处于不断精细化和复杂化的演变过程。黄宗智在对中国小农经济"内卷化"的分析中，引入了经济

---

① 吕德文：《基层中国：国家治理的基石》，东方出版社，2021，第277页。

学中的"边际"分析法，意指劳动持续投入而劳动边际生产率递减，或劳动投入增加而单位劳动报酬降低，也即这样一种情况：大农场得以就农场的需要变化而多雇或解雇劳动力，家庭式农场则不具备相似的弹性。就相对劳动力而言，面积太小的家庭农场无法解雇多余的劳动力，它们对剩余劳动力的存在和劳动力不能充分使用无能为力。在生计的压力下，这类农场在单位面积上投入的劳动力，远比使用雇佣劳动力的大农场多。这种劳动力集约化的程度远远超过边际报酬递减的程度。[①] 虽然学术界对内卷化概念的具体阐释不尽相同，但都承认其基本的含义，即"事物在既有的框架内无法创新或有效提升效能，而原有系统却变得越来越扩大化和复杂化，其结果是为此付出的边际成本远大于因此而得到的边际收益"[②]。近年来，乡村公共文化服务体系建设取得了巨大成就，各村基本建成了从农家书屋到便民服务站的一体化服务设施，极大地扩展了村落公共文化服务空间，也方便了村民的文化活动。在此背景下，效能问题越来越受到政学两界的关注。在部分乡村地区，公共文化服务设施持续增加并未有效提升村民的获得感，反而遭遇了投入增加而边际效益递减的"内卷化"怪象。

首先，"盆景"和"样板"：偏离村民文化需求的资源损耗。习近平总书记 2018 年在参加全国两会山东代表团审议时就强调，要推动乡村振兴健康有序进行，规划先行、精准施策、分类推进，科学把握各地差异和特点，注重地域特色，体现乡土风情，特别要保护好传统村落、民族村寨、传统建筑，不搞"一刀切"，不搞统一模式，不搞层层加码，杜绝"形象工程"。[③] 虽然中央三令五申要求杜绝形象工程、政绩工程和面子工程，但部分地方仍

---

① 黄宗智：《华北的小农经济与社会变迁》，法律出版社，2014，第 7 页。

② 李锋：《农村公共产品项目制供给的"内卷化"及其矫正》，《农村经济》2016 年第 6 期。

③ 《【每日一习话】以多样化为美，打造各具特色的现代版富春山居图》，https://news.cri.cn/2023-10-29/df0438ae-98fc-be01-8353-e930173c3014.html，最后访问日期：2024 年 3 月 20 日。

热衷于造"花瓶"、建"盆景"、修"样板"。这些所谓的"文化惠民工程"一般有以下几个特点。一是追求宏大的规模和华丽的外表。此类设施往往可以作为地标性建筑，都具有几何学上的美感，给人以强烈的视觉冲击，并留下深刻的心理印象。二是热衷于修建门楼、牌坊、廊亭等仿古建筑。几乎每个入选的传统村落或特色村寨，所做的第一件事都是在村口修建一座仿古牌坊。这些牌坊往往缺乏特色，千篇一律，多为粗糙的模仿之品。这些牌坊与村落栖息景观相比更加宏大，但与村落的历史和文化毫无关联，不仅与村落整体聚落空间难以协调，也无法引发村民文化心理的共鸣。三是崇尚高端华丽"上档次"的装饰风格。在崇尚高大华丽的极端现代性供给哲学下，不但城镇剧场、图书馆、展览厅等大型公共文化服务设施被建造得富丽堂皇，而且村社服务站、文化室、农家书屋等基层文化服务设施也都追求规模和装饰。这些"上档次"的空间常常只在特定时间节点才开放，如有不同层次检查、参观、调研的时候，或节庆、纪念日等特殊的日子。"盆景"和"花瓶"只是一场政治秀，用通俗的方式表达就是"花百姓的钱，露当官的脸"。① 在这类公共文化服务领域的政治秀中，虽然各类设施消耗了大量的公共资源，但村民从中得到的收益却相对有限。

其次，重"硬"轻"软"：公共文化产品供给中的配置失衡。重"硬"轻"软"是指，基层政府更愿意投入"看得见"的文化基础设施，而对无形的服务类工作热情不高。重"硬"轻"软"的供给结构是基层政府又一次理性选择的结果。周黎安在研究地方治理时提出了"晋升锦标赛治理模式"的解释模型，意指"上级政府对多个下级政府部门的行政长官设计的一种晋升竞赛，竞赛优胜者将获得晋升，而竞赛标准由上级政府决定，它可以是GDP增长率，也可以是其他可度量的指标"②。在目标管理责任

① 王彬：《政绩工程缘何屡禁不绝》，《人民日报》2013年8月8日，第24版。
② 周黎安：《中国地方官员的晋升锦标赛模式研究》，《经济研究》2007年第7期。

制的考核机制下，"上级对下级的考核会高度依赖可度量的指标，而锦标赛式的激励形式也使下级高度关注这类指标"①。相较于文化成果和公共服务等软件工程而言，公共文化服务设施等硬件的投入更为简单、直观和可见，且可以在检查和考核中凸显出工作成绩，因此对基层政府组织而言更具吸引力。与此相对应，公共文化服务中"软件"工程建设的难度和要求都更高，而且这种服务的供给是个循序渐进的过程，需要公共财政持续地投入才能够维持，也无法在短时间内产生明显的社会效益。因此，选择供给更多的公共文化硬件设施在现行管理体制下，是地方官员最安全和自我效益最大化的理性选择。在以"硬件"为主导的供给思维下，乡村公共文化服务设施规模迅速扩大，但与各类设施华丽的外观相比，公共文化服务软件的质量明显逊色。公共文化服务配置结构的软硬失衡，尤其是与设施配套的相应服务失位，直接导致了大量公共文化服务设施运转不灵，甚至被虚置或废弃，没有真正发挥改善服务村民文化生活的功能。

最后，"零散"与"支离"：公共文化服务空间的碎片化。一方面，近年来，乡村公共文化服务越来越受到各方的重视，也得到了更多的公共财政投入和社会资源。另一方面，虽然更多职能部门和社会组织介入了供给过程，但彼此之间仍各自为政、未能形成合力，这使乡村公共文化服务供给变得越来越碎片化。虽然表面上项目繁多的公共文化服务项目进入了乡村，但实际上村民得到的却是零散的、错乱的和分配不均的服务。政府是公共文化服务供给的最重要主体，但其主导的供给过程却面临"职责同构"带来的"条块分割"障碍。"职责同构"即所谓的"上下对口，左右对齐"，不同层级的政府在纵向间职能、职责和机构设置上高度一致。这套管理体制既需要各专业职能部门自上而下的垂直管理（所谓的"条"），也需要一级政府在区域内的综合管

---

① 李锋：《农村公共文化产品供给侧改革与效能提升》，《农村经济》2018 年第 9 期。

理（所谓的"块"）。"条"的管理实质上是按照职能划分部门，通过组织内部严格的等级链和命令链实现高效管理。但这种组织结构也带来了行政部门的分割，造成难以形成管理合力的难题。实践中，从文化、体育、教育部门到残联、妇联等都要将其文化工作下沉至乡村，但乡村层面的"块"（无论是乡镇还是村"两委"）很难对这些职能部门的工作进行综合。这种情况导致的后果是，由于缺乏有效的综合和协调，公共文化服务被切割到各职能部门中，以零散的方式被传播到乡村中，从而出现了诸多"有书无馆""有馆无人"等尴尬的局面。这不仅降低了公共文化服务对村民需求的回应性，也深化了乡村公共文化服务供给效能难以提高的困境。

二　政治生活空间的科层化

科层制是马克斯·韦伯（M. Weber）提出的一种基于法理权力的现代组织形式，具有非人格化、专业化、等级链、命令链等典型特征，被认为可以有效提高分工细化条件下大型组织的效率。当前几乎所有国家的政府都采用了这种组织形式，因此科层制又常常作为政府组织结构的代名词。村落政治空间的科层化包含两层含义：一是指村落政治空间更多地受到正式权力的构建，成为行政组织体系运作的末梢或附属物；二是指"官僚主义"，意指此空间内的政治行为伴随着形式主义和敷衍应付的官僚作风。从空间理论上解读，"空间不仅是地理意义上的限制区域，而且是社会和政治的活动舞台"①。村落政治空间科层化与村干部工作界面的转化相伴，即从村落生活空间向窗口服务空间转化，这种转化强化了基层自治组织的"半行政化"倾向。一项关于社区自治组织工作空间界面转化的研究认为，"一方面，这种转移伴随着行政事务的增加和行政控制的加强，基层自治组织的职责和功能

---

① 张付强：《我国社区自治改革的内卷化分析——一种空间模型的视角》，《公共管理学报》2009 年第 3 期。

进一步向行政空间转移；另一方面，'窗口'作为'直观—隐喻'的前台装置强化了基层自治组织成员'窗口官僚'的身份意识，他们通过对该空间的掌握主导了与居民间的互动关系"①。

工作界面是指人们工作时延伸在他面前的空间，"他进入这个空间来开展工作，身体在这个空间中活动，目光和语言指向这个空间，与工作对象在这里展开互动"②。依据"街头官僚"理论的分析，可以根据不同空间的特点将基层工作者的工作界面分为三种类型——窗口、街头和社区。③ "社区"和"窗口"都是对村"两委"工作环境的形象描述。前者直观表现为具有固定范围和明确边界的村民生活区域，形象体现为饮食起居、邻里交往等日常生活的自主领域。后者则直观表现为公共部门内部设置的办公场所，如便民服务站中的办公室、"一站式"大厅、咨询室、调解室等，本质上是与村民进行"面对面"互动的工作区域。村干部同时在"社区"和"窗口"两个界面工作，但其重心却会随着乡村治理方式的变革而发生位移。

"村干部"这一概念预示着该群体有农民和干部两种身份。有研究认为，"无论是新中国建设时期还是改革开放以来，我国乡村治理实践并不是依赖于正规化、标准化的科层治理"④。在相当长的一段时间内，村干部与普通农民之间的身份差别并不明

---

① 李锋：《居委会角色转化的空间视角解读》，《天府新论》2018 年第 2 期。"窗口官僚"属于"街头官僚"中的一种类型，主要指在固定建筑物内从事与公民"面对面"工作的公共部门工作人员。"街头官僚"一词由美国学者李普斯基（M. Lipsky）提出，是指处于基层同时也是最前线的公共部门雇员，他们在工作过程中与公众进行直接（face to face）的互动。典型的街头官僚包括警察、公立学校的教师、社会工作者、公共福利机构的工作人员、收税员等。

② 韩志明：《街头官僚的空间阐释——基于工作界面的比较分析》，《武汉大学学报》（哲学社会科学版）2010 年第 4 期。

③ 村委会作为基层群众性自治组织虽然不列入正式的科层序列中，但它具有协助政府工作和组织居民自治的双重任务，从某种程度上讲村委会具有"街头官僚"的特征，面对的工作界面主要为"社区"和"窗口"。

④ 欧阳静：《简约治理：超越科层化的乡村治理现代化》，《中国社会科学》2022 年第 3 期。

显，主要基于社区空间处理村落事务。虽然韩志明认为社区空间是公民自己的领地，"街头官僚一旦进入社区空间，都不可避免地带有一种外来者的色彩，引起人们的猜测、焦虑和紧张，并引发不同程度的信任问题。并且，外来者的身份同时也隐含着入侵者的姿态，一方面意味着某种居高临下、自上而下的支配和控制，另一方面也容易因举措失当而引发公民的防守和抵御"①。然而，这种分析却不适用于村干部的传统工作模式。村干部与村民共同生活在熟人社会中，村干部随时进入每家每户解决问题也是他们日常的工作方式。孙立平和郭于华以华北地区一个镇定购粮的征收为例，分析了正式权力在乡村如何非正式运作。征粮的干部到农户家里随意地脱鞋上炕，与村民拉着家常，或者逗弄着孩子。他们"很少使用正式规则所规定的程序和惩罚手段；相反却常常借助于有关权力的正式规则中并不包括的非正式因素，运用日常生活中的'道理'和说服或强制方式，来极富'人情味'地使用这些权力"②。即使是在乡村治理越来越倾向于"合规化"的当下，部分村干部还是习惯于在日常生活空间中开展工作。

> 只在开正式会议时我们才用会议室，商议一些具体问题就临时找地方，哪里方便就在哪里。经常会在哪个干部的家里，或是院坝里头，边喝茶边议事。（重庆市秀山土家族苗族自治县长岭村杨姓干部，男，44岁）

如果说村"两委"的传统工作界面主要是"社区"，那么当前他们越来越倾向于转入"窗口"。便民服务站是典型的窗口空间，这里不仅有参照党政机关办公用房标准配置的办公室，而且

---

① 韩志明：《街头官僚的空间阐释——基于工作界面的比较分析》，《武汉大学学报》（哲学社会科学版）2010年第4期。

② 孙立平、郭于华：《"软硬兼施"：正式权力非正式运作的过程分析》，载清华大学社会学系主编《清华社会学评论：特辑》，鹭江出版社，2000，第21~46页。

有由低台敞开式平台分隔功能区域的办事大厅，并设置了若干个开展公共服务和代办公共事项的业务窗口。这不仅为村干部指定了固定的工作场所，也为村民规定了特定的办事地点。"窗口空间是政府机构窗口空间的延续，是行政权力在社区中的空间再生产。这些窗口空间是权力运作和社区服务流动的平台，所有这一切营造出了一种政府办公场所特有的氛围，在直观和隐喻层面都表明这是一个与众不同的特殊空间。"① 随着村干部的职业化，坐班制和考勤制都将他们固定在"窗口"。这种工作界面的空间转向不仅影响到了村干部角色的自我认定，也影响到了村民对村干部的印象界定，同时还影响到了双方在不同空间的行为和互动方式。

村干部工作界面转向"窗口"加重了村落政治空间的科层化色彩，也产生了与从前大不相同的后果。

首先，重塑了村干部的工作惯习。工作界面的空间转移不仅会微妙地影响到村干部的心理认知，而且会直接培养并塑造出一种全新的工作惯习。一方面，"窗口"是一个被高度规制的空间，这里不仅有一整套针对工作和办事的流程要求，而且从空间设计上也尽量减小了窗口工作人员的自由裁量权。另一方面，村干部在窗口空间中是政策、标准和程序的执行者，他们通过改造空间（如办公室或服务窗口）把前来办事的村民引导到指定位置，通过设置规章制度要求每位来访者完成一个个规定动作。村干部在此作为"窗口官僚"控制着事情的节奏和进程，挥洒自如，得心应手，体现出娴熟的技巧和强大的能力。他们在这里审核社保申请、开具各类证明、接待村民来访，把所有的问题都按照制度转换为确定性的行动议程，从而降低了个性化处理村民遇到问题的可能性。

其次，固化了村干部官僚化的角色印象。窗口空间是一个充满权力符号的剧场，醒目的标牌标识、满墙的规章制度等，无一

---

① 李锋：《居委会角色转化的空间视角解读》，《天府新论》2018 年第 2 期。

不呈现出"国家在场"的特定效果，投射出完全不同于乡间邻里的情景定义。这个空间是村干部呈现其行政化角色的有效"前台"①，村干部作为主人掌握着这里所有的装备符号，凭借熟悉的规章制度和工作流程牢牢地控制着属于自己的地盘，充满自信和骄傲，有意无意地呈现出其"官"之角色。普通村民在这个特殊的空间中则会油然而生某种敬意、紧张和压力，在这种行政空间的情境定义中不自觉地认同了村"两委"的"干部"定位。一位访谈员在谈到对某村干部的印象时说道：

> 某主任掌握着大量政策语言，坐在主位上表现得很随意，双手搭在椅背上，身体后仰，说话时脸庞上仰。在摆弄两部手机的间隙偶尔回答我们的问题，时不时因为手机上的内容而发笑。着实打破了我印象中村干部朴实亲切的形象！

最后，消解了村落交往的"温馨"色彩。传统的乡村交往带有熟人社会的温馨色彩，村干部则以人情和关系为纽带实现正式权力的非正式运作，做到乡村非科层式的简约化治理。退回到固定空间的窗口工作界面以后，村干部没有精力亦无动力延续社区界面的传统工作方式，只能不得已地运用科层化方式处理村落事务。目前各地的普遍做法是借助"网格化"的社会管理创新要求，构建"网格式"的层级化管理模式，原有以人情为纽带维系起来的村小组干部也被纳入正规化体系，并为其制定了选拔、例会、报酬、考核等完整的管理制度。至此，乡村治理复制了科层制层层落实的"装腿"模式，办公室的工作关系取代了温馨的邻里互助关系。

---

① 所谓"前台"，是指"表演中以一般的和固定的方式有规律地为观察者定义情境的那一部分，是表演期间有意无意使用的、标准的表达性装备"。参见欧文·戈夫曼《日常生活中的自我呈现》，冯钢译，北京大学出版社，2008，第48页。

三 主流文化悬浮化的风险

无论是公共文化服务的内卷化还是政治生活空间的科层化，都会增加主流文化悬浮化的风险。"悬浮化"是主流文化传播过程中需要解决的问题。有研究认为，"移植于西方的公共文化服务落实到我国乡土社会的过程中，不断遭遇'水土不服'，国家主导的文化下乡政策呈现'悬浮化'状态"①。从大量的乡村实践来看，这种悬浮化既表现为公共文化服务空间选址布局不合理、功能设置不科学、管理不健全，主流文化传播脱离乡村实际生活而略显内容和形式单一等问题，也表现为乡村公共文化产品"过剩"与"短缺"并存的供给悖论。一方面，丰富的文化活动仍是村民追求美好生活的精神食粮，街头、院坝等日常公共空间仍是村民文化生活的最常用载体；另一方面，公共部门精心打造的文化站等正式服务空间科层化色彩明显，此类空间不仅平时利用率较低，而且其提供的文化服务活动也常常遭受冷遇。"供给总量增加不仅未能有效提升村民的文化生活体验，反而形成了公共文化产品'相对过剩'的尴尬局面。"② 在这种情况下，乡村地区的主流文化传播及政治社会化自然也会遭遇困境。

首先，服务供给与文化需求相偏离。一方面是供给与需求群体的偏离。例如，设置公共文化服务设施规模的参考标准为村社人口，经常使用的指标为人口总量或千人占有量。但是，"在人口构成日益分化的当代乡村社会中，简单以人口规模或人均占有为标准配置公共文化产品，已经无法契合乡村人口结构变化及其带来的文化需求变化"③。尤其在人口空心化现象较为严重的中西

---

① 黄雪丽：《我国农村公共文化服务"悬浮化"的阐释——基于历史制度主义的分析视角》，《图书馆论坛》2018 年第 2 期。
② 李锋：《农村公共文化产品供给侧改革与效能提升》，《农村经济》2018 年第 9 期。
③ 李锋：《农村公共文化产品供给侧改革与效能提升》，《农村经济》2018 年第 9 期。

部地区，大量村民仍以外出务工为主要生计，儿童和青少年也基本跟随父母在城镇读书，这部分群体无法参与村落的公共文化生活。村落中更多是留守下来的老年人群体，其参与公共文化活动的频次也相对有限。也就是说，按照村落全体人口规模供给的文化服务产品，实际上只有少部分人群才会较频繁地使用，这使村落公共文化服务供给常常超出其最适规模。另一方面是供给与群体需求偏离。在标准化的统一配置机制下，大量公共文化产品下沉到村落之中。但是，标准化并不是提升公共产品供给效能的万能钥匙，相反，乡村实践中的偏差可能会放大公共产品供给的既有矛盾。标准化追求的是统一、规范和简洁，而乡村地区的特征却是差异、多样和复杂，两者之间始终存在理性构建与自然演进的内在张力，过度标准化的努力可能会导致乡村地方性知识的解体。也正因如此，村落公共文化服务空间建设虽然已经初具规模，却常常远离村民复杂而真实的生活情景，"眼花缭乱的文化服务政绩经常成为文化管理者的孤芳自赏"①。较为典型的如图书室和农家书屋，村落阅读群体本来相对有限，加之阅读越来越倾向于数字化和电子化，以及图书种类单一、更新不及时等原因，使得村落中此类文化空间闲置率普遍较高。

其次，空间选址布局不合理。公共文化服务空间在选址布局上要便于获取，才能做到同时遵循政治逻辑和生活逻辑，在满足使用者追求美好文化生活需要的同时，还能在日常生活中实现主流文化社会化。重庆市在制定社区服务站地方标准的过程中，同时考虑了服务半径和步行时间两个指标，提出服务站服务半径宜小于 400 米，步行时间不宜超过 10 分钟。然而与城市社区不同，西南地区许多乡村具有分散居住的聚落特点，加之近年来乡村地区推进合村并居运动，若干个村落常被合并为一个行政村或社区，导致村落的聚落空间既庞大又分散。如秀山土家族苗族自治

---

① 颜玉凡、叶南客：《文化治理视域下的公共文化服务——基于政府的行动逻辑》，《开放时代》2016 年第 2 期。

县长岭村由上寨、中寨、下寨三部分组成，形成了三个村民相对集中的自然村落，分布在山梁的不同区位。该村便民服务站设于中寨的村口山脊位置，由于地势落差较大，居住较远的村民需走 30 分钟崎岖山路才能到达。酉阳土家族苗族自治县柳溪村在传统民居保护过程中，将村委会和服务站迁到外出更方便的河对岸，结果是柳溪村村民需驾船渡河才能到达。服务半径过大不便于村民使用，许多村民只有在需要办理出生、社保等事务时才去服务站，除便民服务大厅外的文化设施的利用率较低。据柳溪村的一位村干部介绍，服务站里来的人一般都是为办事。56.3% 的村民则认为服务站太偏僻，"懒得跑到那里去，还不如在家里打点小牌"。

再次，村民知晓率低。村民对公共文化服务设施知晓率较低也加剧了公共文化服务供给"相对过剩"的情况。对西南地区样本村落的调查显示，室外公共文化服务设施最受村民的欢迎，81.2% 的受访者表示使用过广场上的健身器材，73.8% 的受访者表示最满意广场、步道和亭廊等设施。相较而言，室内公共文化服务设施的知晓率和使用率则明显低了许多，超过 50% 的受访者只到村便民服务站参加过会议，或在窗口平台"办过事"，根本没有进过农家书屋、信息共享室等功能室。使用过乡镇级文化服务站文化设施的村民只有 15% 左右，基本是排练节目或参加比赛的文艺骨干。仅有 30% 左右的受访者能够说出三种以上的室内文化服务设施，知晓率最高的为图书室、棋牌室和小型球类室，不足 10% 的受访者了解便民服务中心的功能设置和布局，一半以上的人表示不知道如何使用室内文化服务设施，例如哪些人可以使用、是否需要登记、是否需要付费等。村民对于部分公共文化服务设施知晓率较低，是该类设施利用率低的重要原因，这种情况也阻碍了主流文化在乡村的传播。

最后，空间科层化管理的限制。对于普通村民而言，各类文化场馆是一个拘束的空间，那是一个"充满着权力符号的剧场，醒目的标牌标识、满墙的规章制度等，无一不呈现出'权力在场'的特定效果……在这个特殊的空间中则会油然而生某种敬意、紧张和压力"①。街头空间开放、自然而随意，不会被这样那样的规章制度拘束。正如王笛所说，"人们可以在那里想待多久便待多久，不用担心自己的外表是否寒酸，或腰包是否充实，或行为是否怪异"②。各种繁杂的管理规定和工作人员冷淡的态度，都抑制了他们使用此类空间的意愿和热情。对于场馆的管理者而言，设置更多的进出限制是其出于自我利益的理性选择。依据街头官僚理论，当公共组织中基层工作者的服务质量变得更高时，公众对他们服务的需求就会增加，因此，该群体倾向于控制需求使其与供给保持一致。在很多时候，基层工作人员倾向于减少顾客的数量，以便在这种减少中省去更多的工作任务，方法包括"比较随意地对待他们的顾客，包括他们的需要、滥用职权、不尊重下层的公民等"③。实践中，为了追求管理上的效率或工作上的便利，部分地方制定了繁杂的公共文化服务场馆管理制度，如实施进入和使用登记制度，甚至需要申请或签署免责承诺才能使用。在某村落的一个以"长征"为主题的革命纪念馆处，管理员要求每一位访客出示健康码、扫描场所码，同时还要手写登记姓名、电话、住址等十余项信息，这使部分游客因手续烦琐而放弃了参观。据当地文旅部门介绍，按规定，游客入馆只需要扫描场所码，手写登记是村管理员自己增加的程序。科层化空间管理增加了村民使用文化场馆的限制，也极大地消解了他们享用公共文化产品的热情，成为影响主流文化在乡村传播的制度性障碍。

---

① 李锋：《居委会角色转换的空间视角解读》，《天府新论》2018 年第 1 期。
② 王笛：《茶馆——成都的公共生活和微观世界，1900~1950》，社会科学文献出版社，2010，第 62 页。
③ 马骏、叶娟丽：《西方公共行政学理论前沿》，中国社会科学出版社，2004，第 95 页。

第六章　村落公共空间建设助推
文化振兴的路径

村落公共空间既是乡村文化的有机构成和重要载体，也是集体生活和人际互动的实践场域，具有赓续文化传统、承载公共生活、增进社群认同、凝聚道德共识等社会功能，因而乡村文化振兴应充分发挥村落公共空间的应有功能。中共中央、国务院 2018 年印发的《关于实施乡村振兴战略的意见》明确了乡村文化振兴的目标和内容，即要求深入挖掘优秀传统农耕文化蕴含的思想观念和道德规范，加强农村思想道德建设和公共文化建设，培育文明乡风、良好家风、淳朴民风，提高乡村社会文明程度，焕发乡村文明新气象。为此，应通过彰显传统公共空间特色、激活日常生活空间活力、活化礼俗仪式空间功能、提升服务与政治空间效能等方式，助推乡村文化的全面振兴。

第一节　彰显传统公共空间特色，传承
传统文化脉络

在村落公共空间的规划利用过程中，应摆脱追求机械整齐的几何美的设计理念，结合地方性知识展现乡村的空间美学。同时尊重村落公共空间生产的生活逻辑，突出古街、古院、古建筑等作为生活场域的功能，增强村民的生活感、实践感、眷恋感和自豪感，以此凝聚共同体意识、留住乡愁思念、传承乡土文脉。

一　营造富有传统美学元素的空间意境

村落公共空间营造应充分运用传统乡土文化的美学元素，彰显出具有乡土艺术、地域历史和文化风情的传统美学空间意境。以西南地区为例，许多村落至今仍保持着浓郁的地域和民族风情，留存着独具特色的聚落空间、传统民居和公共建筑，如武陵山片区的吊脚楼、黔中屯堡聚落、滇中"一颗印"等。其建筑技术和空间利用都体现出与现代艺术、都市艺术不同的特点，也是村落公共空间中最具标识性的美学资源。这就要求摆脱极端现代主义追求的机械整齐的几何美的设计理念，结合地方性知识展现乡村传统文化的空间美学。在实施文化振兴的过程中，应在持续推动传统民居、传统建筑和传统村落等保护工程的同时，通过建设体现传统美学和地域文化的空间景观，营造富含传统文化元素的乡村美学意境，以提升村落公共空间形态的独特性和辨识度，让人们在审美场景中重拾传统意识，在回味历史中留住乡愁记忆，在空间体验中获得家园感受，进而重塑传统文化传承的空间载体。特色民居保护是传统村落和特色村寨保护开发中的重点任务，中共中央、国务院制定的《乡村振兴战略规划（2018—2022年）》明确要求推动古村落、古民居保护利用，实施"拯救老屋"行动。① 在乡村振兴战略的统一部署下，各地各层级政府都实施了传统建筑保护修缮工程。湖南省湘西土家族苗族自治州将传统村落、特色村寨、历史文化名村三者相结合，按照"村落布局符合本民族特点、体现本民族特色、符合现代文明生活要求，村庄环境优美、村内环境整洁"的原则，开展特色民居保护改造工程。对具有一定历史价值和人文价值的民族民居按照"修旧如旧"的原则进行抢救性保护，对一般性特色民居按照保留民族传统特色、适应现代生活的原则进行装饰和改造，对缺乏特色的建筑进行饰面改造。重庆市石柱土家族自治县将传统村落、特色村

① 《乡村振兴战略规划（2018—2022年）》，人民出版社，2018，第66页。

寨规划编制作为项目建设前期工作的关键，规划编制与村落经济社会发展总体规划相协调，与促进乡村经济发展有机结合，最大限度地保留当地传统民居风格，传承土家族文化特色。建设过程中要求传统村落和特色村寨围绕主题，因地制宜，按照"统一规划、合理布局、突出特色、分步实施"的要求，把民居改造与村落长远发展目标相结合，分别制定总体发展规划和民居改造规划。重庆市秀山土家族苗族自治县在特色村镇建设中突出规划引领作用，因地制宜编制保护性发展规划，最大限度地保留、延续了村落原有建筑群落、结构风貌等特色，做到了"一个村落、一个规划"。同时，通过"一村一图、一村一样"确保规划落地不走样，让每个传统村落和特色村寨都能彰显个性，最大限度地使村落彰显出独特的文化韵味。

彰显村落传统公共空间特色还要突出个性化，避免复制粘贴式地建设仿古式建筑。重庆市秀山土家族苗族自治县岩翠村着力打造村落整体文体氛围，将村落建成具有美学元素的空间意境。岩翠村山源头村寨有 52 户 198 人，以土家族、苗族居民为主。村落拥有 300 年悠久历史，为重庆市市级传统村落。岩翠村山源头村寨于 2015 年启动建设项目，形象定位为"小桥流水竹篱笆、炊烟袅袅绕人家"，分 3 期共投入发展资金 360 万元，项目建设由专业公司承担。公司将该村作为样板进行了连续 5 年的打造，对 32 户 30 栋土家族苗族民居进行风貌改造，改造普通院落 10 户、精品院落 2 户，改造厕所 28 户。栽种了三角梅、樱花、月季、木槿、多色野花、多色牵牛花等绿化苗木 8000 多株，修建了与村寨整体风格一致的亭廊和步道。在该公司的打造下，山源头村寨在 2018 年已经形成了传统民居与篱园花木互映的古朴而又雅致的村落风格，2019 年入选第三批中国少数民族特色村寨名录。

营造富有传统美学元素的空间意境还应依托地方的历史文化。云南省 2022 年开展了"最美公共文化空间"的评比，从 80

个参选项目中选出了 20 个典型案例。其中，普洱茶马古城项目
的成功就在于其深植于地方文化。普洱居住着汉、彝、傣、佤、
哈尼等 14 个民族，各族在生息繁衍中创造出诸多具有独特韵味
的民族文化，成为该地打造"最美公共文化空间"的优势美学资
源。茶马古城项目地处普洱茶马古道遗址公园正前方，依据旧普
洱府的原貌复建茶马古城，再现古道鼎盛时期的繁荣场景。其从
三个方面突出了该文化空间的"美"。一是生态空间美学。西南
地区的古城、古镇、古村、古寨大多依山傍水，具有良好生态环
境。普洱茶马古城面对饮马湖、背靠天壁山，波光潋滟的湖面与
宏伟的思茅城关形成巨大势差，给人留下深刻的印象。"湖光山
色两相宜，天光云影共徘徊"，更加突出了茶文化的宁静韵味。
二是建筑空间美学。项目建设尽量挖掘了该地与普洱府的关联。
雍正十三年（1735 年）置宁洱县为府治所，由元江分府升格为
府，因驻地为普洱故历称普洱府。项目范围内历史传承下来的传
统建筑并不多，多是参照各方面材料修建的仿古建筑群，包括普
洱府时代的城墙、城楼、衙署等，在古风建筑中突出了该地的年
代感和历史感。三是历史场景美学。据记载，普洱地区 1400 多
年前就将茶带进了东南亚和南亚的一些地方，又将这些地方的特
产带回国内，这条民间商贸通道被后人称为"茶马古道"。饮马
湖的湖心上铸有传茶者雕塑群，描绘了马帮在陡峭山道中跋涉贸
易的画面。立足普洱本土茶马历史文化、民族文化的传承，该地
组织了"穿唐越宋"古风活动、"时空的马帮"沉浸式演绎，将
传统文化整合进空间场景。总之，生态空间、建筑空间和历史场
景的美学共同集合成文化大概念，使普洱茶马古城成为"最美公
共文化空间"的典型案例，具有一定的借鉴价值。

二　夯实传统公共空间保护的自信基石

党的十九大报告指出："文化是一个国家、一个民族的灵魂。
文化兴国运兴，文化强民族强。没有高度的文化自信，没有文化

的繁荣兴盛，就没有中华民族伟大复兴。"党的十九届六中全会通过的《中共中央关于党的百年奋斗重大成就和历史经验的决议》也指出："文化自信是更基础、更广泛、更深厚的自信，是一个国家、一个民族发展中最基本、最深沉、最持久的力量。"党的二十大报告再次强调，"必须坚定历史自信、文化自信，坚持古为今用、推陈出新"。优秀传统文化是乡村的灵魂和生命，是增强村落共同体精神和文化自信的永续动力。21世纪以来，各级政府都加大了对乡村优秀传统文化的保护力度，在空间层面则启动了传统民居修缮保护等工程。实践中，一方面，传统民居保护工作取得了十分显著的成效，实现了部分村落传统聚落空间形态的整体延续。另一方面，部分地区又存在"剃头挑子一头热"的现象，即虽然政府出资修缮了部分典型民居，但村民也自建起了更多的非传统样式住房，如前面所说的"罗马柱""宝瓶杆"式的"小洋房"。其根本原因在于部分村民对乡村传统文化存在不自信甚至自卑的心理。只有从根本上改变这部分村民的文化观念，使其从文化自卑走向文化自信，才能使传统民居保护由被动变为主动，实现乡村传统聚落空间的持续再生产。

村民意识到保护村落传统空间形态能够获得收益，是其建立对传统乡土文化自信的基础。西南地区传统村落和特色村寨多地处经济欠发达地区，相当一部分曾经属于贫困村甚至深度贫困村，经济发展方面的落后则会诱发文化自卑心理。在相当长的一段时间内，社会中都流行一种"贫困文化"的论点："大多少数民族长期生活在偏僻山区，那里生态环境恶劣，交通不便，信息闭塞，人们处于自我封闭和孤立的境地，再加上历代统治阶级的压迫歧视和长期贫困，因而必然形成一种随遇而安、唯命是从、与世无争的贫困文化，并深深地扎根于贫困人民的心中，从而也使贫困深深扎根于此。"[1] 实际上，这种"文化否定"论会造成

---

[1] 周鸿：《反贫困文化：民族地区发展的战略抉择》，《广西民族学院学报》（哲学社会科学版）1998年第 S1 期。

经济欠发达地区村民的心理不适,他们为了摆脱这种歧视性文化观,急切地想要去除自身的传统文化符号,其中就包括传统的建筑样式和居住形态。然而,一旦意识到传统文化实际上是自己的优势资源,村民便会摆脱那种文化自卑的劣势心理。

> 要说舒服肯定是木房子才舒服!木房子冬暖夏凉,只要维护好了住几十年都没得问题!前些年在外面打工回来的人都愿意盖"小洋楼",觉得那样才气派、有档次,建了木房子人家才看不起你,会笑话你土。这些年这一带搞旅游开发,有木房子的人家得了实惠。特别是看到千户苗寨现在这个样子,现在盖木房子的人家越来越多了,样式也更好看了。那些以前盖起来的砖房子看起来还觉得土!(黔东南苗族侗族自治州雷山县秋阳村石姓村民,男,37岁)

就此而言,应把握产业振兴与文化振兴的内在关联,形成产业发展与文化自信良性互动的局面。

乡村中的道德秩序也可以推进文化自信共识的达成,并使村民主动地参与到维护村落空间特色的行列中。如前所述的秀山土家族苗族自治县长岭村支书CMX就借用熟人社会中的道德压力,说服了原本不配合保护村落整体风貌的部分村民。

> 我是全国劳动模范、三八红旗手,国家每年都会组织我们出去考察学习。虽然我不识字,但去过全国很多地方,也算农民里眼界开阔的!二十年前我就意识到要保护好我们这里的风貌,也得到了上面领导的支持,村里就规定只能建吊脚楼。当时遭遇到的阻力很大,就有人说要炸掉我的房子!我召集村民召开大会,拿我外出拍的千户苗寨、昆明民族村这些照片给他们看,告诉他们我们以后也要搞旅游,也要发展成那个样子!现在谁破坏寨子的整体风貌,谁就是在损

> 害大家的利益，断我们村的前途！就这样，大家慢慢都接
> 受了！（重庆市秀山土家族苗族自治县长岭村村支书，女，
> 67岁）

在长岭村村组干部的积极努力下，村民意识到他们破坏村落
空间特色的行为都会损及自身，因此形成了相互监督的道德压力
氛围，使长岭村较完整地保留下土家族传统聚落风格。2016年和
2017年，长岭村分别入选中国传统村落和少数民族特色村寨名
录。村民从保护村落传统民居特色中得到了实惠，新建和翻建房
屋都会自觉选择木质结构，或是主动进行房屋外立面改造。特色
聚落空间保护从政府提倡转为村民的自愿和自觉，村落空间的传
统文化特色也在不断凸显。

提升乡村的文化自信和文化自觉，还应尊重村民的主体地
位，为村民主动参与传统空间保护提供渠道。乡村振兴是一场自
上而下的乡村建设运动，大量资源下沉伴随着上级政府意志的嵌
入。村民虽然在资源分配结果上得到了实惠，但又常常由于无法
参与分配过程而获得感不足。例如，地方实施民居保护项目时经
常会与建筑公司合作，资质越高的公司就越会得到招标方的青
睐。即使是使用村镇中的施工队开展修复工作，该队伍也多由有
城镇建筑工地从业经验的工人组成。在此过程中，懂地方知识、
有传统手艺的匠人常被忽视。

> 我从前一直就是做盖木房子的活，那个时候镇上几个村
> 有盖房的经常请我去！去年有个施工队到村里来修老房子，
> 他们那个做法和城里建房子是一样的，用气钉枪"砰，砰"
> 把木板打上就走了！我给他们说这样不得行，过不久就要垮
> 掉！没得人听嘛，用老方法花的工就多得很了！（重庆市酉
> 阳土家族苗族自治县柳溪村白姓村民，男，54岁）

各地传统民居保护都提出要"修旧如旧",但目前真正熟悉传统工艺的老艺人已经比较稀缺。充分利用乡土工匠的传统手艺是乡村空间营造的关键环节。贵州省在制定《贵州省"十四五"民族特色村寨保护与发展规划》时明确提出了该问题,要求实施传统建筑营造技艺工匠认定、持证制度,保护传承特色民居的营造方式和建造技艺。该制度既为村民参与村落保护提供了渠道,也在一定程度上避免了传统民居保护中的破坏性建设。

三 建立传统公共空间保护的激励机制

村落传统公共空间保护不仅需要宣传助力和文化引导,还要建立和完善相关的支持和配套制度,其中就包括正向与负向的激励机制。传统村落和特色村寨评选机制,为传统公共空间保护提供了正向激励。一是提供了保护发展的资金。入选传统村落或特色村寨名录都会获得相应的专项资金支持。贵州省制定的《传统村落高质量发展五年行动计划(2021—2025年)》就要求,把中国传统村落、少数民族特色村寨纳入金融资金支持乡村旅游重点村范围,并要求市县各地加强与省级相关产业类政府投资基金主管部门的对接,争取同等条件下优先将基金推荐至传统村落和少数民族特色村寨保护发展项目。2022年,仅黔东南就获得省级传统村落保护专项资金9390万元。二是为村落发展提供了一张名片。入选传统村落或特色村寨名录就相当于获得了一张名片、一块"金字招牌",为传统民居保护、文旅融合发展提供了机遇。重庆市武隆区鸿雁村2016年入选第四批中国传统村落名录,该称号马上成为该村的"金字招牌"。所属城镇将鸿雁村确定为"公序良俗"示范村,也为该村进一步保持着原有风貌和民俗提供了机遇。三是为村民文化自信提供了基础。入选传统村落或特色村寨名录既给村民带来了荣誉,也为村民带来了实惠,如政府提供的无偿修缮住房或民居保护补贴等,使村民认识到其生存的聚落空间的价值,从而更积极主动地参与到特色空间保护行动中。

传统村落和特色村寨保护发展项目虽然为村落传统公共空间保护提供了正向激励机制，但仍需在实践中不断调整完善。无论是传统村落还是特色村寨的评选，都采用了"项目制"的运作方式。所谓"项目制"是指，"中央对地方或地方对基层的财政转移支付的一种运作和管理方式。其基本运作过程为，上级政府及职能部门发放项目并提供项目资金，地方政府或基层组织通过竞争或申请获得项目，按照项目设计要求组织实施并接受发放部门的检查和验收"①。按照项目制的一般惯例，成功立项的项目即可全部获得或分批次获得资助资金，待项目期满后由发包方进行检查和验收，再根据结果确定全留、追加或追回资助资金。传统村落和特色村寨保护发展项目基本采用的是一次性发放项目资金的方式，由中央到地方、地方到基层进行财政转移支付。由于村（社区）组织不属于一级政府，项目资金的财政转移支付一般到县级财政，偶尔也会到乡镇一级财政。虽然传统村落和特色村寨保护发展项目资金具有"戴帽"的性质，但乡村工作千头万绪、相互重叠、错综复杂，诸如民居保护、非遗传承、打造文化品牌等任务，就与地方承担的人居环境整治、文化产业发展、文旅融合等任务部分重叠。这为基层政府变相支配项目资金打开了口子。在实践中，基层政府常将项目基金与其他财政资金"打包"使用，再按照自身的重点工作分配项目资金去向。如在脱贫攻坚时期，某些县市就"统筹"使用了中央与市级财政下拨的传统村落和特色村寨保护发展项目资金，致使部分传统民居的保护工程一度停滞。要解决此类问题就要提高项目资金的利用效率：一方面可以加强对项目资金的监管，尤其是使"戴帽"资金精准落到相应事项上，防止基层组织为实现自身短期目标而变相挪用；另一方面可以适当考虑使用向村或社区招标立项的方式，将村社可以直接解决的部分事项交给它们自己，使村社组织拥有部分项目

---

① 李锋：《农村公共产品项目制供给的"内卷化"及其矫正》，《农村经济》2016年第 5 期。

资金的自主使用权。

项目制运作存在的另一个问题是项目立项审查竞争激烈、审查严格，但对于项目的后期跟踪检查却相对不足，部分项目结项过程流于形式。传统公共空间保护与利用受到村落实际条件、村民积极性、政府部门重视程度、资源投入程度和社会公众认知程度等多方面因素的影响，导致不同村落建设的结果存在较大的差异。一些村落建设取得了较好的成绩，在文化生态资源保护、村民生活等方面都实现了改善。有的村落建设工作完成度不高，建设效果不好。如前文所述的秀山土家族苗族自治县梅江村 2012 年就入选了中国传统村落名录，获得上级部门拨付的 90 万元民居保护专项资金，用于修缮 34 栋传统苗式木结构房屋。但该村近年来整体风貌保护效果不佳，部分没有获得修缮资格的旧房屋被拆除，新建民居也以砖石结构房屋为主，村落整体聚落空间已经较为混乱。针对上述这两种情况，应针对保护和发展程度不同的村落，实施相应的正向或负向激励机制。正向激励可以考虑后续资助的提档升级，负向激励则可以考虑建立完善退出制度，使村落传统公共空间保护的资源更加聚集。为此，一方面要构建村落保护和发展的评估指标体系。对于不同地域村落的测评指标体系应结合当地实际，体现出整体与局部相结合的特点。如渝东南地区少数民族相对单一，在民族团结和融合层面不存在问题，可着重考察其空间保护的特色性和完整性。另一方面要建立完善退出制度。对于建设效果不好的传统村落和特色村寨，可采取亮"红黄牌"的负向激励，要求其重新制订符合自身实际和需求的建设目标和计划。对于已经完全不符合保护发展标准的村落或村寨，可考虑采取"摘牌"的措施。

第二节　激活日常生活空间活力，提升共同体凝聚力

公共生活是构建村落生活共同体的基础。村民通过日常生活

空间内的交往互动，可以增进了解、建立信任、达成共识、实现互惠，进而加强村落社会网络的紧密联系，提升村落共同体的凝聚力。在乡村文化振兴的进程中，要尊重村落空间生产的生活逻辑，增强日常生活空间的活力。为此，一方面要塑造人文、生活、环境相融合的高品质空间场景，吸引村民从"楼上""网上"回归面对面的社会交往；另一方面要通过集体娱乐、民俗活动等触媒事件，吸引村民更多从私人生活空间走入公共交往空间，积累起信任、合作、互惠的社会资本。

一 尊重村落空间生产的生活逻辑

现代化伴随着"脱域"与"嵌入"，是远距离社会关系向地方社会的"嵌入"过程，也是地方社会受远距离社会关系影响的"脱域"过程。在乡村文化振兴的过程中，如果处理不好嵌入性力量与内生力量之间的关系，则可能造成传统与现代断裂的社会风险。从西南地区来看，村落日常生活空间是村民生存理性的结果，其生产与再生产都遵循着村落的地方性知识。在乡村振兴的时代背景下，资本、权力等外生力量嵌入乡村地区是必然的过程。但是，如果这种嵌入与村落空间生产的内生路径不相融，则会造成日常生活的不便与混乱，解构传统共同体式的社会关系。因此，激发日常生活空间活力必须尊重乡村的地方性知识和村民的生活逻辑，实现空间生产中"外生秩序"与"内生秩序"的良性耦合。

与村落传统公共空间生产遵循村民生活逻辑不同，乡村振兴时代的空间生产更多基于正式规划，是专家知识生产的结果。专家系统是现代化社会的典型特征之一。吉登斯认为，专家系统也是一种脱域机制，"因为它把社会关系从具体情境中直接分离出来，即通过跨越伸延时空来提供预期的'保障'"[1]。之所以这样说，是因为对于普通人来说并不需要掌握专家所具有的知识，

---

[1] 安东尼·吉登斯：《现代性的后果》，田禾译，译林出版社，2011，第25页。

也不需要参与这些知识的生产过程，甚至都不需要理解这些知识。专家系统所掌握的知识都是普通人无法进行验证的，人们通常只需要接受并遵从这些知识的指导。随着社会系统的复杂化和科学时代的来临，庞大的专家系统也正在兴起并越来越大地影响着决策过程。当前，专家参与在广度和深度上有了前所未有的拓展和深化，"几乎在政治生活的各个层面、各个领域、各种不同的话题中，我们都可以看到科学咨询的身影"①。在乡村振兴过程中，各地村落公共空间建设都高度依赖专家系统，有的村落还有专家团、服务团、顾问团等进行对口帮扶，从整体布局、民居保护、环境整治到设备设施配置，几乎都是在专家系统制定的规划指导下开展的。

对于传统经验主导下的大部分乡村地区而言，专家系统带来了前沿的方法和技术，也为乡村的日常生活空间带来了巨大改变。但是，对专家的依赖是有条件的，"他们要求获得双重的保证：既有特定的专业人士在品行方面的可靠性，又有非专业人士所无法有效知晓的（因为对他们来说必然是神秘的）知识和技能的准确性"②。在乡村全面振兴的背景下，该问题可转译为：在现代性反思基础上建立起的知识体系，如何适应以传统为特征的村落日常生活空间生产？调研也发现，专家制定的规划常与村民的生活逻辑相悖。例如，在传统村落和特色村寨保护和维护过程中，部分地区并没有真正挖掘地方文化，而只是追求规模、整齐、统一的视觉效果。某些地方住建部门为了突出村寨的民族特征，将在典籍中查找到的古代图腾画到每户民居上，然而本地村民并不知晓该符号的文化含义。这种只是为了追求视觉效果统一装饰房屋的做法显然脱离了地方文化，也不会真正增进村民的文化自信与自觉。

---

① 罗伯特·海涅曼、威廉·布卢姆、史蒂芬·彼得森、爱德华·卡尼：《政策分析师的世界：理性、价值观念和政治》，李玲玲译，北京大学出版社，2011，第 25 页。

② 安东尼·吉登斯：《现代性的后果》，田禾译，译林出版社，2011，第 74 页。

　　实际上，知识和技能的准确性一直挑战着专家系统的权威，这一点尤其受到社会建构主义的质疑。针对科学实在论的知识是人类理性的最高形式，具有超越其他一切"非科学"的真理性之观点。社会建构论认为，专业知识并不是反映世界的客观真理，而是由科学共同体成员之间遵从主流的科学规范，经过对话商谈、同行承认建构而成，并且还受到利益、权力、地位、文化、制度等社会因素的影响。① 这种理论从认识论上对知识的可靠性提出了质疑。如果知识是基于现代体系的话语构建的话，那么其对于以传统为特征的乡村社会的适用性就值得衡量。吉登斯也在传统与专门知识之间进行了比较，认为与传统相比，专门性知识是抽离性的，从根本上说是非本地、无中心的。在现代性的外表下其没有本地附属物。但在实践中由于本地的习惯、风俗或传统需要有延续性，抽离性知识与地方性结合并产生"本地知识"存在不小的难度。② 通俗而言，具有抽离性的专业性知识如何与乡土知识相结合，并生产外来知识在本地的复合物，对专家系统提出了挑战。

　　在西南地区乡村的人居环境改造项目中，经常可以看到为了追求美观而有悖生活逻辑的做法。西南地区乡村中的聚落形态、居住空间、生活习惯等方面表现出很强的个性化、差异化和独特性，为了起居方便，厕所的位置和样式也多因地制宜。在"旱改水"的人居环境改造过程中，这些生活逻辑演化出的形态却被视为"混乱与不规则"。有些规划设计甚至模仿城市公厕的样式，将几家厕所统一建在一处。这种做法虽然满足了现代性的几何学美感，却远离了村民的具体生活实践，最终只能沦为杂物堆放处，也无法获得村民的心理认同。雅各布斯洞察到，几何学的整齐外表与满足日常生活需求之间并不一定存在对应关系，并质疑

①　林聚仁：《西方社会建构论思潮研究》，社会科学文献出版社，2016，第54、100~102页。

②　安东尼·吉登斯：《生活在后传统社会中》，载乌尔里希·贝克、安东尼·吉登斯、斯科特·拉什《自反性现代化：现代社会秩序中的政治、传统与美学》，赵文书译，商务印书馆，2014，第107页。

内在功能良好社会的安排一定要满足秩序或规则的单纯视觉的观念。她认为，规划者最根本的错误在于认为建筑形式的简单复制和标准化，将纯粹的视觉秩序与功能秩序强制连接起来。实际上，大多复杂系统都不可能揭示出表面的规律，而是需要在文化等深层次上揭示它们的秩序。她说道："秋天树上的叶子掉到地上，飞机发动机的内部机制，一个被解剖的兔子的内脏，一份报纸的地方新闻采访部，所有这一切在我们面前都会显得杂乱无章，如果我们不是从总体的角度来理解这一切的话。一旦把它们理解为一种秩序系统，它们实际上就会显现出不同的形态。"[①]

在政策规划和专家系统强势下沉的背景下，要实现尊重生活逻辑的空间生产路径，就要建立起村民表达自身需求和愿望的制度性渠道。基层政府、职能部门、投资者等建设主体，应主动积极地与村民交流和沟通，广泛征求和吸纳村民的意见，给予村民参与村落发展的足够空间，提高村民建设自身生活空间的积极性。为此，应健全村民表达集体偏好的公共选择机制，把村民需求纳入村落空间建设的决策运作链条中。让村民及其代表决定哪些项目是自身需要的并应积极开展，哪些项目脱离了村落的实际需求并应予以回避，破解村落公共空间建设中农户集体失语的困境。

二　打造人本舒适的日常生活空间

空间的生产与再生产塑造着人们的思维观念和行动交往，并与其互为因果、相互建构、相互解释。"空间总是社会性的空间。空间的构造，以及体验空间、形成空间概念的方式，极大地塑造了个人生活和社会关系。"[②] 西尔和克拉克用场景理论诠释空间的形塑功能。他们强调，场景可以深刻地影响人的行为和观念，人们则基于场景来协调自身的行为。"这些场景影响着我们的决策，

---

① 简·雅各布斯：《美国大城市的死与生》，金衡山译，译林出版社，2022，第382~383页。

② 丹尼·卡瓦拉罗：《文化理论关键词》，张卫东、张生、赵顺宏译，江苏人民出版社，2006，第180页。

包括在哪里工作、在哪里做生意、在哪里找到某个政治活动组织、在哪里生活、支持哪种政治立场，以及更多类似的决策。"① 只有塑造出舒适高品质的空间场景，才能把公共空间变成日常生活的场所。怀特（W. H. Whyte）曾在纽约开展了一个"街头生活"项目，项目主题为小城市空间的社会生活。该项目基于这样一种观念："城市中无处不在的小空间合在一起，对城市生活质量产生重大影响。如果这些空间令人厌恶，人们就有可能躲避城市街道，也许干脆撤出城市……他们也会筑起各类壁垒，把自己保护起来。"② 因此，项目开展始终围绕一个问题：为什么一些公共空间运转良好，而另一些则表现得不尽如人意？"究竟是什么让这些公共空间生机勃勃或死气沉沉。什么在吸引着人们。什么令人们厌恶。"③在怀特看来，解决该问题的关键是"人性化"，"建设一个人性化的空间，而不是建设一个非人性化的空间。人性化的空间可以让人们的生活大不一样"。④

　　基于文化振兴理念激活村落日常生活空间的活力，应秉持以人民为中心的发展理念，坚持人民主体地位的发展思维，尊重村民的生活方式和文化习惯，不断满足村民对美好文化生活的追求，推进乡村的社会交往和共同体凝聚。21世纪以来，在共享改革发展成果的理念下，公共服务资源不断下沉，乡村人居环境与公共文化服务设施都得到了极大改善。部分乡村地区还高标准地建设了广场、公园、文化站等场所，为村民日常生活中的交往与娱乐提供了更多空间选择。尽管如此，调研还是发现了乡村中对公共空间的不平等使用："文化骨干"更经常使用各类文化场馆，

①　丹尼尔·亚伦·西尔、特里·尼科尔斯·克拉克：《场景：空间品质如何塑造社会生活》，祁述裕、吴军等译，社会科学文献出版社，2019，第1页。
②　威廉·H. 怀特：《小城市空间的社会生活》，叶齐茂等译，上海译文出版社，2016，第3页。
③　威廉·H. 怀特：《小城市空间的社会生活》，叶齐茂等译，上海译文出版社，2016，第2页。
④　威廉·H. 怀特：《小城市空间的社会生活》，叶齐茂等译，上海译文出版社，2016，第10页。

普通村民则更经常使用室外公共空间。笔者不止一次在各种文化场馆附近发现临时摆起的牌桌或棋盘，村民们在这里闲聊、吸烟、发呆，甚至肆无忌惮地争论和吵闹。与那个挂满了正式标识标牌的室内空间相比，街头空间开放、自然而随意，不会被这样那样的规章制度约束。

街头是乡村社会中最活跃的日常生活空间。所谓街头"既是一种对物理空间的直观描述，如大街小巷、里弄胡同这些真实而现实的街头环境，又是指一种空间的隐喻，泛指那些没有作为正式公共服务设施、没有设置边界的流动性的室外场域"①。近现代以来，乡村街头空间常被描述为脏乱差的典型，对其进行改造也一直是乡村建设运动的重点内容。多数政策都将街头视为村落人居环境的一部分，强调通过改造实现该空间的干净、整洁和美观。实际上，街头除了是人们居住的客观环境，还承担着社会交往平台的功能，忽视了该功能的街头改造往往会造成意想不到的后果。如部分地区在修建村落广场的过程中，不仅清除了周边摆放的简易桌椅，还以灌木替代了原有的高大乔木，其目的是凸显广场的宽敞整洁。对于普通村民而言，那些简陋的桌椅和树木恰为他们提供了社会交往的场所。新修建的广场和道路虽然整齐干净，却没有提供社会交往的必要条件。部分村镇干部甚至认为，由于文化广场常设置在村便民服务站之前，聚集在广场上的村民们的不文明行为，如打赤膊、玩小牌、大声吵嚷甚至纠纷等，在一定程度上会影响乡风文明建设。为了避免这些不文明行为，部分地方甚至不在广场内设置座椅等舒适物，其目的自然是减少村民在广场上聚集。但现实问题却是，"有些人不受欢迎，用来赶走他们的空间其实也总是将其他人拒之千里"②。

乡村振兴中的人居环境整治当然必要，却不能为了环境整洁

---

① 李锋：《均等与效能：社区公共文化服务供给模式研究》，武汉大学出版社，2017，第 151 页。

② 威廉·H. 怀特：《小城市空间的社会生活》，叶齐茂等译，上海译文出版社，2016，第 2 页。

而废除街头的社会功能。高大的树木虽然阻碍了穿透广场的视线，却为村民遮挡住了夏日的艳阳；简易搭建的桌椅虽然无法做到规格统一，却为村民提供了可以随时落脚的栖息之地。人居环境改造中在清理掉这些"杂物"和"障碍物"的同时，应及时提供更高品质的舒适物予以代替，以防止给村民生活和交往带来不便。研究表明，好的公共空间推动人们产生新的生活习惯，该空间内的舒适物可以塑造高品质场景，对于唤起家庭、社区和睦邻传统具有积极意义。[①] 例如，坐凳的设置不仅要做到生理舒适，还应该做到社会舒适。社会舒适意味着做了社会选择，"坐在前面，坐在背面，坐在边边上，坐在阳光里，坐在阴影下，成群地坐在一起，独自坐一会"[②]。这不仅要求在空地、广场等地设置坐凳和座椅，还要充分利用建筑高低差形成的台沿，为使用者提供更多的便利舒适物。调研发现，岩翠村、青泉坪老街等地的廊亭利用率非常高。廊亭的顶棚可以遮挡烈日，随处可落座的环境可以容纳多人。这些设施满足了村民日常休闲和交往的需求，成为村民最欢迎、最常用的日常生活空间。与此同时，公共部门设置公共空间舒适物时还应突出文化特色，通过与传统文化结合提升村落日常生活空间的品质。如按照传统文化复原的风雨廊桥等空间设施，就将人文、生活、环境等要素融合为一体，塑造出了一个高品质的空间场景。

三　搭建乡村公共交往的活动平台

随着村落集体活动和群体娱乐的日益减少，许多乡村地区的村民日益退回私人空间，逐渐转向了"楼上""网上"的个人娱乐，或走上了"牌桌""酒桌"的简单消遣。要解决此问题，就应增强村落日常生活空间的社会功能，不仅要塑造出一个高品质

---

① 丹尼尔·亚伦·西尔、特里·尼科尔斯·克拉克：《场景：空间品质如何塑造社会生活》，祁述裕、吴军等译，社会科学文献出版社，2019，第104页。

② 威廉·H. 怀特：《小城市空间的社会生活》，叶齐茂等译，上海译文出版社，2016，第26页。

的空间场景，还应将其打造成公共交往的活动平台。为此，一方面应适当放宽对街头、空坝、集场等空间的限制。如秋阳村村民举办婚礼、寿辰等重要人生礼仪时，可以借用村落的广场或学校作为礼仪场地。该做法不仅增强了村民对村落的认同感，还以贴近村民生活的方式鼓励其参与公共生活，客观上也起到了重建网络、增强信任、增进互惠的效果。另一方面应通过组织集体活动等方式将村民重新组织起来。如酉阳土家族苗族自治县松岩村曾连续三年举办"乡村春晚"，趁春节时期将外出返乡人员组织到一起，以此加强村民间的联系、增进彼此间的感情，在一定程度上阻止了村落共同体意识的流失。

将村落日常生活空间建成公共交往的活动平台，需要挖掘、培育乡村本土文化能人、非遗文化传承人等人才。由于部分乡村地区呈现出人口空心化的"无主体"状态，许多村落没有能力组织起丰富的集体文化生活。青壮年是村落公共生活的参与主体和主要组织者，许多具有乡土特色的集体活动的主体都是该群体。西南地区常会组织具有体育竞赛性质的集体活动，如清水江流域在"五龙节""龙王节"有赛龙舟的传统。龙舟一般由母船和子船组成，母船长可达20余米，子船长也有十几米，这样的船显然只有青壮年才能够操纵。近些年，随着外出务工青壮年逐年增多，许多村落难以组建起一支完整的龙舟队伍，该项民间体育运动也呈现出日渐衰落之势，只能由基层政府或专门策划机构进行组织。类似的还有斗牛、射箭等民族体育赛事，没有青壮年的组织和参与也不可能完成。在非竞技类的展演仪式上，歌舞活动的主角也是村落的青壮年男女。在乡村部分地区人口空心化的现实状况下，"留守群体"没有意愿或无能力有效组织起集体活动，这种情况也加剧了村落日常生活空间的萎缩。

本土人才是组织乡村集体文化活动的主力军，只有充分发掘村落内部的文化人力资源，才能保障日常生活空间中的文化活动具有内生动力。近年来，各级政府越发重视组建本土文化队伍，在积极组织文化下乡惠民活动的同时，也注重发挥村民自发文艺团队、非遗文化传承人的作用，并在实践过程中形成了一些较为成熟的经验。部分地区努力探索业余文体团队管理的有效途径，包括组织开展乡村业余文体团队普查，掌握队伍的基本情况，加强对文体骨干的培训辅导，提升队伍整体素质，积极搭建活动载体等。部分地区则在资金保障方面进行了探索，如每年安排一定的文体建设发展专项资金，专门针对乡村地区业余文化团队给予补助，主要包括对新组建团队、参加展演活动、添置设施设备等给予一定的支持，对乡村中涌现出的优秀艺术成果和文化贡献给予配套奖励等。部分地区则将工作重点放在了培训辅导方面。充分发挥城镇文化馆的人才和资源优势，对乡村业余文体团队的创作、导演、活动策划等进行专题辅导，并针对不同团队的具体问题提供"菜单式"服务。在交流学习方面，尽可能地为业余文体团队提供交流展示平台，主要方式包括举办文艺展演、组织观摩学习等。① 支持乡村文化活动的政策有利于发现和培育本土人才，也有利于将村民吸引到公共空间中参与集体生活。

第三节　活化礼俗仪式空间功能，塑造稳定道德秩序

在传统乡村社会中，礼俗仪式空间不但安顿了村民的身体和心灵，还加强了村民之间的社会互动，推动形成了乡村共同遵循的道德秩序。乡村文化振兴的过程中，一方面应抵制礼仪习俗及其仪式的低俗化、庸俗化、陋俗化，将敬畏、禁忌和期待重新带回该空间场域，发挥其劝善、惩恶、崇德等社会功能；另一方面应为村民正常的礼尚往来留出制度空间，强化乡村中信任、合作、互惠的社会网络。

---

① 陈瑶主编《公共文化服务：制度与模式》，浙江大学出版社，2012，第270～277页。

一　规范引导信仰民俗活动

乡村风俗习惯中包含着部分民俗信仰内容，其主要是指在长期的历史发展中，人们自发产生的有关祖先、英雄和神灵崇拜的观念、行为、禁忌、仪式等习俗惯制和礼仪制度。在乡村文化振兴中，要促进乡村形成良好社会秩序、传承优良民风民俗，就应合理规范和引导此类信仰民俗惯制。信仰民俗生成于乡村社会长期的历史文化积淀之中，常常是乡村风俗习惯中最为传统和根深蒂固的部分。如果其与主流文化相兼容，则会起到调适心理状态和稳定社会秩序的功能；但如果其与主流文化不兼容，则会诱发小群体意识和社会秩序混乱。孔飞力在研究晚清时期（1768 年）发生的"叫魂"事件时，就考察了巫术传言造成的社会大恐慌："一种名为'叫魂'的妖术在华夏大地上盘桓。据称，术士们通过作法于受害者的名字、毛发或衣物，便可使他发病，甚至死去，并偷取他的灵魂精气，使之为己服务。这样的歇斯底里，影响到了十二个大省份的社会生活，从农夫的茅舍到帝王的宫邸均受波及。"[①] 可见，放任一种信仰民俗活动的流行，可能会在整个社会层面带来混乱。随着思想观念、社会结构和政治体制的变革，一方面广大乡村地区的传统信仰民俗活动已经萎缩；另一方面其又在新的社会环境中表现出了不同的形式，并暴露出了某些值得关注的问题，如巫术行骗、踞庙敛财、宣扬末世、信仰媚俗等。这些行为不仅给村民的身体或经济造成了损害，而且消解了传统信仰民俗内在的积极意义，解构了乡村文化振兴的成效。在乡村社会中，传统信仰民俗关系到村民的精神和意义世界，发挥着稳定秩序、传承文化等社会功能，甚至对当地文旅融合发展也具有推动作用。在此情形下更应该正视其存在的问题，注重对其进行科学规范和合理引导。

从公共空间建设的视角来看，合理规范和引导乡村社会的信

---

① 孔飞力：《叫魂：1768 年中国妖术大恐慌》，陈兼、刘昶译，上海三联书店，2014，第 1 页。

仰民俗，首先应规范管理民间宗教信仰场所。在乡村旅游产业发展过程中，许多景区都修缮或重建了寺庙、道观等宗教场所，并作为景点向游客开放。寺庙或道观等宗教场所是历史文化的产物，也是最常见的信仰民俗空间，但目前部分寺观却成为少数人的敛财之地。尤其在旅游产业发展较好的地区，寺观里往往设置了五花八门的收费项目，如各种高档价位香烛、供奉往生牌位、包年供奉神位、避凶神太岁等，价格动辄几百上千甚至上万元，经常让普通百姓望而却步。中国民间信仰较少关注彼岸世界，而是更多体现出工具理性的色彩，求得对现世生活的佑护。无论是成熟宗教还是民间信仰，都会强调诸佛菩萨面前的众生平等，这种观念也为普通村民提供了心理慰藉。然而敛财的宗教场所却输出了一个差别理念，即花更多钱的人就会从神佛那里得到更多的护佑。如此一来，民间信仰场所也成为一个具有阶层差别的空间，这会击碎底层民众憧憬生活的心理底线，撕碎世俗生活中已经构建起的社会团结。

民间信仰场所的商业化问题已经引起了相关部门的重视。2017 年 11 月，国家宗教局联合中宣部、公安部、财政部、国家旅游局、国家文物局等 11 个部门，针对佛教道教领域的商业化问题下发《关于进一步治理佛教道教商业化问题的若干意见》。该意见明确指出，商业化扰乱了正常的宗教活动秩序，损害了佛教道教清净庄严的形象。这种情况不仅会败坏社会风气，而且会滋生寻租、腐败等行为。该意见要求："任何组织或者个人不得投资或承包经营佛教道教活动场所，不得以'股份制''中外合资''租赁承包''分红提成'等方式对佛教道教活动场所进行商业运作并获取经济收益，禁止将佛教道教活动场所作为企业资产打包上市或进行资本运作。"① 抵制民间信仰场所的商业化，有

① 《关于进一步治理佛教道教商业化问题的若干意见》，https://www.gov.cn/zhengce/zhengceku/2017-11/23/content_5538962.htm，最后访问日期：2024 年 3 月 21 日。

利于信仰习俗活动回归本源。在中央部委的统一指导下，地方政府也相继制定了相关政策文件。2022 年湖南省印发《湖南省民间信仰活动场所管理办法》，对群众因崇拜神祇、祈福禳灾而建立的各类庙宇进行规范，主要内容包括：遵循属地管理、分类管理、场所自治的原则管理民间信仰活动场所；监督场所的日常活动，发现非法活动及乱建场所、滥塑神像等情况；民间信仰活动场所不得在场所内外修建大型露天民间信仰造像；对民间信仰活动场所进行信息采集，审核录入省宗教事务信息化综合应用平台系统；等等。[①] 此类规范性文件有利于解决民间信仰场所当前存在的问题。

在加强对民间信仰场所规范管理的同时，还应加强在该空间内的服务。当前，各地对于信仰习俗空间重规制、轻服务，部分地区还制定了针对该场所规范管理的地方标准。[②] 但是，无视规律的过度管制会削弱信仰习俗的积极功能，而村民常会因习俗被禁而另寻出口。如"烧纸"也是乡村最常见的民俗仪式。在乡村振兴的移风易俗中，部分地区以提倡新风尚为理由禁止烧纸钱。黔南布依族苗族自治州瓮安县 2021 年出台禁止中元节烧纸钱的规定，其依据理由为：每年中元节焚烧纸钱给空气造成的污染日益严重，危害人民群众身体健康；烧纸钱行为存在重大安全隐患，焚烧纸钱极易引发火灾，给人们的生命财产安全带来威胁；等等。

"烧纸"是千百年来形成的最基本的信仰民俗惯例。有研究认为，在中国人的物质精神世界中，"烧纸"是对人际关系的非情感表达。"当中国人想要确认和象征人际关系的时候，他们所

①　《湖南省人民政府办公厅关于印发〈湖南省民间信仰活动场所管理办法〉的通知》，http://www.hunan.gov.cn/hnszf/szf/hnzb_18/2022/202219/szfbgtwj_98720_88_1qqcuhkgvehermhkrrgnckumddvqssemgdhcscguemrbsvtvegftmrskmsnb/202210/t20221014_29054087.html，最后访问日期：2024 年 3 月 21 日。
②　冯曹冲、叶海云、强劲、刘步瑜：《标准实施绩效评价方法探究——以嘉兴〈民间信仰活动场所管理规范〉的绩效评价为例》，《中国标准化》2019 年第21 期。

使用的象征形式并不依赖情感性的表达，而是社会行为。确认社会关系最重要的象征维度就是劳作和付出，包括受苦和牺牲。借助对纸钱这种具体实物的操作和仪式表达，纸钱成为缅怀逝者和实践仁、孝等人际关系义务的情感表达的客体。"① 因为类似的民间习俗惯例承载着诸多社会意义，所以并非凭一纸文件就能够将其废除。而且，严厉的文件虽然废除了旧仪式，却无法凭此建立起新仪式，这一空虚地带则会被赌博等庸俗化活动占据。如前所述，重庆涪陵区在村民经常上香烛、烧纸钱的场地摆放了容器，既降低了发生火灾的风险，也方便了到此来的村民。黑龙江省绥棱县也采用了类似的做法。按照当地习俗，居民要在清明、中元和春节等特殊日子，在十字路口处烧纸祭奠先人，其结果是许多路口都留下了纸灰和烧焦的痕迹。当地政府为此也禁止了几年烧纸活动，却未能从根本上解决问题。近些年，当地政府专门设计制作了烧纸用的容器，摆放在较偏远路口处供居民烧纸时使用。这些容器被设计成代表传统文化的鼎形，吻合了中国传统民间信仰的文化基调，在功能上则考虑了盛接纸灰和充分燃烧，尽量减少烧纸过程带来的污染。这种以疏替堵、以服务替禁止的做法，在信仰习俗空间的规范管理中更值得借鉴。

二 发挥礼俗空间社会功能

乡村地区礼俗仪式活动相对活跃，在对此类活动进行规范管理的同时，还应发挥其劝善戒恶、凝聚精神、产生秩序等社会功能，为乡村文化振兴提供支撑资源。历史上，乡村礼俗仪式常被视为社会的残余糟粕，在大多时期受到了不同程度的限制和禁止。然而，随着学界研究视角的开阔和政界治理水平的提高，政学两界已经不再简单地将此类活动视为愚昧落后的行为，而是同时认识到了其对乡村社会建设的正向功能。格尔兹（即前文格尔

---

① 柏桦：《烧钱：中国人生活世界中的物质精神》，袁剑、刘玺鸿译，江苏人民出版社，2018，第8页。

茨的不同译名）在研究巴厘岛的政治机制和仪式行为时发现，维持和使用该地区叠式灌溉系统需要复杂的协作，它需要通过稳定的信仰系统和教会系统来保护。同中国华北地区通过龙王庙体系维持水利系统类似，在巴厘岛上"那些庙宇（或祭坛或梯田）中的活动为作为一个整体的灌溉会社体系提供了一种合作机制，为了能够良好运转它必须具备这样一种体制"①。每个灌溉会社都有祭司主持的周期性仪式，"通过这样一种方式，一种复杂的生态秩序既反映在一种同样复杂的仪式秩序之中，同时也是被这一仪式秩序所形塑出来的，而这一仪式秩序既生成于那种生态秩序，又反过来叠加在生态秩序之上"②。礼俗仪式活动强化了集体公认的价值体系，也增加了对冒犯该体系行为进行社会制裁的可能性，从而有利于社会规则的生成和集体行动的成功。李丹在研究中国传统农民时认为，"如果道义价值观与宗教价值观要求每位村民为具有他们所意识到的共同利益的事业做贡献，那么，这些直接与间接的激励足以产生所需要的合作水平"③。因此，可以借助习俗礼仪空间的权威性，制定村民共同遵守的乡规民约，以及处理公共事务需要遵守的规则。

　　乡村文化振兴还应借助礼俗仪式惩恶劝善的功能，强化乡村中道德惩罚的力量。杜赞奇在对华北民间信仰进行研究时认为，"中国历史上大众信仰中的天国体系并不是某个朝代创造出来欺骗人民的……天人合一的宇宙观不仅塑造了世俗生活，而且规定了另一世界的权威体系"④。在传统乡村社会中，村庙是村庄赏善罚恶的最高权威，因此世俗组织会经常借此实现村庄的整合与秩

①　克利福德·格尔兹：《尼加拉：十九世纪巴厘剧场国家》，赵丙祥译，上海人民出版社，1999，第89页。

②　克利福德·格尔兹：《尼加拉：十九世纪巴厘剧场国家》，赵丙祥译，上海人民出版社，1999，第95页。

③　李丹：《理解农民中国：社会科学哲学的案例研究》，张天虹、张洪云、张胜波译，江苏人民出版社，2009，第54页。

④　杜赞奇：《文化、权力与国家：1900—1942年的华北农村》，王福明译，江苏人民出版社，2010，第107页。

序。据"满铁"根据 1940~1941 年在华北乡村调查编成的《中国农村惯行调查》记载，当时河北省良乡县一村庄的村庙门碑上每年总重新写上"你也来了"几个字。村民们认为其含义是指人人都逃不脱神灵的最后审判。与武陵山片区毗邻的以鬼文化著名的丰都名山上，白无常的帽子上也正是写着"你也来了"四字，其意亦是以鬼教人、惩恶扬善。丰都名山以千年鬼文化著称，旧时人相信这里是"阴曹地府"所在地。但是当前村民们普遍不相信有鬼存在，而是相信鬼神之说皆是教人多行善事。关注礼俗仪式积极功能的研究者认为，大到国家的祭祀大典，小到某一部族的生活仪式，"都是在创建一种道德共同体，在表现着人对于秩序和混乱的判断和想象，处理着人间的社会问题"[1]。传统乡村中礼俗仪式空间充满着敬畏、禁忌和期待，也使人保持了对道德行为的警惕性和自觉性。

乡村社会的礼俗仪式空间虽然在很大程度上已经被现代文明解构，但其作为传统习俗的场域仍部分顽强地保留了下来，或是转换为另一种空间形式存在，并依然发挥着该类空间应有的功能，最典型的就是与血亲情感相联系的祭祀空间。从社会功能层面来看，祭祀祖先并不是在先人和后人之间建立关联，对死者的尊重实际是为生者提供预期。贺雪峰认为："葬礼等民间仪式是农民文化实践的载体。农民在文化实践中习得并传承着这个古老民族的人生理念、生存智慧和做人之道。"[2]

上级对丧葬并没有完全禁止，但提倡和宣传文明祭奠，尤其要注意安全防火，在确保安全的前提下是可以烧纸钱和放火炮的。但是由于以前山上也出过火灾，虽然不是祭奠引起的，但村民也特别注意安全，不敢烧太多纸钱，也不敢放太多火炮。虽然这些仪式简化了，但是村民在特定的日子再

---

[1] 王铭铭：《人类学是什么》，北京大学出版社，2016，第 99 页。
[2] 贺雪峰：《新乡土中国》，北京大学出版社，2013，第 41 页。

忙也要到坟地祭祖。尤其注重在坟上插纸幡的礼仪，因为，从纸幡上就能让别人看出有没有人来上坟，来了多少人，或哪些人没来。这是因为，不同颜色的纸幡代表着不同身份的人，红色代表女儿和孙女，白色代表儿子和孙子，只要他们结婚成家之后，每个人在祭祖时都要单独插一根，纸幡越多代表家庭香火越旺盛。如果他家有三个出嫁的女儿，到祭日里只有两根红色的纸幡，那大家都知道有一个女儿没有来。这也是一种道德压力吧，让我们这儿的村民做事懂规矩。

（重庆市秀山土家族苗族自治县长岭村冉姓干部，女，40 岁）

祖先祭祀仪式使人们在一个社会剧场中保持对伦理法则的敬畏，联想和感受关于人伦的礼仪。民间社会的仪式使人们保持着道德感和敬畏心，进而规范社会成员的行为，促进日常生活的秩序稳定。

礼俗仪式空间还可以用于塑造良好的乡风和民风。在渝东南地区，多数村落中的家庭设有神龛，摆放在"吞口"正中靠墙的位置。与寺观中只供奉神像不同，设置在家庭中的神龛在供奉神灵的同时，也把国家和家族的符号置于其中，融合了神灵信仰、祖先祭祀、圣贤崇拜和家国意识。以长岭村杨氏家族为例，神龛正中上方位置挂有匾额，书"祖德流芳""清白传家"等家训。匾额下方为一块方形牌匾，正中供奉"天地国亲师"位，两侧供奉儒、释、道、仙、神、祖等各路神佛，每家供奉有多有少，各不相同，如"南海岸上观音菩萨金莲位""大成至圣先师孔子文宣位""神农教稼播种五谷仙官位""东厨司命奏善灶王府君位""求财有感四官四将尊神位"等，以及本家族的祖先神位，长岭村杨氏家族悬挂"关西堂上历代昭穆神主位"。最外两侧为记录家族渊源的对联，熟悉家族历史者可以从对联的文字中，解读家族的姓氏、起源年代和地域。对联为"汗马功劳由宋北，文龙事业自关西"。方形牌匾下方为上香和摆放贡品的供台。贡台之下为三块寓意吉祥的小牌匾，书写"百福骈臻""安神大吉""千祥云集"等词语。再下方贴一"福"字。最下方为小的方形牌匾，左右书对联"土能生白玉，地可出黄金"，中间书"镇宅'招财童子''长生土地''瑞庆夫人''进宝郎君'位"（见图6-1）。

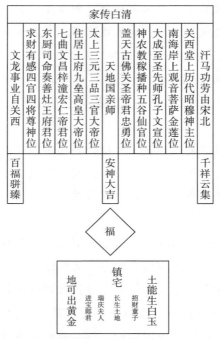

图6-1　重庆市秀山土家族苗族自治县长岭村杨氏家族神龛示意

不同区域和不同村落中家庭供奉的神龛略有不同，但其共同点是将信仰敬畏、家庭意识和国家情怀相融合，并将礼俗仪式空间植入日常生活空间。尽管有些供台上放置了杂物，但这个礼俗仪式空间仍是日常生活须臾不可离的一部分。扬·阿斯曼认为，空间在涉及集体和文化的记忆中扮演着极为重要的角色，"记忆术借助的是想象出的空间，而回忆文化是在自然空间中加入符号，甚至可以说整个自然场景都可以成为文化记忆的媒介"[1]。日常生活中神灵的

①　扬·阿斯曼：《文化记忆：早期高级文化中的文字、回忆和政治身份》，金寿福、黄晓晨译，北京大学出版社，2015，第55页。

凝视、祖先的训诫、国家的在场，这些文化符号都深深地嵌入了村民们的记忆空间，潜移默化地规训着每位村民的行为方式。

三 留出礼仪交往制度空间

本书中的礼仪交往是指人们在人生礼仪或节日庆典等特殊社会剧场中的交往活动。因为此类活动中往往包含着繁复的民俗仪式，并深受"礼尚往来"社会规则的引导和约束，故称之为礼仪交往。有研究认为，"在这些社会场景之中，人们通过人力与物品的互惠交往不仅维持和再生产了相互间的社会关系，同时也通过对相互间权利与义务的确认，维系和加强了社会的秩序"[①]。婚丧嫁娶和年节庆典都是特殊而短暂的日子，但它却为社会成员提供了交往互动的机会，也推动了社群内部的交换、互惠与协作。当前更应注意的是，仪式空间内曾经的敬畏、禁忌和期待等象征价值正在消失，婚丧嫁娶因常常丧失其严肃性而变成十分恶俗的活动，演化成相互攀比、大操大办和送礼收礼的游戏，致使礼俗仪式的异化。有学者直言，"异化的仪式丧失了仪式的精神价值，庸俗而浪费。这样的仪式活动，有不如没有"[②]。正因如此，乡村文化振兴要推进移风易俗，遏制大操大办、相互攀比、"天价彩礼"、厚葬薄养等陈规陋习。也正是在这样的背景下，各地基层政府相继制定了移风易俗的规定。

例如，云南省开展移风易俗重点领域突出问题专项治理行动，重点任务就包括：倡导婚事新办，鼓励举办集体婚礼、旅行结婚等新式婚礼，有效遏制滥发请柬、大摆筵席、讲排场比阔气、攀比炫富等不文明行为；倡导丧事简办，做到节俭办丧、文明祭奠，简化办事流程，控制治丧规模，革除繁文缛节，缩短治丧时间，有效遏制竞相攀比、大操大办、违规安葬、治丧扰民等不文明行为；充分

---

① 张原、汤芸：《传统的苗族社会组织结构与居民互惠交往实践——贵州雷山县苗族居民的礼仪交往调查》，《西南民族大学学报》（人文社科版）2005 年第 2 期。

② 贺雪峰：《新乡土中国》，北京大学出版社，2013，第 41 页。

利用各种节庆、节点组织开展科普活动和群众乐于、便于参与的文化活动，用先进文化占领农村文化市场，用科学知识武装群众头脑；等等。移风易俗是一个社会系统工程，既不能放任自流、停滞不前，也不能仓促为之、一蹴而就，更不能一封了事、一禁了之。政策制定者和执行者也应看到人生仪式和节日庆典的积极意义，并为村民正常的"礼尚往来"留出制度空间。

首先，活化传统礼仪交往空间。传统仪式空间是村民最熟悉的场域，也更容易被村民接受。因此，活化传统礼仪交往空间不仅可以传承传统文化，还可以最大限度地发挥出该空间的社会功能。近些年，贵州省雷山县多个村落恢复了"姑妈回娘家"的习俗。该习俗是已婚女性集体回娘家过苗年节，是雷山县苗族世代传承的习俗。旧时苗寨女性多嫁到附近村寨，每逢过苗年节便会相约一起到娘家看父母，与亲朋好友相聚。该传统习俗近年来得到了当地政府的支持。如碧水村就向生活在全国各地的"姑妈"发出了邀请，也有120名"姑妈"在同一天从全国各地赶回了村落。在统一的组织安排下，她们身着苗族服装，带着鸡鸭鱼、糖果、米酒、糯米饭等礼物回到自己的故乡。石板寨则以"感恩父母情，常回家看看"为主题，邀请100多名远嫁的"姑妈"回到娘家，开展孝老敬亲活动。每当此时，村里都会摆起寓意"团团圆圆"的圆桌宴，众人围桌而坐，用苗歌对唱的方式表达欢聚一堂的喜悦。这种传统的仪式交往，既加强了族群成员之间的交往，也在居旅互动中加强了社会团结。

其次，给予典型案例以制度确认。近年来，各地移风易俗取得了很大成就，各地也基本对出台的政策及其成效进行了报道。但是在该问题上，许多报道回避了施政后遭遇的问题，其宣传意义和政治意义更加明显。

　　　　政府明文规定禁止办酒，我很赞同。以前过生日都要请客人，还要招待，累人得很！现在村里除了婚事、丧事、满月酒这些，都不怎么办了。但是大家还是很重视婚礼，不愿意办得太寒酸！以前婚礼都在村里办。现在在村里办酒席还要报备，还要有人到厨房里看要买什么、吃什么！一些人干脆就去城里饭店里办，不但没节约，还多花了钱！（重庆市黔江区鸿鸣村叶姓村民，男，52岁）

与树立起的宣传典型与政治典型相比，村民自发形成的良好民风更值得给予制度确认。西县（研究者匿名处理）"请客不收礼"的民风，就受到了央视网、江西省新闻联播等主流媒体的报道。虽然当地政府强调仪式性宴请中的礼物规则变化是"被治理"的结果，但实际上"不收礼"风尚更是自发形成的非正式制度。① 当地政府在移风易俗背景下出台的系列文件，更大意义在于对该地区民风的制度再确认。

最后，注入礼仪空间新内容。在整治礼仪交往庸俗化、陋俗化、低俗化的同时，还应着重强调礼仪、仪式对生命自身的价值和象征意义，使参与者可以从中获得精神价值的体验，将敬畏、禁忌和期待重新带回该空间场域。与此同时，应以社会主义核心价值观引领村落仪式的变革，将新时代倡导的主流价值观注入乡村日常仪式中，如在青少年的生日礼仪中强调责任和担当，在老年人的丧礼上强调孝道和恭敬。还应利用集体礼仪中交往的机会，借助仪式的神圣感协商议事，达到树立文明新风尚，塑造淳朴民风、文明乡风的目标。

第四节　提升服务与政治空间效能，推动主流文化落地

如何提升效能是村落服务与政治空间需要解决的主要问题。

---

① 郑姝莉：《"请客不收礼"：一个村落的仪式性礼物交换与互惠变迁》，社会科学文献出版社，2022，第277~278页。

为推动主流文化在乡村落地生根，就要运用乡村熟知的文化符号和元素，消除村民对正式空间的陌生感和心理距离，并放松该空间使用的管理限制，在满足村民公共需求的同时，推动主流价值观在乡村社会化。与此同时，还应加强村"两委"、村民议事厅等政治空间的标准化建设，为村落制度化的政治生活提供正式场域，为国家意志有效下沉乡村提供空间阵地。

一 优化公共文化服务空间设置

公共文化服务空间是乡村美好文化生活的载体，不合理的空间设置则会限制其功能的发挥。在乡村文化振兴过程中，优化公共文化服务空间设置，有利于完善乡村公共文化设施网络，打通公共文化服务下沉到村落的"最后一公里"，发挥文化凝聚人心、增进认同、化解矛盾、促进和谐的积极作用。便民服务站是村级综合性公共服务设施，也是主流文化在乡村地区传播的主要阵地。因此，本书以村便民服务站为核心，对优化村落公共文化服务空间做出分析。

首先要做到规划引领。国务院办公厅 2015 年下发的《关于推进基层综合性文化服务中心建设的指导意见》就提出，要衔接国家和地方经济社会发展总体规划、土地利用总体规划、城乡规划以及其他相关专项规划，根据城乡人口发展和分布，按照均衡配置、规模适当、经济适用、节能环保等要求，合理规划布局公共文化设施。[①] 以西南地区为例，自然村常零散地分散在行政村的各个位置，以行政村为单位的服务站建设常常无法满足边缘村落的需求。2022 年，中共中央办公厅和国务院办公厅印发的《"十四五"文化发展规划》提出，"加强基层文化建设，增加供给总量，优化供给结构，推动优质公共文化资源向农村地区、革命老区、民族地区、边疆地区倾斜，缩小城乡和地区之间公共文

---

① 《国务院办公厅关于推进基层综合性文化服务中心建设的指导意见》，https://www.gov.cn/zhengce/content/2015-10/20/content_10250.htm，最后访问日期：2024 年 3 月 25 日。

化服务差距，推动巩固拓展脱贫攻坚成果同乡村振兴有效衔接"。[①] 因此，需要提前规划村便民服务站设置，提升其作为乡村文化乐园和治理阵地的功能。在当前乡村文旅深度融合发展中，村便民服务站还需与旅游服务中心融合，这就要求将其设置纳入旅游发展规划之中。

其次要做到科学选址。便民服务站应设置于村民较为集中、办事和活动方便的地段。《城市社区服务站建设标准》规定，服务站的选址应满足以下要求。①应选择基础设施条件较好、交通便利的地段。②应选择位置适中、方便居民出入，便于服务辖区居民的地段。③宜靠近广场、公园、绿地等公共活动空间。在地理条件较为独特的地区，还应根据地方的情况具体进行设置。例如，重庆市要求服务站在选址时要充分考虑居民使用的便利性和安全性。虽然该标准要求服务站应设置在辖区适中位置，但是，考虑到重庆市山地地形的特殊性，辖区中心位置不一定是居民最方便到达的地点。因此，该市要求服务站选址时结合村社的具体情况，设置在当地居民方便办事和活动的地点：应位于平街层，且邻街或有独立的邻街通道，不得位于封闭的单位办公区域或封闭的物业区域。云南省保山市还建设了自然村文化阵地。在人口较多、居住又比较分散或经济实力较强的村因地制宜建设自然村一级的文化活动室、文化大院等，为村民就近参与文化活动提供方便。

再次要做到便于获取。关于公共服务设施的选址有两种意见：一是以服务半径为标准，二是以步行时间为标准。以服务半径确定公共服务设施的选址是比较普遍的方法，如《城市居住区规划设计规范》（GB 50180-93）要求，"基层服务设施的设置应方便居民，满足服务半径的要求"，并明确了社区医院、幼托、学校、便民店等服务设施的服务半径。社区卫生服务设施的设置

---

① 《中共中央办公厅 国务院办公厅印发〈"十四五"文化发展规划〉》，http://www.gov.cn/zhengce/2022-08/16/content_5705612.htm，最后访问日期：2024年3月25日。

则更侧重以获取时间为标准，一般要求社区卫生服务中心在 15～20 分钟内可以到达。各地在设置服务站等公共服务设施时，同样应考虑本地的具体情况。例如，由于西南地区许多村落位于复杂的山地地形中，在相同的距离范围内所花费的时间可能会有较大的差别。因此，在建设便民服务站的过程中要综合考虑两种标准，兼顾服务半径和步行时间两个指标。如重庆市《城市社区服务站设置规范》要求，村（社区）服务站服务半径宜小于 400 米，步行时间不宜超过 10 分钟，其目的就是方便村民的获取。

最后要做到高效利用。村便民服务站应与同级别的其他服务设施统一布局，提高公共服务设施间的共享程度。一是服务站用房应集中设置，不宜将其分割为数处。服务站用房如分散配置，必然会产生多地办公、服务分散的状况，背离农村公共服务设施应便于管理、便于服务和便于自治的原则。二是服务站宜与同级别的其他服务设施集中布局，共同形成村级公共服务设施中心平台。为发挥便民服务站的公共服务平台功能，在方便村民使用并便于管理和维护的前提下，应鼓励规划村级公共服务设施中心，以便更好地发挥各类设施的规模集聚效应。三是服务站设置应充分利用村落已有设施，提高公共服务设施间的共享程度。应发挥服务站作为公共服务和便民服务的开放性综合平台的功能，整合分布在不同部门、分散孤立、用途单一的公共服务资源，实现人、财、物统筹使用。

二　完善公共文化产品供给机制

随着各级政府对乡村地区公共文化产品投入的增加，村民的文化生活环境得到了极大的改善，"但从供给侧进行审视，虽然当前农村公共文化产品的供给量快速增加，但却面临着结构不合理、创新力不足、管理不规范等问题"①。乡村公共文化产品供给

---

① 李锋：《农村公共文化产品供给侧改革与效能提升》，《农村经济》2018 年第 9 期。

具有"内卷化"的倾向，这不仅加剧了供给过程中的结构性矛盾，降低了村民关于美好文化生活的真实体验，而且还会造成主流文化在乡村地区的"悬浮化"。为此，必须突破单向主导的决策模式，创新多元整合的供给方式，提升公共服务管理效率，推动乡村公共文化产品供给机制的优化。

一是健全集体偏好的公共选择机制。一方面，必须激发村民参与公共事务的热情，鼓励其积极参与文化服务供给过程，提升其参与村落公共事务的能力。公共性是公共文化产品的本质特征。培育村落共同体的公共理性、公共精神和参与意识，既是公共文化产品供给的目标，也是实现公共文化产品供给结构平衡的基础。弗雷德里克森（G. Frederickson）把"品德崇高的公民"视为公共性的构成要件，"一个好政府必须有一群它所代表的好公民。得到强化了的公民精神的观念应该成为一种公共行政的承诺"。"好公民"拥有对国家政体的高度认同感，但他们不是公共政策的被动接受者，而是"能够对那些促进公民一般利益和特殊利益的公共政策，以及和宪法相一致的公共政策进行判断"。[1] 从扶贫开发到脱贫攻坚，再到乡村振兴，乡村地区被固化在公共政策"照顾"对象的惯性思维中，村民常被视为国家优惠政策的单向接受者。但从公共管理的角度看，理解公共政策、参与公共生活的社会成员是公共行政成功的前提，因为只有这样的人们才能有效表达其集体偏好和公共需求，为政府供给公共服务提供方向和目标。从这个方面讲，公共文化产品不能只是简单地满足村民的娱乐需求，同时还要让他们在公共文化生活的积极参与中，培养出参与村落公共事务的热情和能力。另一方面，加强集体偏好表达的制度建设更具根本性。这要求继续推进村民民主自治，利用村民代表会议凝聚村落公共文化需求，为村民表达自身的文化偏好提供制度平台。与此同时，还应该构建起公共文化需求独立

---

[1] 乔治·弗雷德里克森：《公共行政的精神》，张成福等译，中国人民大学出版社，2003，第40页。

表达的渠道，以及上下结合的公共文化产品供给决策模式，让村民及其代表决定需要哪些产品，明确哪些服务脱离了村落的实际需求，破解公共文化产品供给决策中村民集体"失语"的困境，使公共文化产品可以满足居民的真实需求，避免形式主义、主观主义和政绩主义的供给结果。

二是完善多主体的统筹协调机制。在乡村公共文化产品供给中，供给链条上各主体之间的割裂导致了碎片化的困境。因此必须健全多层次、多方位的统筹协调机制，整合供给链条上各相关者的优势和资源，在各相关者相互配合的基础上形成供给合力。首先，要构建供求两端的联系机制，构建上下结合的需求显示制度。构建决策部门与村民的直接对话机制，使供给决策可以直接反映居民的文化需求。为此，一方面要完善自上而下的公共文化产品需求调研制度。决策部门不仅要在制定政策前进行攻关调研，还要建立和完善定期调研和长期调研机制，形成稳定长效的公共文化产品需求调查制度。另一方面要建立起自下而上的村民文化需求输出渠道，把村民表达出的集体偏好向上输入决策系统中，形成既发挥专家和智库的专业特长，又尊重村民自我需求表达的决策机制。其次，要改革供给过程中各级政府间的协调机制。基层政府和自治组织的优势就是贴近村民生活，能够更加了解村民的生活需要和文化诉求，进而可以制定有针对性的政策并实施相应的措施。因此，公共文化产品供给管理机构应适当放宽管理限制，尊重基层政府和乡村自治组织的自主权，赋予他们更大的决策权。尤其对于民风民俗、特色文化等地方特色较强的乡村地区来说，更应赋予其分配和使用资源的权力。最后，要完善政府职能部门间的横向合作机制。这要求做到以下几点：厘清部门职责、打破利益壁垒，杜绝"有利齐争，有责推诿"的现象；建立职能部门间的协作决策机制，尤其要完善部门联席会议制度，充分发挥其综合协调的作用；建设多部门互通的信息共享平台，利用现代信息技术打破部门间的信息壁垒，以有效减少重复建设和供给空白；发挥基层政府作为"块"的综合管理优势，对以条线方式供给的公共文化产品进行统一管理、服务和维护，避免出现"有馆无书""有台无舞"的尴尬局面。

三是构建由村民体验主导的多维评估机制。无论规模多么大、数量如何多的公共文化产品，如果不能满足村民的实际文化需求，满足他们最急需的文化生活需求，都只是好看不中用的面子工程，不但不能提升乡村公共文化产品的供给效率，反而会加剧供求之间的结构性失衡。解决该问题的有效途径之一，就是通过改革绩效考核制度优化政府部门的服务行为。为此，应构建起以村民体验为主要指标的多维评估机制，使公共文化产品的绩效评估机制由"部门偏好主导"变为"村民偏好主导"。在目标管理责任制下，公共文化产品供给基本处于一种"单向约束"的模式下——来自上级的考核指标和绩效评估成为约束供给行为的唯一激励。由于缺乏自下而上的村民评价和监督，公共文化产品出现"供不适求"的结构性失衡："政府'送文化'轰轰烈烈，群众反映冷冷清清，甚至无人问津，制约了公共文化服务的可持续发展。"[①] 因此，要使公共文化产品充分发挥其应有的功能，就必须建立起多维的服务评估机制，尤其要将村民评价置于其中，改变以往封闭单一的内部评价模式。为此，决策部门应在公共文化产品供给的统一化、标准化与村落需求的个性化、多元化之间做出平衡，把目标管理责任制与村民的需求偏好和民生体验相结合，从村落的多样性和差异性出发制定考核指标。尤其要提高村民作为公共文化产品受众的话语权，把村民的建议和评价作为检验服务成功与否的维度之一，并纳入乡村公共文化产品供给的评估体系中。

三 提升乡村政治空间治理技术

空间治理既是对空间进行治理，也是以空间为工具的治理，

---

① 王水维等：《公共文化服务公众评价指数研究》，载陈瑶主编《公共文化服务：制度与模式》，浙江大学出版社，2012，第 321 页。

两方面合成为空间的治理技术。从中国基层的治理实践来看，"村部"是村落治理中正式的政治空间。在乡村社会的语境下，"村部"是指村"两委"办公的场所，也是村干部处理村落公共事务的地点。在人们既往的观念中，"村部"是只有两张办公桌、一个广播台的简陋场所。然而在现实的乡村政治实践中，随着农村基层民主自治制度建设的推进，以及公共服务和公共事项向村落下沉，"村部"的规模和功能都在扩大。当前，村级正式的政治空间主要包括以下几种场地：一是村"两委"日常办公和内部管理的办公室、会议室等；二是可供村民开展民主议事的村民议事厅、协商民主室等；三是代理代办政府部门各项公共服务的服务大厅；四是承担矛盾调解、法律援助、党员活动等功能的工作用房。随着近年来国家推动标准化体系建设，村级正式政治空间越来越倾向于合规化，成为国家意志有效下沉到乡村地区的坚实阵地。

在乡村治理合规化的过程中，村落政治空间越发呈现"权力在场"的色彩，具有科层化的政治空间特征。科层化有利于层层落实政治意识和政策执行，但同时也会扩大村落空间使用的畛域差别：一方面，该空间为村组干部提供了稳定的工作场所；另一方面，其对于普通村民而言是陌生的场域。村民们除召开村民大会或办理证明手续等事项外，很少主动进入这个正式的政治空间。调研发现，虽然以村"两委"办公和服务大厅为核心形成了集政治与服务于一体的综合空间，但普通村民更喜欢坐在街角、空地和树荫下。在他们眼中，无论是办公室、服务大厅还是村民活动室都应是村干部或骨干村民使用的地方，作为"普通人"在该空间场域中会"浑身不自在"。村民本是村落公共事务治理的主体，政治空间的科层化不利于村落自主治理。为此，一是要充分尊重和利用村落的地方性知识，更多地使用村民熟知的文化符号和元素，弱化政治空间呈现出的科层化色彩，增强村民对该空间的认同感和参与意识。二是要实施人本主义的空间管理措施，尤其要使村干部正确认识自身的身份和角色，"开门"邀请村民参与村落公共事务治理，使村民在参与中形成对国家治理的政治认同。三是要最大限度地简化该类空间的使用程序，解除村民获取和使用此类空间的种种限制，化解村落政治空间科层化的现实问题，推动村民理解和参与正式政治过程。

在加强村级治理阵地正规化建设的同时，还应认识到政治生活从来都不是只发生在"办公室"里，而是时刻发生在日常生活空间之中。成渝地区至今仍普遍存在的茶馆，就是日常政治生活时刻发生的场域。茶馆为村民提供了无拘束的闲聊空间、休闲娱乐中心、艺人表演的舞台和官方文化传播的渠道。"虽然在西方，酒吧、酒馆、咖啡馆等成了居民的聚会场所，但它们没有能像茶馆那样同时扮演这么多的角色。"[1] 茶馆不仅是人们休闲、消遣、娱乐的地方，也是人们工作的场所和地方政治的舞台。尤其每到"赶场"的日子，四面八方赶来的人挤满了略显简陋的茶馆，他们混坐在一起打牌、围观、闲聊或会友，闲适地度过买卖之后的当日时光。更重要的是，茶馆还是文化传播的重要场所，甚至是政治文化再传播的场所。茶馆中聊天的议题除家长里短的琐事外，就是"国家大事"。家庭琐事议题的闲聊常常是全通道式交流，每个人都可以平等地参与并接收所有人的信息。关于政治性问题的讨论则常常是轮式交流，只以一个人或少数几个人为中心，其余人则更多作为旁听者。部分健谈的村民认为自己比其他人更懂政治，喜欢口若悬河地大声评论社会和政治，使自己成为闲聊的中心人物。这些议题从国内的经济、社会和政治到国际关系，中心人物凭自身的理解和感受对这些问题做出评论。他们不喜欢听到不同的意见，遇到质疑时会出于本能而坚持自己的观点，绝不会因理由不充分而放弃。茶馆中关于政治议题的感性讨论是一种放大器，既会呈现民众的满意和支持，也常常会放大社

---

[1]　王笛：《茶馆——成都的公共生活和微观世界，1900~1950》，社会科学文献出版社，2010，第97页。

会上的问题和矛盾。但与此同时，这些闲聊讨论的空间也是宣传可以利用的舞台，国家的主流思想和价值观也可以通过此舞台展示。

虽然乡村治理越来越倾向于合规化，村部、村民议事厅等地也成为政治生活的正式空间，但开放的日常生活空间也同样发挥着政治功能。许多受访的村干部表示，如果不是召开正式或有上级参加的会议，他们更愿意找一个方便的场所讨论问题，如某位干部的院坝、就近的凉亭等。尤其是村小组的会议，很少占用村委会的会议室。在家里或院坝上的会议使村民受到的拘束较小，参会者也会把家长里短或者玩笑夹杂在内，轻松的环境往往也能使人更畅所欲言地表达意见。当前，"院坝会"在西南地区乡村治理中越发普遍，其在实践层面拓展了村落政治空间的场域。黔东南地区的城镇探索实践"院坝会"的形式，镇村两级干部都要定期在院坝上与村民面对面，既要讲形势政策、公开政务信息，也要解答村民疑问、融通干群感情，还要现场解决村民问题、及时提供各项服务。"院坝"是典型的"社区"工作界面，此空间更能使村民放松心理和戒备，从容地表达自己的想法、意见和问题，接受各级干部的政治宣传和政策宣讲，有利于主流文化在乡村社会中落地生根。

结　语

　　空间根植于特定的生产关系和制度结构中，既是社会关系生产和再生产的场所，也是权力运行的载体和权力获得合法性的场域，常被精心地设计和规划为实现治理目标的工具。村落公共空间是历史中形成的、与村民生产生活息息相关的、大家共同享用的人际交往、商业贸易、祭祀礼拜、文化展演等场域，如街头院坝、广场礼堂、文化展室、服务大厅、宗祠家庙、神山神树等，具有赓续文化传统、承载文化生活、增进社群认同、凝聚道德共识、传播主流文化等社会功能，有助于促进乡村文化传承、文化活力提升和文明乡风建设，是推进新时代乡村文化振兴战略的重要载体。基于此，本书以西南地区为主要案例，以推进乡村文化振兴战略实施为目标导向，借鉴空间生产理论和文化地理学等相关知识，在分析公共空间建设与文化振兴耦合关系的基础上，调查村落公共空间的文化功能，剖析乡村振兴中村落公共空间解构的文化风险，进而提出村落公共空间建设助推乡村文化振兴的基本路径。

　　本书认为，在乡村文化振兴中村落公共空间发挥着四大功能。其一，村落公共空间是传统文化赓续的载体。村落公共空间作为乡村文化的有机构成，是优秀传统文化传承的重要内容和载体。乡村地区保存着丰富多样且极具文化辨识度的空间形态，如华北地区的大院、闽粤地区的土楼、黔东南地区的鼓楼、藏彝走廊的碉楼、滇西地区的塔群等。这些韵味独特的空间形态既是文化意义的空间投射，又是文化意义的自我表达，以及想象、象征和隐喻的文化集合，因此也是乡村传统文化的天然传习所，发挥着赓续乡村文脉、史脉和血脉的功能。其二，村落公共空间是凝聚共同体精神的纽带。村落公共空间具有很强的开放、共享特征，其为村民的社会交往和人际互动提供了舞台，增加了他们之间相互了解和达成共识的机会。村民在熟悉的场域中长期互动交往，形成了出入相友、疾病相助的互助模式和互惠网络，积累了以信任、规则和联结为核心的社会资本，强化着个人美德、道德法则和伦理规则等村落共同体特征。其三，村落公共空间是道德秩序生成的场域。通过公共空间内的不断接触和经常沟通，人们可以交换意见、习得知识、形成惯习、完成教化，塑造出稳定的人际关系和社会关系，进而形成价值秩序、合作惯例和行动规则等非制度性地方规范。村落公共空间起到凝聚人心、教化群众和淳化民风的作用。其四，村落公共空间是主流文化传播的阵地。空间是权力自我表达的重要工具，权力通过塑造空间实现引导和规训，又通过营造象征和隐喻实现政治社会化，推动主流政治文化的社会学习和传播，塑造社会成员的政治认知、情感与态度。其既可以推动形成国家提倡的生活文明新风尚，也可以推动主流文化在乡村地区的社会化。

在现代性日益增强的社会潮流中，村落公共空间也遭受着多种解构力量的冲击，面临着四大挑战。首先是社会变革中文化传承断裂的挑战。在"新生活""破四旧"等社会化改造中，宗祠、神庙、戏台等传统公共空间被不断清除。改革开放后，特别是新农村建设和美丽乡村建设时期，破旧立新、大拆大建式的"农民上楼"运动，也使许多布局自然和谐、风格独特的传统聚落空间变得面目全非。在村落公共空间不断被重构的同时，传统文化传承的场域也逐渐消失，村民亦失去了乡愁记忆的寄托载体。其次是"现代性"改造导致的文化认同挑战。改造乡村的意愿良好，但难免出现政策执行的偏差或者走形变样，甚至出现极端"现代化"的政策主张：对村落公共空间进行标准化改造。标准化虽然实现了几何学意义的美感，但村落的内生实践及需求的多样性却被强制性抹平，抽离了本地的生活场景、经验和语境，远离了村民的日常实际生活，无法真正唤醒村民的文化自信与自觉。再次是公共生活空间萎缩诱发道德失序的挑战。近年来，村落公共生活空间有萎缩之势，日常生活中的交往互助及集体行动都在减少，作为村民心理纽带的礼俗仪式空间也在逐渐衰退，人情往来的社会交流常常被视作负担，更多村民退回私人生活空间或是网络虚拟空间，许多村落呈现出原子化、离散化的状态，乡村社会的共同体意识和共同体道德遭受挑战。最后是服务与治理低效致使主流文化"悬浮"的挑战。村落服务与政治空间在增建的过程中也暴露出供给效能低下的问题。除选址布局、功能定位、供给内容等方面的原因外，科层化的色彩也降低了该空间的利用率，使其成为脱离乡村实际生活的"花瓶""盆景"，可能导致主流文化在乡村仅停留在横幅和标语上，面临"悬浮化"的挑战。

乡村文化振兴需要发挥村落公共空间的应有功能，焕发公共生活的活力，重塑村落稳定的人际交往和社会关联，增强村民间的理解、信任和互惠，形成共同遵守的行为规范和伦理规范，培育共同的价值和精神纽带，进而激发乡村振兴的内生动力。首先，彰显传统公共空间特色。规划者要摆脱追求机械整齐的几何美的设计理念，结合地方性知识展现乡村的空间美学。同时尊重村落公共空间生产的生活逻辑，突出古街、古院、古建筑等作为生活场域的功能，增强村民的生活感、实践感、眷恋感和自豪感，以此凝聚共同体意识、留住乡愁思念、传承乡土文脉。其次，激活公共生活空间活力。既要塑造人文、生活、环境相融合的高品质空间场景，吸引村民从"楼上""网上"回归面对面的社会交往，又要为村民正常的礼尚往来留出制度空间，强化村落中信任、合作、互惠的社会网络。再次，活化传统礼俗仪式空间。抵制礼俗仪式的低俗化、庸俗化、陋俗化，将敬畏、禁忌和期待重新带回该空间场域，发挥其劝善、惩恶、崇德等社会功能。最后，提升公共文化服务空间供给效能。运用乡村熟知的文化符号和元素，消除村民对正式空间的陌生感，拉近心理距离，并放松对该空间使用的管理限制，在满足村民公共需求的同时，推动主流价值观在乡村落地生根。

乡村振兴战略是一个持续推进的过程，此过程中物理空间、社会空间、文化空间和生计空间的相互建构，也将使村落公共空间处于不断演化的进程中。因此，本书只能是村落公共空间与乡村文化互构研究的一个起点，后续只有对典型样本村落进行回访，通过跟踪调研加大历时性研究的力度，才能建立起历史、现实与未来相互验证的模型。此外，本书主要以西南地区的村落为重点案例，虽然考虑到了地域、民族、经济、文化等多样性因素，但有限样本实难涵盖广大乡村地区的多样性、多元性和复杂性。现有研究是否适用于不同发展水平及地域文化的乡村地区仍有待实践验证，故还应加强对不同区域乡村的比较研究，进一步提炼公共空间建设推动文化振兴的规律，以期为相关学术研究与政策制定提供更为有益的借鉴。

参考文献

阿莱达·阿斯曼：《回忆空间：文化记忆的形式和变迁》，潘璐译，北京大学出版社，2016。

阿兰·R. H. 贝克：《地理学与历史学：跨越楚河汉界》，阙维民译，商务印书馆，2008。

埃莉诺·奥斯特罗姆：《公共事物的治理之道：集体行动制度的演进》，余逊达、陈旭东译，上海译文出版社，2012。

爱德华·雷尔夫：《地方与无地方》，刘苏、相欣奕译，商务印书馆，2021。

爱弥尔·涂尔干：《宗教生活的基本形式》，渠东、汲喆译，上海人民出版社，1999。

安东尼·D. 史密斯：《民族认同》，王娟译，译林出版社，2018。

安东尼·吉登斯：《现代性的后果》，田禾译，译林出版社，2011。

安东尼·吉登斯：《现代性与自我认同：晚期现代中的自我与社会》，夏璐译，中国人民大学出版社，2016。

彼得·M. 布劳：《社会生活中的交换与权力》，李国武译，商务印书馆，2012。

曹海林：《村落公共空间：透视乡村社会秩序生成与重构的一个分析视角》，《天府新论》2005年第4期。

曹海林：《村落公共空间演变及其对村庄秩序重构的意义——兼论社会变迁中村庄秩序的生成逻辑》，《天津社会科学》2005

年第 6 期。

曹荣湘编选《走出囚徒困境：社会资本与制度分析》，上海三联
　　书店，2003。

车裕斌：《村落经济转型中的文化冲突与社会分化——楠溪江上
　　游毛氏宗族村落个案分析》，中国社会科学出版社，2010。

车震宇：《旅游发展中传统村落向小城镇的空间形态演变》，《旅
　　游学刊》2017 年第 1 期。

陈风波、陈风华、刘燕燕：《乌江流域苗族传统节日文化的保护
　　与开发研究》，中央民族大学出版社，2017。

陈慧、徐建斌、杨文越、曹小曙：《中国传统村落与贫困村的空间
　　相关性及其影响因素》，《自然资源学报》2021 年第 12 期。

陈继军、林琢、余毅、王帅编著《云贵少数民族地区传统村落规
　　划改造和功能提升：碗窑村传统村落保护与发展》，中国建
　　筑工业出版社，2019。

陈立镜：《城市日常公共空间理论及特质研究——以汉口原租界
　　为例》，华中科技大学出版社，2019。

陈兴贵：《传统村落振兴的关键问题及其应对策略》，《云南民族
　　大学学报》（哲学社会科学版）2021 年第 3 期。

陈宇、车震宇：《旅游影响下乡村空间演变研究——以肇兴侗寨
　　为例》，《城市建筑》2022 年第 9 期。

崔盼盼：《乡村振兴背景下中西部地区的能人治村》，《华南农业
　　大学学报》（社会科学版）2021 年第 1 期。

大卫·科泽：《仪式、政治与权力》，王海洲译，江苏人民出版
　　社，2015。

丹尼尔·亚伦·西尔、特里·尼科尔斯·克拉克：《场景：空间
　　品质如何塑造社会生活》，祁述裕、吴军等译，社会科学文
　　献出版社，2019。

邓运员、刘沛林、郑文武：《湘西传统聚落景观图谱研究》，光明
　　日报出版社，2015。

杜赞奇:《文化、权力与国家:1900—1942年的华北农村》,王福明译,江苏人民出版社,2010。

段超、洪毅、孙炜:《少数民族古村镇保护与发展的文化场域建构》,《中南民族大学学报》(人文社会科学版)2016年第6期。

段义孚:《空间与地方:经验的视角》,王志标译,中国人民大学出版社,2017。

段义孚:《浪漫地理学:追求崇高景观》,陆小璇译,译林出版社,2021。

段义孚:《恋地情结》,志丞、刘苏译,商务印书馆,2018。

段义孚:《人文主义地理学——对于意义的个体追寻》,宋秀葵、陈金凤、张盼盼译,上海译文出版社,2020。

段义孚:《无边的恐惧》,徐文宁译,北京大学出版社,2011。

范莉娜、张晶、陈杰、费广玉:《少数民族传统村落村民文化适应对心理健康的影响——基于黔东南三个侗族村寨的跨时段研究》,《西南民族大学学报》(人文社会科学版)2021年第1期。

方菲、李旺:《乡村传统型公共文化空间的良性再生产——以湖北恩施州咸丰县严家祠堂为例》,《中南民族大学学报》(人文社会科学版)2023年第4期。

斐迪南·滕尼斯:《共同体与社会——纯粹社会学的基本概念》,林荣远译,商务印书馆,2020。

费孝通:《美好社会与美美与共》,生活·读书·新知三联书店,2016。

费孝通:《乡土中国》,人民出版社,2008。

冯淑华:《传统村落文化生态空间演化论》,科学出版社,2011。

冯维波:《渝东南山地传统民居文化的地域性》,科学出版社,2016。

高丙中:《主文化、亚文化、反文化与中国文化的变迁》,《社会学研究》1997 年第 1 期。

龚娜、戎阳：《非遗研学旅行的小剧场空间与角色互动模式研究——以贵州民族村寨为例》，《贵州民族研究》2022 年第 1 期。

桂榕、吕宛青：《民族文化旅游空间生产刍论》，《人文地理》2013年第 3 期。

郭焕宇：《中堂传统村落与建筑文化》，华南理工大学出版社，2017。

何兰萍：《公共空间与文化生活——冀中平原 N 村调查》，中国社会科学出版社，2012。

何晓龙、韩美群：《农村公共文化供需空间壁垒及其治理转向》，《图书馆论坛》2022 年第 11 期。

和少英：《民族文化保护与传承的"本体论"问题》，《云南民族大学学报》（哲学社会科学版）2009 年第 2 期。

贺雪峰：《论富人治村——以浙江奉化调查为讨论基础》，《社会科学研究》2011 年第 2 期。

贺雪峰：《乡村治理的社会基础》，生活·读书·新知三联书店，2020。

贺雪峰：《新乡土中国》，北京大学出版社，2013。

亨利·列斐伏尔：《空间的生产》，刘怀玉等译，商务印书馆，2021。

亨利·勒菲弗：《空间与政治》（第二版），李春译，上海人民出版社，2008。

亨利·列斐伏尔：《日常生活批判》（第一卷），叶齐茂、倪晓晖译，社会科学文献出版社，2018。

侯兆铭、姜乃煊：《少数民族村落文化景观保护对策研究——基于中国东北与西南地区三个典型村寨的比较》，《大连民族大学学报》2018 年第 6 期。

胡大平：《地理学想象力和空间生产的知识——空间转向之理论和政治意味》，《天津社会科学》2014 年第 4 期。

黄柏权：《历史和现实向度中的传统聚落研究》，《铜仁学院学报》2017 年第 10 期。

黄雪丽：《我国农村公共文化服务"悬浮化"的阐释——基于历史制度主义的分析视角》，《图书馆论坛》2018 年第 2 期。

黄应贵：《时间、历史与记忆》，《广西民族学院学报》（哲学社会科学版）2002 年第 3 期。

黄泽：《西南民族节日文化》，云南大学出版社，云南人民出版社，2012。

黄宗智：《华北的小农经济与社会变迁》，法律出版社，2014。

简·雅各布斯：《美国大城市的死与生》，金衡山译，译林出版社，2022。

姜楠：《空间研究的"文化转向"与文化研究的"空间转向"》，《社会科学家》2008 年第 8 期。

姜晓萍、夏志强：《社会风险治理》，中国人民大学出版社，2017。

杰里米·克莱普顿、斯图亚特·埃尔顿编著《空间、知识与权力：福柯与地理学》，莫伟民、周轩宇译，商务印书馆，2021。

克利福德·格尔茨：《地方性知识：阐释人类学论文集》，杨德睿译，商务印书馆，2014。

克利福德·格尔兹：《尼加拉：十九世纪巴厘剧场国家》，赵丙祥译，上海人民出版社，1999。

克利福德·格尔茨：《文化的解释》，韩莉译，译林出版社，2014。

孔祥智：《乡村振兴的九个维度》，广东人民出版社，2018。

孔雪松：《乡村聚落空间重构——动态模拟与智能优化》，科学出版社，2022。

雷振扬：《论社会转型与民族政策的完善创新》，《中南民族大学学报》（人文社会科学版）2014 年第 6 期。

李锋：《居委会角色转化的空间视角解读》，《天府新论》2018 年第 2 期。

李锋：《均等与效能：社区公共文化服务供给模式研究》，武汉大学出版社，2017。

李锋：《农村公共产品项目制供给的"内卷化"及其矫正》，《农村经济》2016 年第 6 期。

李锋：《农村公共文化产品供给侧改革与效能提升》，《农村经济》2018 年第 9 期。

李建华：《西南聚落形态的文化学诠释》，中国建筑工业出版社，2014。

李林：《新时代乡村公共文化空间重构研究》，华中科技大学出版社，2021。

李忠斌、郑甘甜：《论少数民族特色村寨建设中的文化保护与发展》，《广西社会科学》2014 年第 11 期。

栗文清：《侗族节日与村落社会秩序建构：以贵州黎平黄岗侗寨"喊天节"为中心的研究》，民族出版社，2015。

林继富：《村落空间与民间叙事逻辑》，云南人民出版社，2008。

林继富、覃金福：《民族村落家庭——酉水流域土家年研究》，民族出版社，2014。

刘方玲、李龙海：《村落空间与国家权力》，东北大学出版社，2014。

刘天元、王志章：《稀缺、数字赋权与农村文化生活新秩序——基于农民热衷观看短视频的田野调查》，《中国农村观察》2021 年第 3 期。

刘彦武：《乡村文化振兴的顶层设计：政策演变及展望——基于"中央一号文件"的研究》，《科学社会主义》2018 年第 3 期。

刘志宏：《西南少数民族地区特色古村落保护与申遗研究》，《广西社会科学》2021 年第 4 期。

刘志伟：《传统乡村应守护什么"传统"——从广东番禺沙湾古镇保护开发的遗憾谈起》，《旅游学刊》2017 年第 2 期。

龙晔生：《少数民族特色村寨建设问题研究——以武陵山片区湘西南民族村寨为例》，《民族论坛》2015年第3期。

卢世主、裴攀：《城镇化背景下传统村落空间发展研究》，中国文联出版社，2016。

吕承文、田东东：《熟人社会的基本特征及其升级改造》，《重庆社会科学》2011年第11期。

罗康隆、典贻修：《发展与代价：中国少数民族发展问题研究》，民族出版社，2006。

罗康隆、朱晴晴：《清水江下游祠堂文化与地方社会秩序》，《贵州民族研究》2017年第3期。

麻国庆：《民族村寨的保护与活化》，《旅游学刊》2017年第2期。

马翀炜、覃丽赢：《回归村落：保护与利用传统村落的出路》，《旅游学刊》2017年第2期。

马塞尔·莫斯：《礼物》，汲喆译，商务印书馆，2016。

马歇尔·萨林斯：《历史之岛》，蓝达居等译，上海人民出版社，2003。

马永清、朱盼玲：《"时间—空间—社会"视角下回新纳楼司署空间功能的现代转型》，《广西民族研究》2020年第6期。

米歇尔·福柯：《癫狂与文明——理性时代的精神病史》，孙淑强等译，浙江人民出版社，1991。

米歇尔·福柯：《规训与惩罚》，刘北成、杨远婴译，生活·读书·新知三联书店，2012。

莫里斯·哈布瓦赫：《论集体记忆》，毕然、郭金华译，上海人民出版社，2002。

欧文·戈夫曼：《公共场所的行为：聚会的社会组织》，何道宽译，北京大学出版社，2017。

欧文·戈夫曼：《日常生活中的自我呈现》，冯钢译，北京大学出版社，2008。

欧阳静：《简约治理：超越科层化的乡村治理现代化》，《中国社会科学》2022年第3期。

庞娟：《城镇化进程中乡土记忆与村落公共空间建构——以广西壮族村落为例》，《贵州民族研究》2016年第7期。

彭兆荣、田沐禾：《作为政治景观的广场》，《文化遗产》2018年第1期。

齐格蒙特·鲍曼：《共同体：在一个不确定的世界中寻找安全》，欧阳景根译，江苏人民出版社，2003。

齐格蒙特·鲍曼：《流动的现代性》，欧阳景根译，中国人民大学出版社，2018。

乔治·弗雷德里克森：《公共行政的精神》，张成福等译，中国人民大学出版社，2003。

秦荣炎：《关系叠加视角下的村寨制政治形态——以西南传统侗族村落社会调查为基点》，《云南社会科学》2020年第4期。

撒露莎、田敏：《跨文化交流与旅游目的地社会建构和文化涵化——以云南丽江为中心的讨论》，《湖北民族学院学报》（哲学社会科学版）2017年第3期。

塞萨·洛：《公共空间与文化差异》，魏泽崧译，中国建筑工业出版社，2013。

施坚雅：《中国农村的市场和社会结构》，史建云、徐秀丽译，中国社会科学出版社，1998。

苏静、孙九霞：《民族旅游社区空间想象建构及空间生产——以黔东南岜沙社区为例》，《旅游科学》2018年第2期。

孙九霞、许泳霞、王学基：《旅游背景下传统仪式空间生产的三元互动实践》，《地理学报》2020年第8期。

孙九霞、周一：《日常生活视野中的旅游社区空间再生产研究——基于列斐伏尔与德塞图的理论视角》，《地理学报》2014年第10期。

唐兴军、李定国：《文化嵌入：新时代乡风文明建设的价值取向与现实路径》，《求实》2019年第2期。

陶涛、刘博：《法治视域下少数民族传统村落建设性破坏研究》，《湖北民族学院学报》（哲学社会科学版）2017年第2期。

田敏：《论民族旅游开发与民族特色村寨建设——以黔东南郎德苗寨为例》，《中南民族大学学报》（人文社会科学版）2016年第1期。

田阡、王剑：《边城黄鹤：渝鄂边境三村土家族生活样式的人类学考察》，知识产权出版社，2015。

W. J. T. 米切尔编《风景与权力》，杨丽、万信琼译，译林出版社，2014。

汪民安：《身体、空间与后现代性》，江苏人民出版社，2005。

王笛：《茶馆——成都的公共生活和微观世界，1900～1950》，社会科学文献出版社，2010。

王笛：《街头文化——成都公共空间、下层民众与地方政治（1870—1930）》，李德英、谢继华、邓丽译，商务印书馆，2012。

王海洲：《政治仪式：权力生产和再生产的政治文化分析》，江苏人民出版社，2016。

王汉祥、王美萃、赵海东：《民族与旅游：一个历史性发展悖论?》，《内蒙古社会科学》（汉文版）2017年第4期。

王铭铭、舒瑜：《文化复合性：西南地区的仪式、人物与交换》，北京联合出版公司，2015。

王青平、范炜烽：《从合法性认同到正当性保障：基层政府民生为本理念的变迁之向》，《领导科学》2016年第2期。

王伟：《湖湘传统村落文化艺术研究——以湘西花垣县板栗村为例》，中国社会科学出版社，2019。

王鑫、吴艳莹、张盼盼：《流域·交通·集群：京西传统村落空间形态研究》，华中科技大学出版社，2022。

王瑜、马小婷：《我国各民族交往交流交融的空间生产与实践路径》，《中南民族大学学报》（人文社会科学版）2022年第1期。

王兆峰、刘庆芳：《中国少数民族特色村寨空间异质性特征及其影响因素》，《经济地理》2019 年第 11 期。

威廉·H. 怀特：《小城市空间的社会生活》，叶齐茂、倪晓晖译，上海译文出版社，2016。

乌尔里希·贝克、安东尼·吉登斯、斯科特·拉什：《自反性现代化：现代社会秩序中的政治传统与美学》，赵文书译，商务印书馆，2014。

吴平：《美丽乡村建设中传统村落保护与营建——以贵州省黔东南州为例》，《中南民族大学学报》（人文社会科学版）2020 年第 6 期。

吴重庆：《从熟人社会到"无主体熟人社会"》，《读书》2011 年第 1 期。

武雅士：《中国社会中的宗教与仪式》，彭译安等译，江苏人民出版社，2014。

夏国锋：《从权利到治理：公共文化服务研究的话语转向》，《湘潭大学学报》（哲学社会科学版）2014 年第 5 期。

谢纳：《空间生产与文化表征——空间转向视阈中的文学研究》，中国人民大学出版社，2010。

邢成举：《空间变革、权力关系与监督的"实现"——基于对杨村村级服务大厅的考察与分析》，《云南行政学院学报》2016 年第 3 期。

徐勇：《国家化、农民性与乡村整合》，江苏人民出版社，2019。

徐勇：《由能人到法治：中国农村基层治理模式转换——以若干个案为例兼析能人政治现象》，《华中师范大学学报》（哲学社会科学版）1996 年第 4 期。

阎占定：《武陵山区少数民族生活方式变迁研究》，湖北人民出版社，2013。

颜玉凡、叶南客：《文化治理视域下的公共文化服务——基于政府的行动逻辑》，《开放时代》2016 年第 2 期。

扬·阿斯曼:《文化记忆:早期高级文化中的文字、回忆和政治身份》,金寿福、黄晓晨译,北京大学出版社,2015。

扬·盖尔:《交往与空间》,何人可译,中国建筑工业出版社,2002。

杨国安:《国家权力与民间秩序——多元视野下的明清两湖乡村社会史研究》,武汉大学出版社,2012。

杨华:《"无主体熟人社会"与乡村巨变》,《读书》2015年第4期。

杨华、杨姿:《村庄里的分化:熟人社会、富人在村与阶层怨恨——对东部地区农村阶层分化的若干理解》,《中国农村观察》2017年第4期。

姚青石:《川渝地区传统场镇空间特色及其保护研究》,中国建筑工业出版社,2009。

伊莎白·柯鲁、何临清:《战时中国农村的风习、改造与抵拒:兴隆场(1940-1941)》,邵达译,外语教学与研究出版社,2019。

应星:《村庄审判史中的道德与政治:1951~1976年中国西南一个山村的故事》,知识产权出版社,2009。

尤尔根·哈贝马斯:《公共领域的结构转型》,曹卫东等译,学林出版社,1999。

尤小菊:《民族文化村落的空间研究》,知识产权出版社,2016。

余婷、杨昌儒、周真刚:《乡村治理视角下民族地区村规民约的完善路径——以玉溪市红塔区为个案》,《贵州民族研究》2019年第5期。

余压芳、赵玉奇、曾增、王希:《西南地区传统村落文化空间的识别需求》,《贵州民族研究》2020年第6期。

约翰·布林克霍夫·杰克逊:《发现乡土景观》,俞孔坚等译,商务印书馆,2016。

约瑟夫·皮柏:《节庆、休闲与文化》,黄藿译,生活·读书·新知三联书店,1991。

詹姆斯·C. 斯科特:《国家的视角——那些试图改善人类状况的

项目是如何失败的》（修订版），王晓毅译，社会科学文献出版社，2012。

詹姆斯·乔治·弗雷泽：《金枝——巫术与宗教之研究》，汪培基等译，商务印书馆，2013。

张付强：《我国社区自治改革的内卷化分析——一种空间模型的视角》，《公共管理学报》2009 年第 3 期。

张翔、杨桂华、祝霞、秦超：《苗族原生态文化村寨旅游者动机及开发策略——以西江千户苗寨为例》，《贵州民族研究》2015年第 4 期。

张跃、何明：《中国少数民族农村 30 年变迁》，民族出版社，2009。

张祝平：《乡村振兴中民间信仰的治理方式——一个传统村落片区的历史变迁、振兴实践与文化反思》，《中南民族大学学报》（人文社会科学版）2021 年第 9 期。

赵巧艳：《空间实践与文化表征：侗族传统民居的象征人类学研究》，民族出版社，2014。

赵世瑜：《在空间中理解时间——从区域社会史到历史人类学》，北京大学出版社，2017。

赵玉奇、余压芳：《西南民族村寨文化空间识别技术体系研究》，《贵州民族研究》2022 年第 5 期。

郑震：《空间：一个社会学的概念》，《社会学研究》2010 年第 5 期。

钟梅燕：《节日文化空间中的民族交往交流交融——以四川凉山彝族火把节为例》，《北方民族大学学报》2022 年第 6 期。

周庆智：《地方性规范：作为乡村扩展秩序的基础》，《华中师范大学学报》（人文社会科学版）2020 年第 5 期。

周星：《关于"时间"的民俗与文化》，《西北民族研究》2005 年第 2 期。

邹洲：《云南少数民族人文居住空间传统营造技艺特色研究》，民族出版社，2021。

后 记

村落公共空间是一个令人着迷的研究对象。中国乡村地区多样化的地理条件、自然要素和人文环境，塑造了丰富多样且风格鲜明的公共空间。传统民居、街头院坝、宗祠村庙、公共建筑等是乡村文化的物质载体和生动写照，直接体现着村民的生存智慧、民俗习惯、伦理规则和审美意识。这些空间是"在地者"人际交往、商业贸易、祭祀礼拜、文化娱乐的场域，同时也为"他者"提供了一种与城市不同的、独特的生活体验和文化景观。缘于这种独特的魅力，笔者在调研中经常沉浸其中。诗人艾青说："为什么我的眼里常含泪水，因为我对这土地爱得深沉。"如果本书时而表现出些许田园浪漫主义倾向的话，那也是因为，我坚持这是保持中国乡土魅力所应具有的情怀。

2020年，我主持了国家社会科学基金项目"西南民族地区村寨公共空间建设与文化振兴研究"，该项目于2023年以优秀等级顺利结项，拙著即在此结项成果基础上修改、拓展而成。西南地区地理环境多样、少数民族众多，不同地域和民族之间的文化差异性也相对较大，而这种多样性、独特性和差异性正是乡村文化的魅力所在。同时，该地区经济社会发展程度也有较大差别，既有大都市圈里城镇化程度较高的乡村地区，也有因地处高原、山地和丘陵而较完整地保留了原生态文化的村寨，因此可以提取到文化和形态更丰富的村落样本。本次修改主要是拓展了研究对象，从对民族村寨的研究拓展到了整个乡村层面，并增加了不同区域之间的对比研究，以期总结提炼出村落公共空间建设推动乡村文化振兴的一般规律。然而这种尝试和努力仍有待实践验证，也期望能够得到学术界同人的批评指正。

　　拙著能够成稿有许多人需要感谢。地方政府治理研究中心团队氛围融洽、目标明确、做事高效，我于其中受益匪浅。尤其感谢郑万军教授、周恩荣博士、周伍阳博士三位同人，我们多年合作、共同经历，步步皆成长。任晓佳、宁辛、黄娟、谭雪梨几位同学收集整理了部分资料，并承担了书稿的数次校对工作，在此一并表示感谢。撰稿期间宅猫阪本和大头时常来抢我的椅子、霸占我的桌子、压住我的鼠标，把我逼到书桌的一角，但是如果没有它俩我无法想象怎样一个人度过那段难熬的日子。感谢长辈们一直以来的支持。感谢姐姐桂娟、姐夫彦君帮我照顾生病的母亲，使我能安心从事科研工作。最要感谢的是内子雅婷，她自己的工作虽然很繁忙，但依然给予了我最大的理解和支持。我在五年前出版的专著中写道："我会努力奔跑，努力追上那个被寄予厚望的自己！"此话永不过时！

李锋

2024 年 3 月 21 日

于山城重庆博翠园寓所

图书在版编目(CIP)数据

村落公共空间建设与乡村文化振兴：基于西南地区
的考察 / 李锋，郑万军著 . --北京：社会科学文献出
版社，2024.9. --（善政思想与治理创新）. --ISBN
978-7-5228-4009-3

Ⅰ.TU-092.97

中国国家版本馆 CIP 数据核字第 2024J62P45 号

善政思想与治理创新
村落公共空间建设与乡村文化振兴
—— 基于西南地区的考察

著　　者 / 李　锋　郑万军

出 版 人 / 冀祥德
组稿编辑 / 谢蕊芬
责任编辑 / 李　薇
文稿编辑 / 陈丽丽
责任印制 / 王京美

出　　　版 / 社会科学文献出版社 · 群学分社（010）59367002
　　　　　　 地址：北京市北三环中路甲 29 号院华龙大厦　邮编：100029
　　　　　　 网址：www.ssap.com.cn
发　　　行 / 社会科学文献出版社（010）59367028
印　　　装 / 三河市龙林印务有限公司

规　　　格 / 开　本：787mm×1092mm　1/16
　　　　　　 印　张：18.5　字　数：246 千字
版　　　次 / 2024 年 9 月第 1 版　2024 年 9 月第 1 次印刷
书　　　号 / ISBN 978-7-5228-4009-3
定　　　价 / 128.00 元

读者服务电话：4008918866